全国电力高职高专"十二五"系列教材

电力技术类（动力工程）专业系列教材

中国电力教育协会审定

金工实训

全国电力职业教育教材编审委员会　组　编

赵福军　主　编

黄友望　副主编

赵长祥　主　审

中国电力出版社
CHINA ELECTRIC POWER PRESS

内 容 提 要

本书主要介绍钳工、机械加工和焊接的基本知识、操作技能等相关内容。全书共设计了钳工基本技能实训、钳工综合技能实训、机械加工技能实训和焊接基本技能实训四个实训项目。根据每个实训项目的内容及特点，又分别设计了钳工入门指导、零件测量、划线、锯削、錾削、锉削、钻孔及锪孔、攻螺纹与套螺纹、制作鸭嘴锤、制作凹形块、车削、铣削、刨削、磨削、焊接、气焊与气割等典型工作任务。

本书可作为高职高专非机械类工科专业的实训教材，也可作为电力、冶金、化工等行业生产技能人员的培训用书。

图书在版编目（CIP）数据

金工实训/赵福军主编；全国电力职业教育教材编审委员会组编. —北京：中国电力出版社，2013.8（2023.6重印）

全国电力高职高专"十二五"规划教材. 电力技术类（动力工程）专业系列教材

ISBN 978 - 7 - 5123 - 4577 - 5

Ⅰ. ①金… Ⅱ. ①赵…②全… Ⅲ. ①金属加工-实习-高等职业教育-教材 Ⅳ. ①TG - 45

中国版本图书馆 CIP 数据核字（2013）第 158270 号

中国电力出版社出版、发行

（北京市东城区北京站西街 19 号 100005 http://www.cepp.sgcc.com.cn）

北京天宇星印刷厂

各地新华书店经售

*

2013 年 8 月第一版 2023 年 6 月北京第十次印刷

787 毫米×1092 毫米 16 开本 13.75 印张 327 千字

定价 38.00 元

全国电力职业教育教材编审委员会

出　版　说　明

　　为深入贯彻《国家中长期教育改革和发展规划纲要》（2010—2020）精神，落实鼓励企业参与职业教育的要求，总结、推广电力类高职高专院校人才培养模式的创新成果，进一步深化"工学结合"的专业建设，推进"行动导向"教学模式改革，不断提高人才培养质量，满足电力发展对高素质技能型人才的需求，促进电力发展方式的转变，在中国电力企业联合会和国家电网公司的倡导下，由中国电力教育协会和中国电力出版社组织全国 14 所电力高职高专院校，通过统筹规划、分类指导、专题研讨、合作开发的方式，经过两年时间的艰苦工作，编写完成本套系列教材。

　　全国电力高职高专"十二五"规划教材分为电力工程、动力工程、公共基础课、工科专业基础课、学生素质教育五大系列。其中，动力工程专业系列汇集了电力行业高等职业院校专家的力量进行编写，各分册主编为该课程的教学带头人，有丰富的教学经验。教材以行动导向形式编写而成，既体现了高等职业教育的教学规律，又融入电力行业特色，适合高职高专动力工程专业的教学，是难得的行动导向式精品教材。

　　本套教材的设计思路及特点主要体现在以下几方面。

　　（1）按照"项目导向、任务驱动、理实一体、突出特色"的原则，以岗位分析为基础，以课程标准为依据，充分体现高等职业教育教学规律，在内容设计上突出能力培养为核心的教学理念，引入国家标准、行业标准和职业规范，科学合理设计任务或项目。

　　（2）在内容编排上充分考虑学生认知规律，充分体现"理实一体"的特征，有利于调动学生学习积极性，是实现"教、学、做"一体化教学的适应性教材。

　　（3）在编写方式上主要采用任务驱动、项目导向等方式，包括学习情境描述、教学目标、学习任务描述、任务准备、相关知识等环节，目标任务明确，有利于提高学生学习的专业针对性和实用性。

　　（4）在编写人员组成上，融合了各电力高职高专院校骨干教师和企业技术人员，充分体现院校合作优势互补，校企合作共同育人的特征，为打造中国电力职业教育精品教材奠定了基础。

　　本套教材的出版是贯彻落实国家人才队伍建设总体战略，实现高端技能型人才培养的重要举措，是加快高职高专教育教学改革、全面提高高等职业教育教学质量的具体实践，必将对课程教学模式的改革与创新起到积极的推动作用。

　　本套教材的编写是一项创新性的、探索性的工作，由于编者的时间和经验有限，书中难免有疏漏和不当之处，恳切希望专家、学者和广大读者不吝赐教。

全国电力职业教育教材编审委员会

前　言

本书从高职教育的要求出发，以培养高端技能型人才为目标，力求突出高职教育特色，注重知识的前沿性和实用性。本书采用行动导向编写模式，按照项目导向、任务驱动、理实一体、突出特色的原则，以岗位分析为基础，以课程标准为依据，以国家标准为规范，充分体现高等职业教育教学规律，反映了金工实训的新知识、新技术、新工艺和新标准。

本书的编写内容浅显易学、通俗易懂、图文并茂，以突出专业能力、方法能力和社会能力培养为核心，充分体现任务驱动的特征；任务设计符合学生的认识规律，教材内容实用性强、知识结构合理。

本书是任务驱动教学法的合理应用，能够通过以完成实训任务、解决实际问题、创造劳动成果的方式，实现学生对知识与技能的学习和掌握。由于学生在思考、分析、讨论、操作、检查、评价等方面内容的积极参与，大大提高了学生学习的积极性和主动性。学生在完成实训任务的过程中，理解和掌握了课程要求的知识与技能，培养、锻炼和提高了分析问题与解决问题的能力，为后续的专业实训及工作岗位，都奠定了基础。

本书通过模拟企业生产过程，科学合理地设计学习项目和任务，并通过项目描述→教学目标→教学环境→教学目标→任务描述→任务分析→相关知识→任务准备→任务实施→任务考核→项目总结→复习思考等过程，实现基本知识与技能的学习与训练，目标明确，任务清楚，方法得当。更使"听、看、做、思、练"五环相扣，可充分调动学生的学习兴趣，激发学生的求知欲与创造力，提高学习效果。

本书在"任务描述"中，除提供必要的工件图以外，还绘制了工件的实物图，以增强学生（尤其还未学制图的新生）快速识图的能力，帮助学生尽快了解与掌握工件的形体，便于加工操作。

本书在基本概念、定义、专业术语及工件图等方面，引用了现行国家标准的有关内容，如 GB/T 4863—2008、GB/T 1008—2008、GB/T 1182—2008、GB/T 131—2006、GB/T 3505—2009、GB/T 3375—1994 等。

本书在注重知识与技能、学习与训练的基础上，还进一步加强了金工实训科学管理的内容，引入了现代化企业推行的 6S 管理模式，以利学生将来就业后尽快适应工作岗位需求。

本书编写组成员，还引入了企业一线人员参加，融入了企业生产与科学管理的元素，这也为实现工学结合、校企合作的人才培养模式奠定了基础。

本书在相关知识的介绍上，根据工作任务的需要，同时又考虑到扩大学生的知识视野，在部分工作任务中适量增加了拓展知识。

本书的所有项目及任务内容是按照金工实训 4 周（120 课时）时间设计的。各校在使用时，可根据各自的具体情况，适当选用教材内容。

本书由保定电力职业技术学院、武汉电力职业技术学院和神华河北国华定洲发电有限责任公司联合组织编写。本书由赵福军任主编并统稿，黄友望任副主编，祁爽、王良悦、刘红彬、安健、赵君、赵鹏参加编写。在编写期间，得到了各单位领导的大力支持和帮助，深表谢意。

本书由重庆电力技师学院赵长祥主审。赵老师提出了许多宝贵的意见和建议，在此表示衷心的感谢！

由于编者水平所限，加之时间仓促，书中难免有疏漏和不足之处，恳请读者批评指正。

编 者

2013 年 5 月

目　录

目 录

中职教育门
前言

项目一

钳工基本技能实训

【项目描述】

　　本项目主要学习和掌握钳工入门指导、零件测量、划线、锯削、錾削、锉削、钻孔及锪孔、攻螺纹与套螺纹等钳工的基本知识与操作技能。首先以 M12 普通螺纹六角螺母和双头螺柱的整体制作过程为项目载体，再以 M12 普通螺纹六角螺母和双头螺柱的分步制作过程为任务载体，利用钳工的各项基本操作技能，逐步完成各阶段的实训任务，最后完成项目产品。

【教学目标】

　　(1) 知识目标：熟悉零件测量、划线、锯削、錾削、锉削、钻孔及锪孔、攻螺纹与套螺纹等钳工的基本知识；熟悉钳工实训的合理组织与 6S 管理知识，养成良好的文明生产习惯和职业素养。

　　(2) 能力目标：掌握零件测量、划线、锯削、錾削、锉削、钻孔及锪孔、攻螺纹与套螺纹等钳工的基本操作技能；会利用钳工常用工具和设备，按照工件的加工工艺、技术要求与考核标准，进行实训任务的各项操作；能按照钳工实训的合理组织、6S 管理及安全文明实训要求等，进行钳工常用工具及设备、材料等实训物品的区域划分与定位摆放，做到安全文明实训。

　　(3) 态度目标：能主动学习、勤于思考，及时发现问题、分析问题和解决问题；能与同学和老师积极协作、互相交流、密切配合完成实训任务。

【教学环境】

　　(1) 实训场地：要求每班每人 1 个工位的钳工实训室，每 6～8 人 1 个工位的钻削实训室，每 10～15 人 1 个工位的刃磨实训室。

　　(2) 实训设备：钳工台、划线平台、台式钻床、砂轮机、彩色电视机、DVD播放机、安全防护及消防设施等。

　　(3) 教学资源：每个工位配备一套钳工常用工具，每个钳工示范台配 1 套教具和优秀工件、废品工件、半成品、毛坯材料等教学物品；室内墙壁悬挂安全操作规程、实训守则、6S 管理办法、宣传栏及标语等。

任务一　钳 工 入 门 指 导

🔊**【教学目标】**

了解钳工的概念、应用、基本操作技能；熟悉钳工常用工具和设备的名称、种类及用途；会正确使用、拆装与维护台虎钳。了解钳工实训的合理组织与 6S 管理；充分认识安全生产的重要性和必要性，熟悉钳工安全操作规程；能进行工具、毛坯材料等物品的定位摆放。

💬**【任务描述】**

（1）了解钳工的概念、应用、基本操作技能、常用工具和设备。

（2）熟悉台虎钳的使用方法，并进行简单的拆装与维护。

（3）了解钳工实训的合理组织与 6S 管理，熟知安全文明实训要求。

知识学习与技能训练等，共 2 课时。

✏️**【任务分析】**

（1）可以制作 M12 普通螺纹六角螺母和双头螺柱为任务载体，进行钳工基本操作技能、常用工具和设备的了解。

（2）可利用钳工常用工具，进行台虎钳的使用、拆装与维护训练。

（3）了解与熟悉钳工实训场地，进行工具定位摆放训练。

📖**【相关知识】**

一、钳工概述

1. 钳工

以手工工具为主，多在台虎钳上对金属材料进行切削加工，从而完成零件的制作，以及机器的装配、调试和维修的工种，称为钳工。根据工作性质不同，钳工主要分为三类。

（1）装配钳工：主要从事机器或部件的装配与调试，以及零件的加工制作。

（2）机修钳工：主要从事各种机器设备的维护与修理工作。

（3）模具钳工：主要从事模具、工具、量具及样板的制作。

2. 钳工的应用

随着当今科学技术的飞速发展，新技术、新材料、新设备、新工艺不断涌现、层出不穷，虽然企业生产中的许多工作已由机械加工所代替，但仍有一些精度高、形状复杂零件的加工，以及设备的安装、调试与检修等工作，是机械加工所难以胜任的，这就需要具有技艺精湛、灵活方便的钳工来完成。在电力建设和生产中，电力设备的安装、维护、检修等工作都是由钳工来完成的。因此，钳工操作被广泛应用于机械、冶金、化工、电力等许多行业。

3. 钳工基本操作技能

钳工的基本操作技能包括零件测量、划线、锯削、錾削、锉削、钻孔及锪孔、铰孔、攻螺纹与套螺纹、刮削、装配及简单的热处理等，如图 1-1 所示。

钳工基本操作技能是各类钳工操作的基础和必备技能。因此在学习与训练过程中，应注重加强基本技能的学习与训练，要严格要求、规范操作、勤学苦练、循序渐进、手脑并用、勇于创新。基本技能是技术知识、技能技巧和力量的有机结合，要有信心、决心、细心和耐心，要严格按照每个操作项目的要求认真操作，要"巧干"，不要"蛮干"。

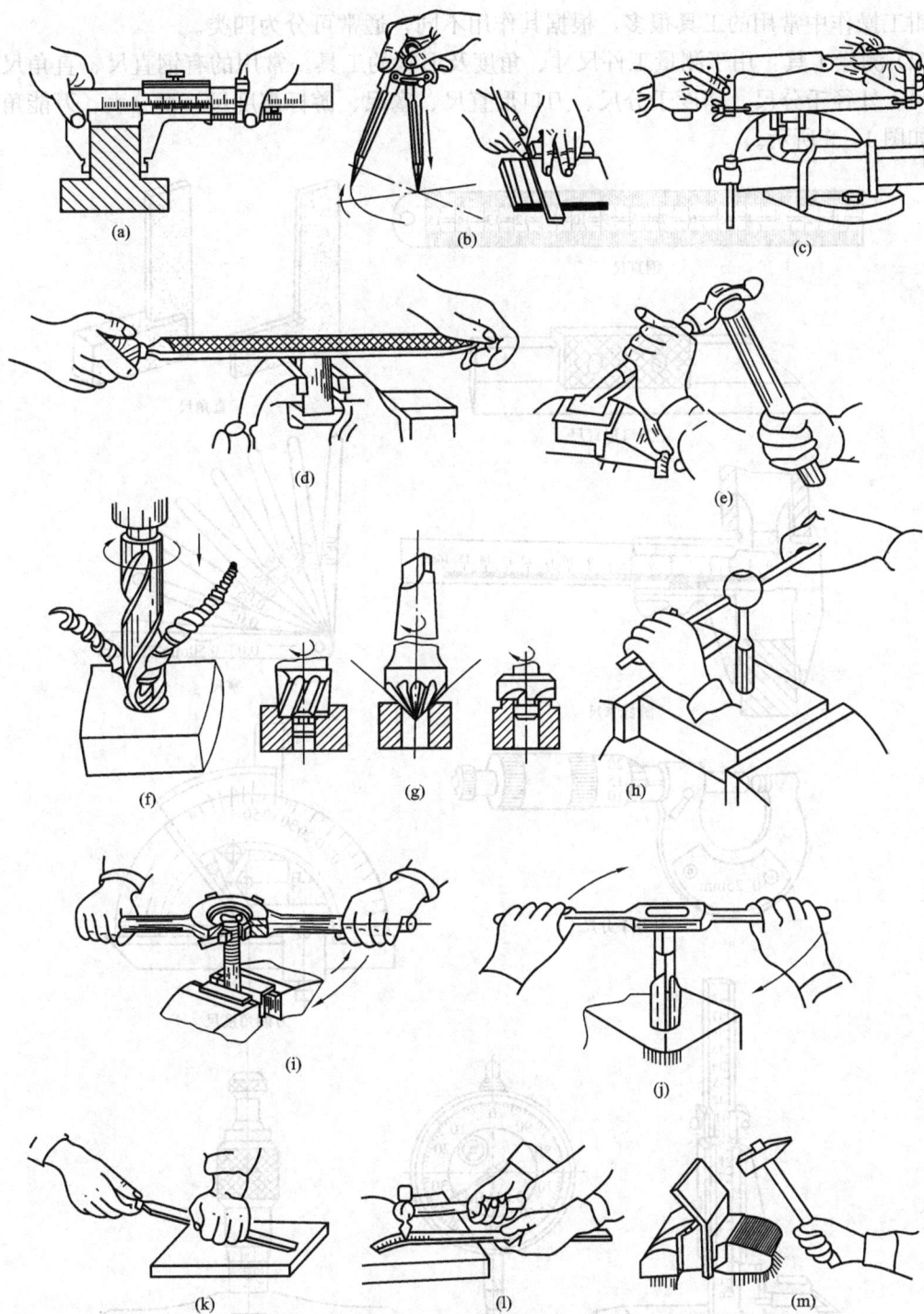

图 1-1 钳工基本操作技能

(a) 测量；(b) 划线；(c) 锯削；(d) 锉削；(e) 錾削；(f) 钻孔；(g) 锪孔；(h) 铰孔；
(i) 套螺纹；(j) 攻螺纹；(k) 刮削；(l) 矫正；(m) 弯形

二、钳工常用工具

钳工操作中常用的工具很多，根据其作用不同，通常可分为四类。

(1) 测量工具：用于测量工件尺寸、角度及形状的工具。常用的有钢直尺、直角尺、游标卡尺、外径千分尺、深度千分尺、刀口形直尺、塞尺、游标高度尺、百分表、万能角度尺等，如图 1-2 所示。

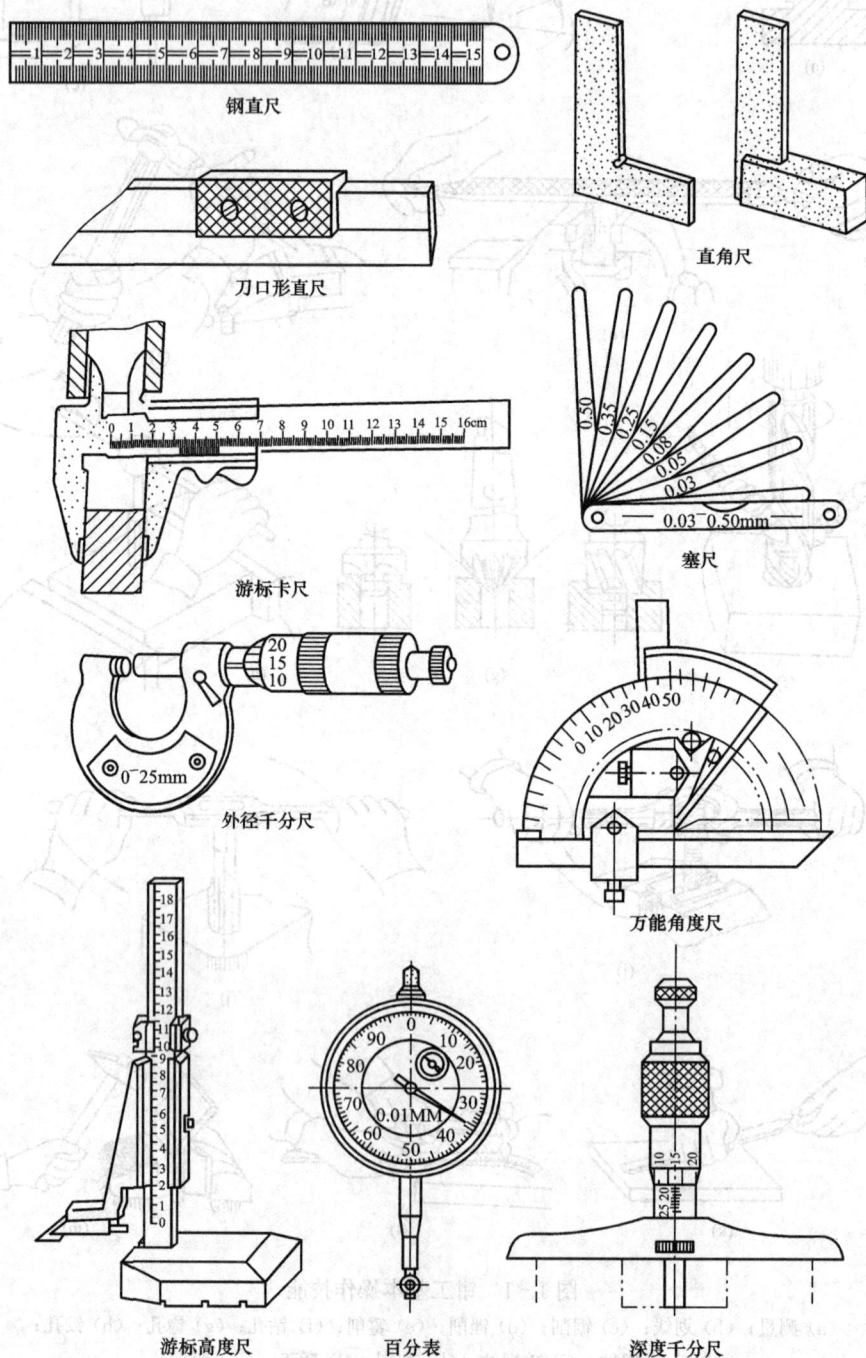

钢直尺

直角尺

刀口形直尺

塞尺

游标卡尺

外径千分尺

万能角度尺

游标高度尺

百分表

深度千分尺

图 1-2　测量工具

（2）切削工具：用于切削操作中的工具。常用的有手锯、锉刀、錾子、钻头、铰刀、丝锥、板牙、刮刀等，如图 1-3 所示。

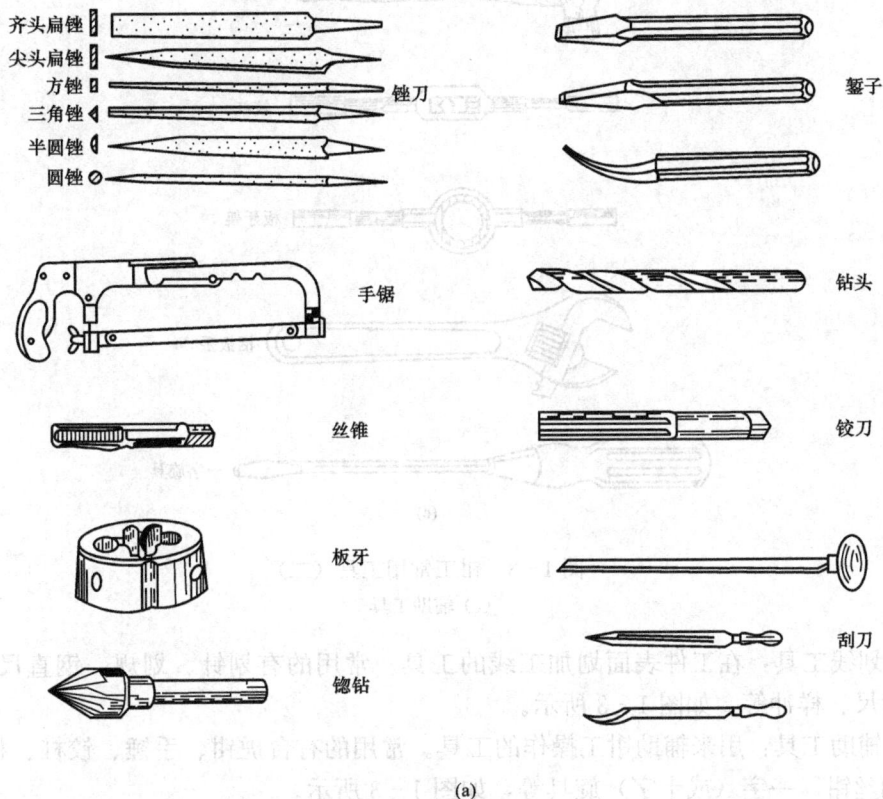

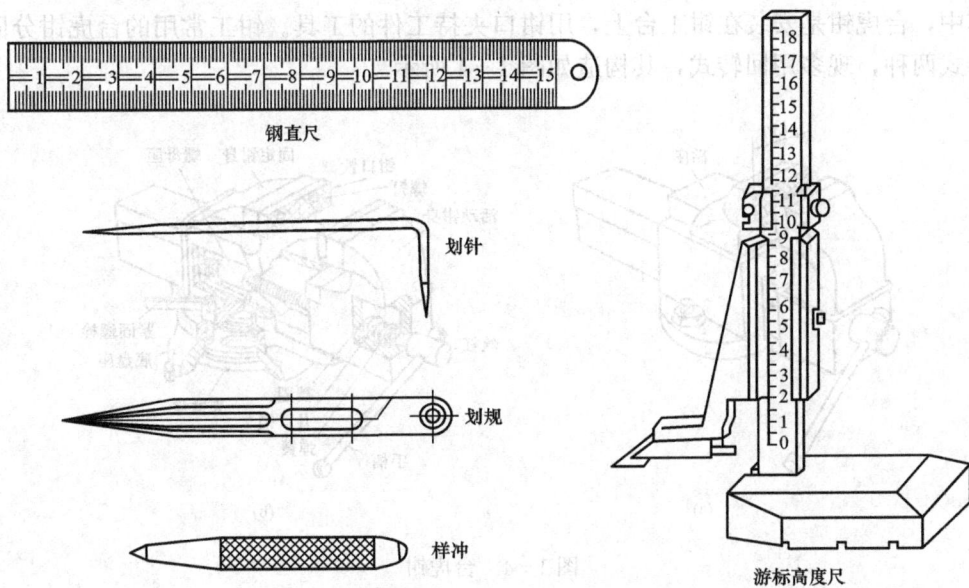

齐头扁锉
尖头扁锉
方锉
三角锉
半圆锉
圆锉
锉刀

錾子

手锯

钻头

丝锥

铰刀

板牙

刮刀

锪钻

(a)

钢直尺

划针

划规

游标高度尺

样冲

(b)

图 1-3 钳工常用工具（一）
(a) 切削工具；(b) 划线工具

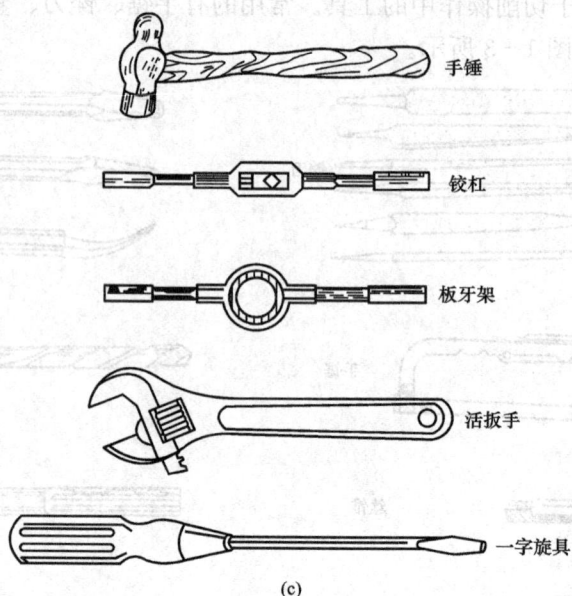

手锤

铰杠

板牙架

活扳手

一字旋具

(c)

图1-3 钳工常用工具（二）

(c) 辅助工具

（3）划线工具：在工件表面划加工线的工具。常用的有划针、划规、钢直尺、划线盘、游标高度尺、样冲等，如图1-3所示。

（4）辅助工具：用来辅助钳工操作的工具。常用的有台虎钳、手锤、铰杠、板牙架、活扳手、钢丝钳、一字（或十字）旋具等，如图1-3所示。

其中，台虎钳是安装在钳工台上，用钳口夹持工件的工具。钳工常用的台虎钳分固定式和回转式两种，现多用回转式，其构造如图1-4所示。

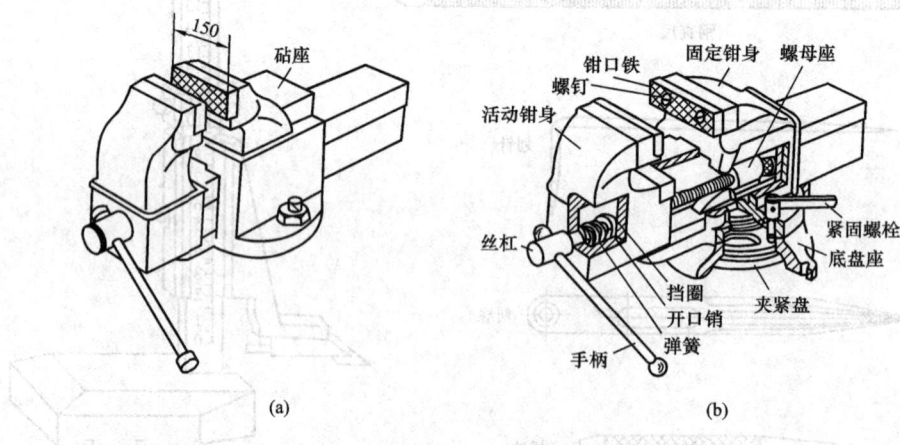

砧座

钳口铁　固定钳身　螺母座
螺钉
活动钳身
　　　　　　　　　紧固螺栓
丝杠　　　　　　　底盘座
　　挡圈　夹紧盘
　　开口销
手柄　弹簧

(a)　　　　　　　　(b)

图1-4 台虎钳

(a) 固定式；(b) 回转式

台虎钳的规格是以钳口的宽度来表示，常用的有125、150、200mm三种。

台虎钳是通过顺（或逆）时针旋转手柄，使钳口合拢（或张开），达到夹紧（或松开）

工件的目的。

台虎钳使用与保养应注意以下几点问题：

1）台虎钳的安装要牢固。夹紧或松开工件时，旋转手柄用力的大小要适当。严禁用手锤敲击或施加套管旋转手柄，以免损坏丝杠、螺母及其他零件。

2）用手锤在台虎钳上进行强力作业时，应使锤击力朝向固定钳身，如图 1-5 所示。

3）丝杠、螺母及其他配合表面应保持清洁和良好的润滑，以保持丝杠及配合表面的灵活性。

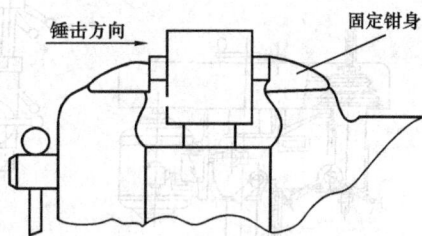

图 1-5 锤击力方向

三、钳工常用设备

（1）钳工台。钳工台是钳工专用的工作台，是安装台虎钳和存放工具的设备，如图 1-6（a）所示。钳工台多为钢木结构，其长度和宽度可根据工作需要设定，工作台面的高度一般为 800～900mm。比较合适的高度应在安装好台虎钳后，由操作者的身高而定，如图 1-6（b）所示。

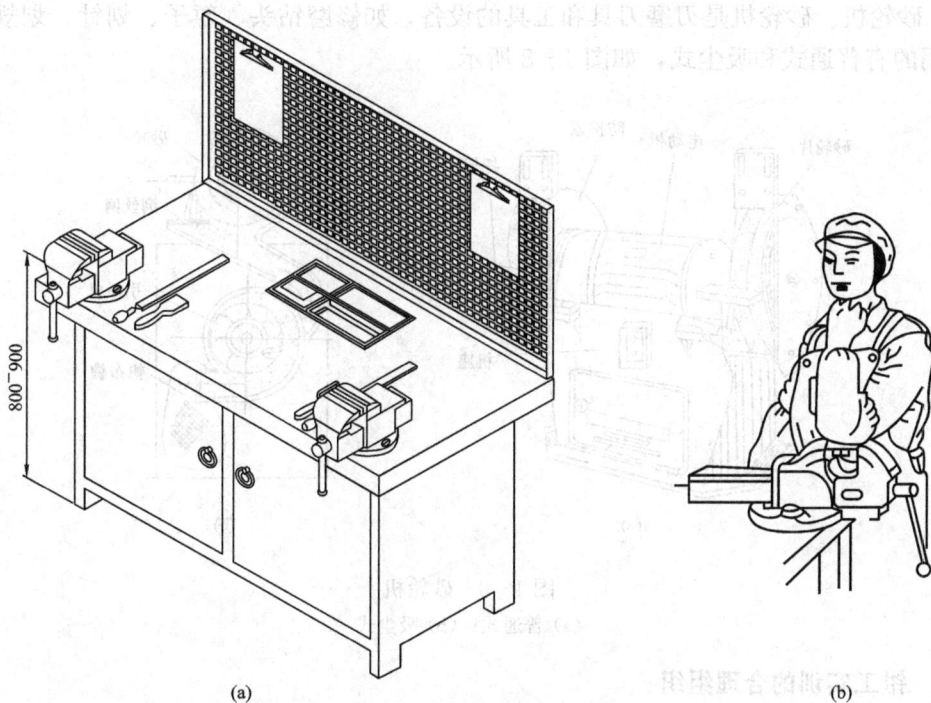

(a)

(b)

图 1-6 钳工台及高度的确定
(a) 钳工台；(b) 钳工台高度的确定

（2）钻床。钻床是加工孔的设备，常用的有台式钻床、立式钻床和摇臂钻床，如图 1-7 所示。

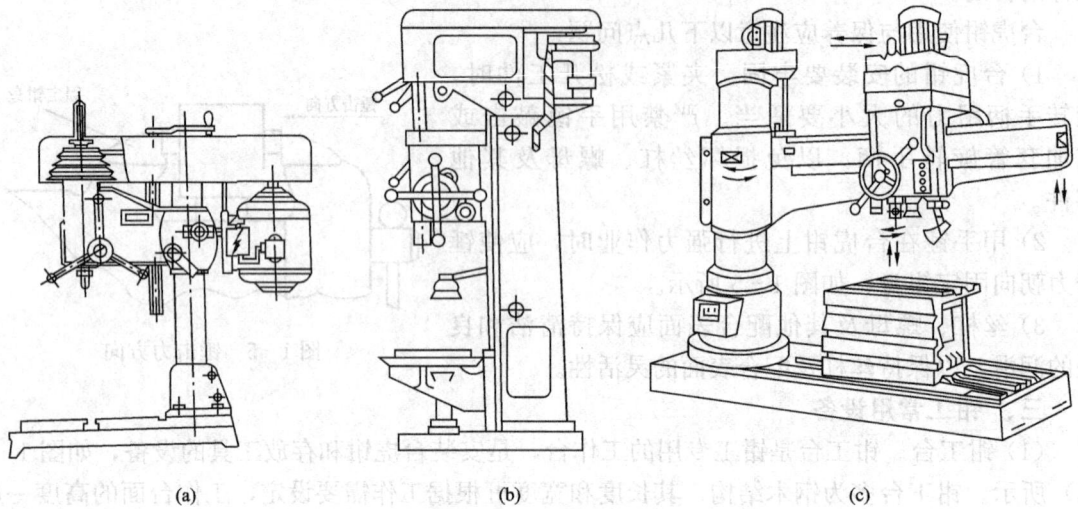

图 1-7 钻床
(a) 台式钻床；(b) 立式钻床；(c) 摇臂钻床

（3）砂轮机。砂轮机是刃磨刀具和工具的设备，如修磨钻头、錾子、划针、划规、样冲等。常用的有普通式和吸尘式，如图 1-8 所示。

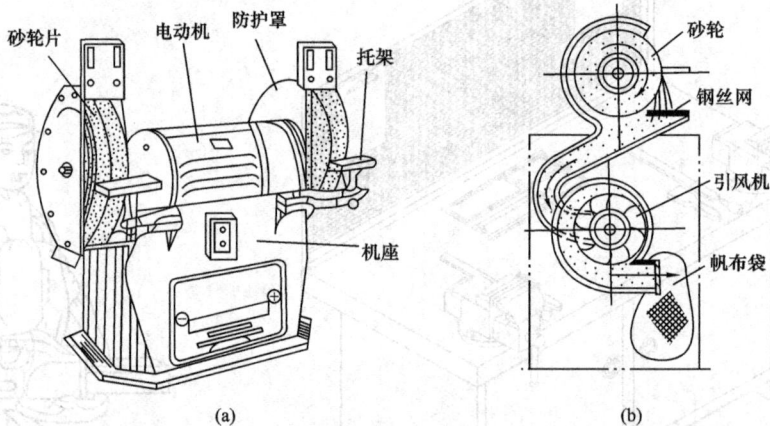

图 1-8 砂轮机
(a) 普通式；(b) 吸尘式

四、钳工实训的合理组织

（1）实训前将所用的设备、工具、毛坯材料等物品，有序合理地定位摆放整齐。

（2）安排调整好工作位置，根据身高及台虎钳的高度确定是否用脚踏板。

（3）将工件图样及技术资料放在图夹上，并悬挂在工位前上方。

（4）实训过程中所用量具、工具等物品，做到"随用随拿、用后归位"，始终保持定位摆放整齐。

（5）定期清除切屑，保持工位清洁。产生的废料、磨损及折断的锯条等，存放指定位置。

(6) 实训结束后，将量具、工具、工件、材料等实训物品，按指定位置摆放到工具柜内。

(7) 每天实训结束时，要彻底清扫钳工台和台虎钳，并将台虎钳的钳口自然合拢（留1～2mm间隙），手柄垂直朝下。

(8) 每天安排值日生清扫实训场地，将切屑、垃圾倒入垃圾桶。

五、 金工实训的 6S 管理

为使金工实训过程规范、有序、安全、整洁，要实行现代企业推行的 6S 管理。

6S 管理是一种从日本引进的现代企业管理模式，是现代企业行之有效的现场管理方法，其作用是提高效率，保证质量，使工作环境整洁有序，预防为主，保证安全。6S 的本质是一种有执行力的企业文化，强调纪律性的文化，不怕困难，想到做到，做到做好。

6S 即整理、整顿、清扫、清洁、素养、安全，因前五项的日文罗马标注发音和最后一项的英文单词均以"S"开头，所以简称 6S 管理。

为进一步规范实训的科学管理，加强学生职业素养的培养，金工实训的 6S 管理如下：

1. 整理

将实训室内的设备、工量刃具、毛坯材料等所有物品进行整理，并将有用和无用的物品区分开来。对于有用的保留下来，对于无用的清除掉。

2. 整顿

把保留下来有用的设备、工量刃具、毛坯材料等实训物品进行分类归整，并安放在规定的区域位置，摆放整齐，悬挂标识牌明示。

3. 清扫

将实训室内看得见与看不见的地方清扫干净，以保持实训场所干净整洁、亮丽清爽，创建舒适良好的实训教学环境。需做好以下几点：

(1) 学生每天上午和下午实训结束时，都要彻底清扫所用设备、工量刃具、材料及实训室地面等处的卫生，同时将所使用的工量刃具、毛坯材料、工件等物品按要求整齐地摆放到指定区域和位置。

(2) 实训中产生的废料、切屑等废弃物，投放到废料桶及卫生区垃圾桶内，不得乱扔。

(3) 根据设备保养要求，定期做检查及添加润滑油等工作。

4. 清洁

将实训中每天进行的整理、整顿和清扫工作坚持下去，始终保持实训室内所有设备、工量刃具、毛坯材料、工件等物品，以及各个角落的干净整洁、井然有序。要形成制度化，要坚持规范化，要养成习惯化。

5. 素养

实训期间，师生之间及学生之间要积极协作、密切配合，养成良好的按规章制度认真做事，按实训守则规范言行，按工艺要求严格训练，按考核标准制作工件的工作习惯和职业素养。严格做到以下几点：

(1) 实训期间要穿好干净、整洁、统一的工作服。

(2) 师生见面互相问候，彼此尊重，平等相待。

(3) 师生共同努力营造良好地学习氛围和课堂气氛，严格遵守作息时间、课堂纪律及规章制度。

（4）要树立积极正确、严谨务实的实训态度；要认真学习基本知识，刻苦训练操作技能；要发扬吃苦耐劳、顽强拼搏、一丝不苟、精益求精的精神。

（5）在完成实训任务过程中，要积极思考、善于动脑、勇于创新、团结协作、互相交流，切忌蛮干与误操作。

6. 安全

（1）始终注重安全知识学习、安全方法教育、安全意识培养。

（2）在操作训练时，要严格遵守设备安全操作规程；指导教师要在巡回指导中加强安全监督与检查，发现不安全因素，及时排除，避免发生人身及设备事故。

（3）禁止在实训场所开玩笑及打闹，以免发生伤亡事故。

六、　钳工安全文明实训要求

钳工工作虽然以手工操作为主，但必须做到安全训练，确保人身安全及设备的正常使用，其基本要求如下：

（1）进入实训场地前，应穿好工作服、戴好工作帽及必需的劳保用品。

（2）使用设备时，应做好用前检查，并在教师的监护下正确使用，要严格遵守安全操作规程。

（3）不准擅自动用不熟悉的工具和设备，以防损坏或发生事故。

（4）清理切屑时，应用毛刷或专用工具，不准直接用手清理，不准用嘴吹，以免受伤。

（5）使用电气设备时，应做好安全措施、防止触电，用后及时切断电源。

（6）发生人身及设备事故时，应及时报告老师处理，不得隐瞒，以防事故扩大造成严重后果。

【任务准备】

（1）制作 M12 普通螺纹六角螺母和双头螺柱，以及拆装与维护台虎钳所用到的设备和工具。

1）设备：钳工台、台式钻床、砂轮机。

2）工具：锉刀、手锯、錾子、手锤、钢直尺、刀口形直尺、直角尺、游标卡尺、游标高度尺、划规、划针、样冲、钻头、丝锥、铰杠、板牙、板牙架、活扳手、一字（或十字）旋具、台虎钳、毛刷、锉刀刷等。

（2）钳工实训的合理组织、6S 管理及安全文明实训的相关资料。

【任务实施】

（1）根据实训学生人数及工位情况合理安排学生工位，然后进行锉刀、手锯、錾子、手锤、钢直尺、刀口形直尺、直角尺、游标卡尺、游标高度尺、划规、划针、样冲、钻头、丝锥、铰杠、板牙、板牙架、活扳手、一字（或十字）旋具、台虎钳、毛刷、锉刀刷、钳工台、台式钻床、砂轮机的认识。

（2）进行台虎钳的使用、简单拆卸与维护训练。

（3）根据钳工实训的合理组织、6S 管理及安全文明实训要求，进行设备及物品区域划分的了解，工具定位摆放训练，以及安全实训知识、设备安全操作规程等内容的学习。

任务二 零件测量

📢【教学目标】

了解量具与测量的概念及应用，熟悉钳工常用量具的名称、种类、规格、刻线原理、读数方法及维护保养常识；掌握钢直尺、直角尺、刀口形直尺、游标卡尺、千分尺等常用量具的使用方法；能利用常用量具进行零件测量。了解测量误差产生的原因及预防方法；了解零件图概念及作用；能够根据识读零件图的要求、方法和步骤，识读简单零件的三视图；了解零件图标注的尺寸公差、几何公差、表面粗糙度等内容。

💬【任务描述】

用三种不同精度的量具，测量如图 1-9（a）所示工件图中标注的 S、D_1、D_2、D_3、L_1、L_2、L_3 尺寸数据，并达到图样规定的尺寸精度要求；再将测量结果记录在考核评分表学生自查栏目中。

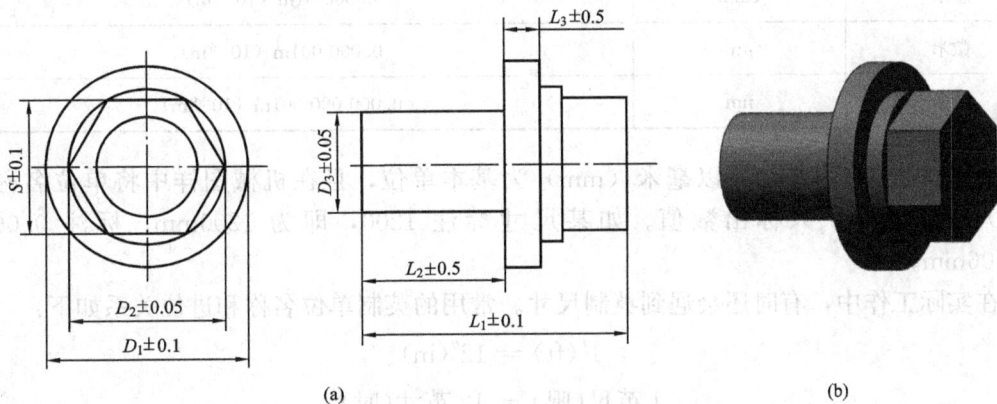

图 1-9 测量工件

（a）工件图；（b）实物图

知识学习、技能训练、测量工件等，共 4 课时。

✏️【任务分析】

要获取测量，如图 1-9（a）所示工件图中标注的 S、D_1、D_2、D_3、L_1、L_2、L_3 的尺寸数据，并达到图样规定的尺寸精度要求，首先要看懂工件图，要能想象出工件的实际形状，如图 1-9（b）所示；然后借助于相应的测量工具和测量方法完成任务。

📖【相关知识】

一、量具与测量的概念

在零件制作和设备安装、调试、检修等过程中，为了确保零件和产品的质量，都需要使用相应的量具来进行测量与检验。

量具是以固定形式复现量值的计量器具。量具的种类很多，根据其用途和特点的不同，可分为万能量具、专用量具和标准量具。其中，万能量具的应用最为普遍，钳工常用的量具多属此类。

万能量具是能对多种尺寸进行测量的量具。这类量具一般都有刻线，在测量范围内可以测量出零件或产品形状、尺寸的具体数值，如游标卡尺、千分尺、万能角度尺等。

钳工常用的量具根据结构不同，可分为简单量具、游标量具、螺旋量具等。

测量就是将被测量的参数与一标准量（基准单位）进行比较的过程。测量所用的标准量（基准单位）采用法定长度计量单位见表1-1。

表1-1　　　　　　　　　　　　法 定 长 度 计 量 单 位

单位名称	单位代号	对基准单位的比
米	m	基准单准
分米	dm	0.1m（10^{-1}m）
厘米	cm	0.01m（10^{-2}m）
毫米	mm	0.001m（10^{-3}m）
丝米	dmm	0.0001m（10^{-4}m）
忽米	cmm	0.000 01m（10^{-5}m）
微米	μm	0.000 001m（10^{-6}m）
纳米	nm	0.000 000 001m（10^{-9}m）

在机械制造工业中，常以毫米（mm）为基本单位，且在机械图样中将单位名称毫米（mm）省略不标，只标出数值。如某尺寸标注1200，即为1200mm；标注0.06，即为0.06mm。

在实际工作中，有时还会遇到英制尺寸。常用的英制单位名称和进位关系如下：

$$1'(ft) = 12''(in)$$

或

$$1 \text{英尺（呎）} = 12 \text{英寸（吋）}$$

为方便起见，可将英制尺寸与米制尺寸进行互换，其换算关系为

$$1in \approx 25.4mm$$

二、简单量具

钳工常用的简单量具有钢直尺、直角尺、刀口形直尺、塞尺等。

1. 钢直尺

钢直尺是不可卷的钢质、板状量尺，其多用不锈钢薄板制成，常用的规格有150、300、500、1000mm等，如图1-10所示。

用钢直尺测量工件的直线度、平面度、尺寸的方法，如图1-11和图1-12所示。

图1-10　钢直尺

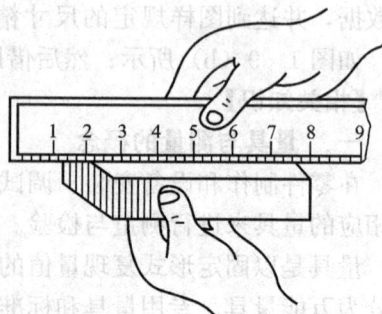

图1-11　钢直尺检测平面度

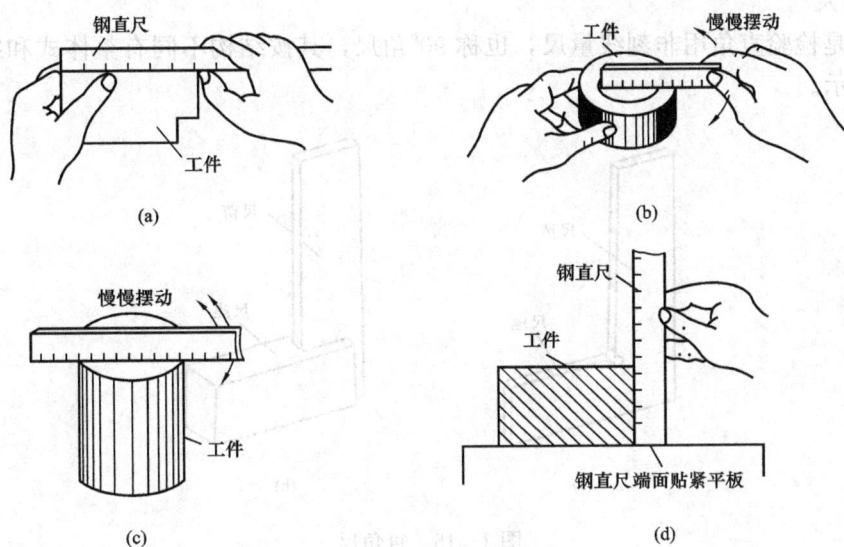

图 1-12 钢直尺测量尺寸

（a）测量长度；（b）测量内径；（c）测量外径；（d）测量高度

2. 刀口形直尺

刀口形直尺是用光隙法检验直线度或平面度的量尺，其规格以最大测量长度表示，常用的规格有 75、125、175mm 等，如图 1-13 所示。

用刀口形直尺检测工件的直线度时，先将刀口形直尺垂直放置于工件表面上，并使刀口形直尺的工作边沿某一方向紧贴

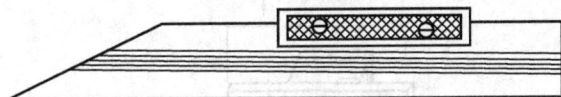

图 1-13 刀口形直尺

于工件表面，然后透光观察工件表面各处缝隙的大小情况，进而判断工件表面该方向的直线度情况，如图 1-14（a）所示。

用刀口形直尺检测工件的平面度时，需要检测工件表面长度、宽度和对角线各个方向的直线度情况后，再判断工件表面的平面度情况，如图 1-14（b）所示。

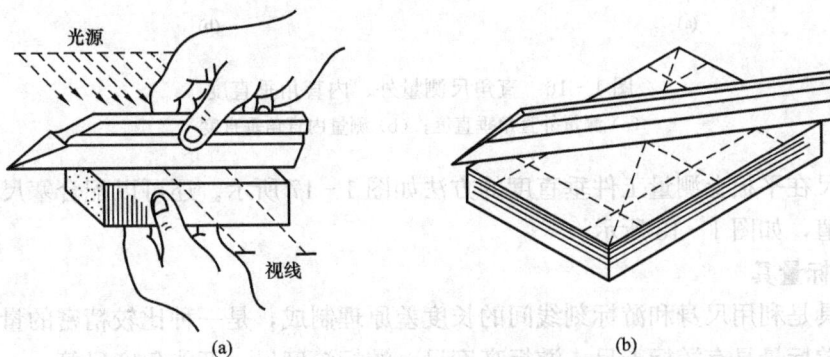

图 1-14 刀口形直尺检测平面度

（a）透光检测方法；（b）检测部位

3. 直角尺

直角尺是检验直角用非刻线量尺，也称 90°角尺，其按结构不同有整体式和组合式，如图 1-15 所示。

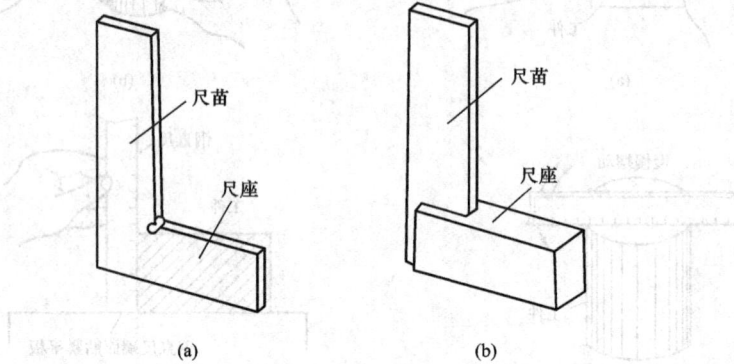

图 1-15 直角尺

(a) 整体式；(b) 组合式

直角尺的规格用尺苗长度×尺座长度表示，如 125mm×80mm、63mm×40mm 等。

用直角尺测量工件的外、内直角垂直度的方法如图 1-16 所示。

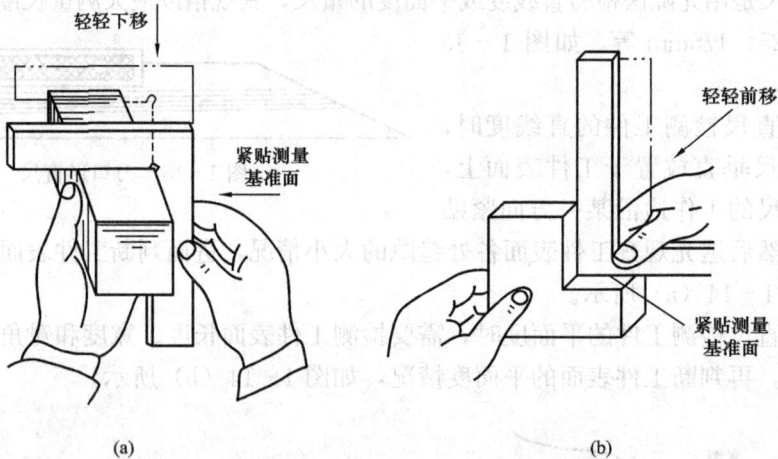

图 1-16 直角尺测量外、内直角垂直度

(a) 测量外直角垂直度；(b) 测量内直角垂直度

用直角尺在平板上测量工件垂直度的方法如图 1-17 所示。还可以配合塞尺测量工件垂直度的误差值，如图 1-18 所示。

三、游标量具

游标量具是利用尺身和游标刻线间的长度差原理制成，是一种比较精密的量具。

常用的游标量具有游标卡尺、游标高度尺、游标深度尺、万能角度尺等。

1. 游标卡尺

游标卡尺是带有测量卡爪并用游标读数的量尺。它可以直接测量工件的外部尺寸、内部尺寸和深度尺寸，其结构如图1-19所示。

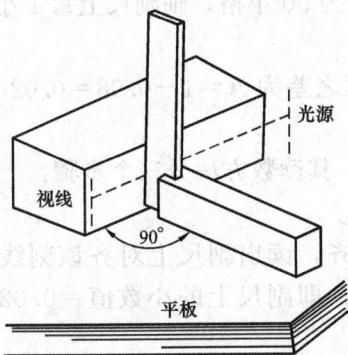

图1-17　直角尺在平板上检测垂直度

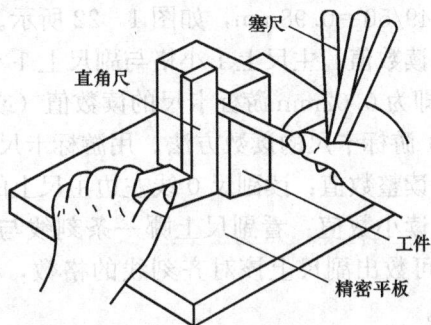

图1-18　直角尺与塞尺配合检测垂直度

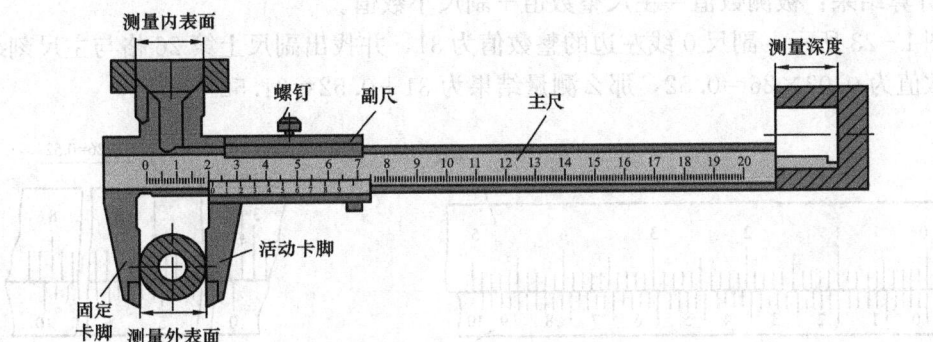

图1-19　游标卡尺的结构

　　游标卡尺按结构不同可分为两用游标卡尺、三用游标卡尺、带微调游标卡尺、带指示表游标卡尺、液晶数显游标卡尺等几种，其中带指示表游标卡尺和液晶数显游标卡尺如图1-20和图1-21所示。两用或三用游标卡尺，其精度有0.1、0.05、0.02mm三种，目前应用最广泛的是0.02mm。

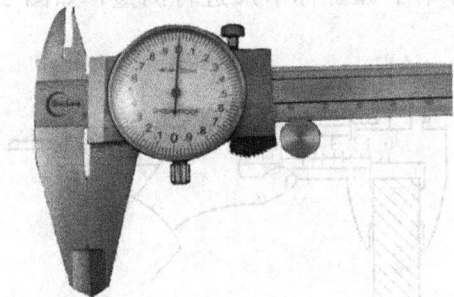

图1-20　带指示表游标卡尺

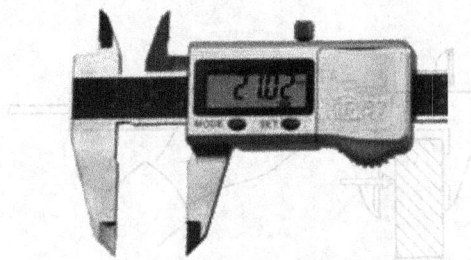

图1-21　液晶数显游标卡尺

　　游标卡尺的规格按测量范围分有0～125mm、0～150mm、0～200mm、0～300mm等。测量工件时，应按工件的尺寸大小和尺寸精度要求进行合理选用。

　　（1）0.02mm游标卡尺的刻线原理。

1）主尺刻线：主尺上每 1 小格刻线间距为 1mm，每 10mm 为 1 大格，标有数字。

2）副尺刻线：将主尺上的 49mm 在游标副尺上等分为 50 小格，则副尺上每 1 小格刻线间距为 49/50＝0.98mm，如图 1-22 所示。

3）读数值：主尺上 1 小格与副尺上 1 小格刻线间距之差为 $A＝1-0.98＝0.02$（mm），此差值即为 0.02mm 游标卡尺的读数值（或精度）。

（2）游标卡尺的读数方法。用游标卡尺测量工件时，其读数方法分三个步骤：

1）读整数值：读副尺 0 线左边主尺上的毫米整数值。

2）读小数值：看副尺上哪一条刻线与主尺刻线对齐，读出副尺上对齐该刻线的小数值；也可数出副尺上该对齐刻线的格数，再乘以 0.02，即副尺上的小数值＝0.02×副尺格数值。

速读小数值技巧：先根据副尺 0 刻线在主尺上两刻线间前部、中部及后部的位置，迅速判断小数值的大概范围，然后直接在副尺上找出对齐刻线处的小数值。

3）计算结果：被测数值＝主尺整数值＋副尺小数值。

如图 1-23 所示，副尺 0 线左边的整数值为 31，并找出副尺上第 26 格与主尺刻线对齐，即其小数为 0.02×26＝0.52，那么测量结果为 31＋0.52＝31.52（mm）。

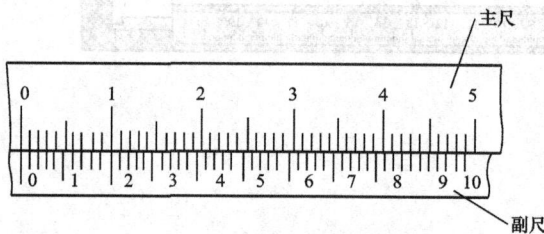

图 1-22 0.02mm 游标卡尺的刻线原理

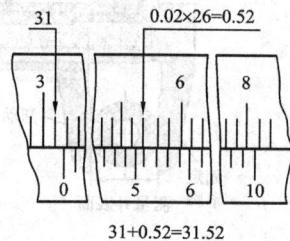

图 1-23 游标卡尺的读数方法

（3）游标卡尺的使用方法。

1）用前检查：使用前必须认真检查游标卡尺有无缺陷，卡脚测量面擦净合拢后是否有间隙，再检验主尺与副尺的 0 刻线是否对齐等。

2）测量方法。当测量较小工件外尺寸时，可单手握游标卡尺进行测量，如图 1-24 所示。

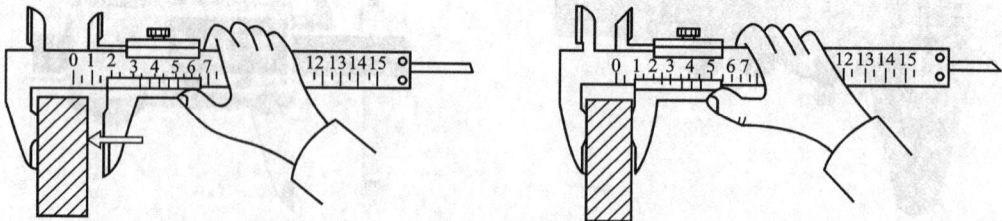

图 1-24 单手握游标卡尺测量（小工件测量）

当测量较大工件时，应将工件放稳后，一手握游标卡尺固定量爪，另一手握持主尺，用拇指控制游标副尺进行测量，如图 1-25 所示。

用游标卡尺测量工件深度尺寸的方法如图 1-26 所示。

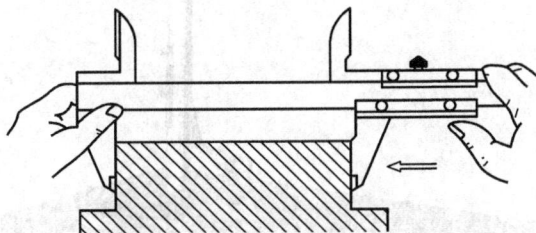

图 1-25 双手握游标卡尺测量（大工件测量）

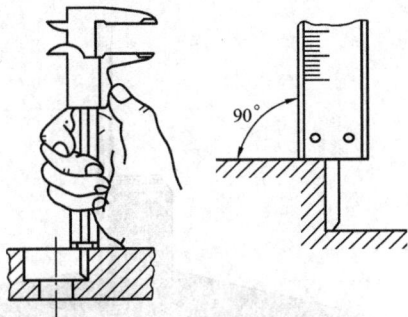

图 1-26 游标卡尺测量深度尺寸

用游标卡尺测量工件内部尺寸的方法如图 1-27 所示。

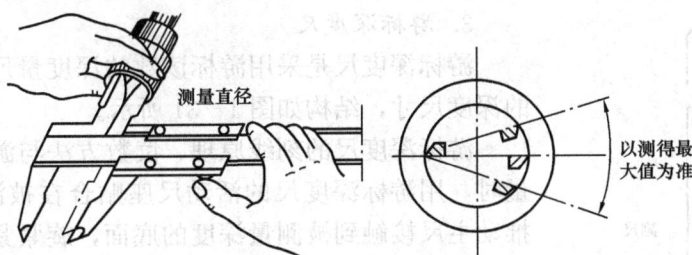

图 1-27 游标卡尺测量内部尺寸

2. 游标高度尺

游标高度尺是用游标读数的高度量尺，常用于工件的精密划线和测量高度尺寸，其结构如图 1-28 所示。

游标高度尺的刻线原理、读数方法与游标卡尺相同。在使用时需要将尺座紧贴平板，当量爪的测量面与尺座底平面均处于同一平面（紧贴平板）时，主尺与副尺的"0"位对齐。

用游标高度尺进行划线时，先将工件安放在平板上，用右手握住尺座，再沿平板表面拉动，使量爪尖部接触工件进行划线，如图 1-29 所示。

用游标高度尺测量工件高度尺寸时，需先将游标调到高于工件尺寸的任一位置，再将游标慢慢下移，使量爪接触工件顶部即可，如图 1-30 所示。

当需要调整尺寸时，可拉动游标先进行较大尺寸范围的调整，再利用微调装置进行较小尺寸的微量调整，调好最终尺寸后，再旋紧紧固螺钉即可。

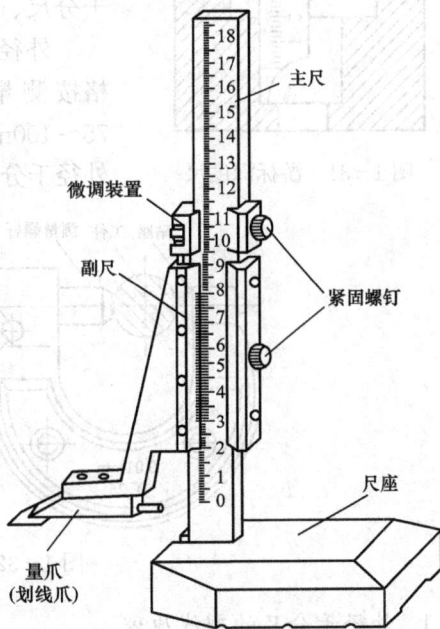

图 1-28 游标高度尺

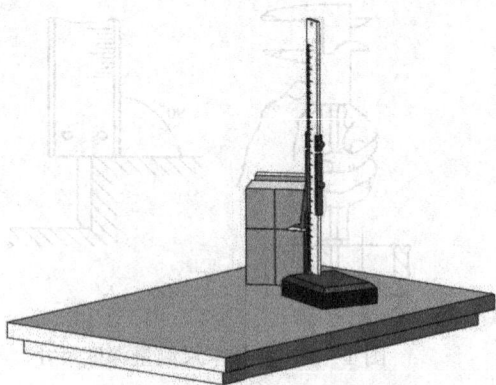

图 1-29　游标高度尺进行划线

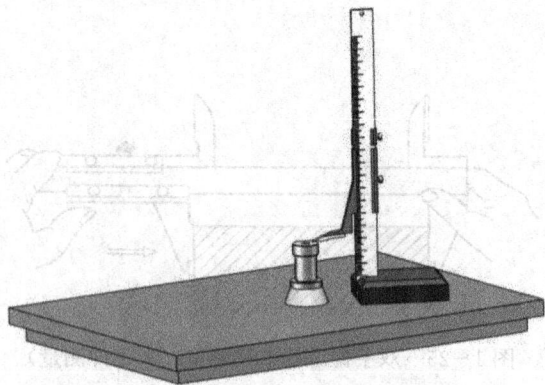

图 1-30　游标高度尺测量高度

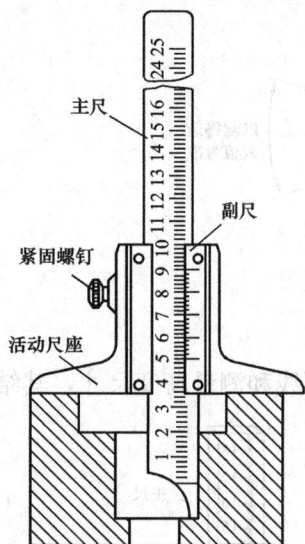

图 1-31　游标深度尺

3. 游标深度尺

游标深度尺是采用游标读数的深度量尺，用于测量工件的深度尺寸，结构如图 1-31 所示。

游标深度尺的刻线原理、读数方法与游标卡尺相同。测量时，用游标深度尺的活动尺座贴合在被测工件的表面上，推动主尺接触到被测量深度的底面，旋紧紧固螺钉，然后进行读数。

四、螺旋量具

螺旋量具是利用螺旋副升降原理制成的一类精密量具，测量精度达 0.01mm。常用的螺旋量具有外径千分尺、内径千分尺、深度千分尺等。下面以外径千分尺为例加以介绍。

外径千分尺主要用来测量工件的外径和长度尺寸，其规格按测量范围分有 0～25mm、25～50mm、50～75mm、75～100mm 等，使用时按被测工件的尺寸大小进行相应选取。外径千分尺的结构如图 1-32 所示。

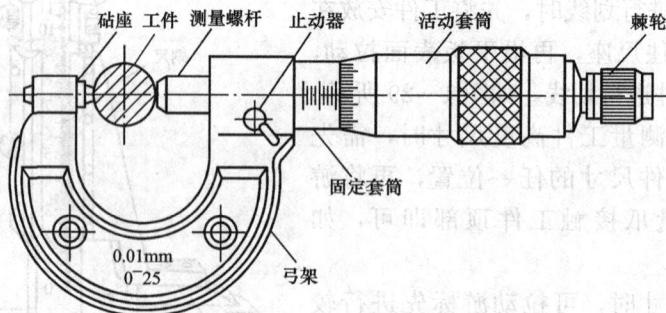

图 1-32　外径千分尺的结构

1. 外径千分尺的刻线原理

（1）固定套筒刻线。在测量范围内沿基准线方向，以测量螺杆螺纹的螺距（0.5mm）为刻线间距进行上下交错刻线，每 5mm 处标有数字。

（2）活动套筒刻线。将活动套筒圆锥面沿圆周方向等分为 50 小格进行刻线，每 5 小格标有数字。

（3）读数值。活动套筒旋转 1 周（50 小格）时，测量螺杆轴向位移量为 0.5mm。当活动套筒旋转 1 小格（1/50 周）时，测量螺杆的轴向位移量为 0.5/50＝0.01（mm）。此值即为千分尺的读数值（或精度）。

2. 外径千分尺的读数方法

（1）读整数。读出活动套筒边缘处，固定套筒上的毫米数或半毫米数。

（2）读小数。看活动套筒上哪一小格与固定套筒上基准线对齐，读出其不足半毫米的小数值。

（3）计算结果。将固定套筒的整数值和活动套筒的小数值相加即得被测尺寸值，如图 1 - 33 所示。

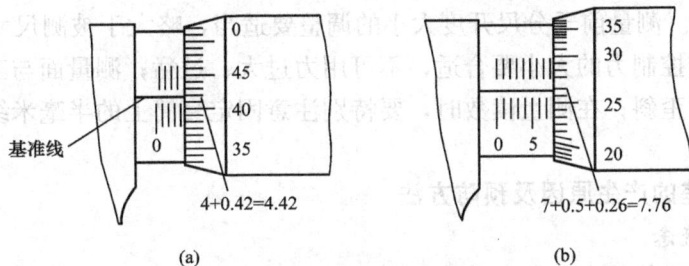

图 1 - 33　外径分尺的读数方法

3. 外径千分尺的使用方法

（1）用前校验。对于 0～25mm 千分尺的校验，先将千分尺砧座和测量螺杆的端面擦干净，再旋转活动套筒使砧座测量面与测量螺杆端面贴合，此时，活动套筒的零线与固定套筒的基准线应对齐；对于 25～50mm 及以上千分尺的校验，需借用校验棒进行，如图 1 - 34 所示。

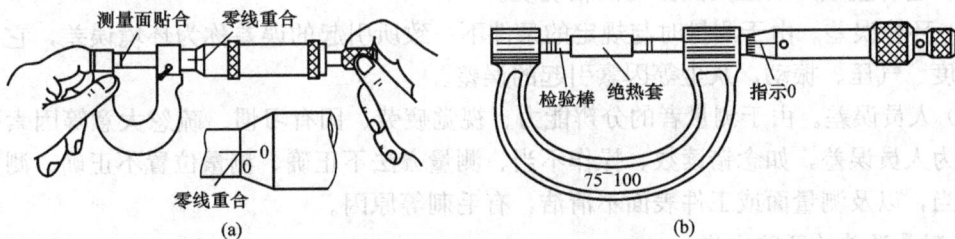

图 1 - 34　外径千分尺的校验

(a) 0～25mm 千分尺的校验；(b) 25～50mm 及以上千分尺的校验

（2）使用方法。测量前需根据被测工件尺寸大小，旋转活动套筒使砧座测量面与测量螺杆端面之间的距离大于被测尺寸，再将工件一面贴合砧座测量面后，旋转活动套筒棘轮使测量螺杆端面轻轻贴合工件另一面，当棘轮发出响声时，即可进行读数。

对于小尺寸工件，可用单手握持千分尺进行尺寸的测量，如图 1 - 35（a）所示；对于较大尺寸工件，可采用双手握持或将千分尺固定在尺架上进行测量，如图 1 - 35（b）所示。

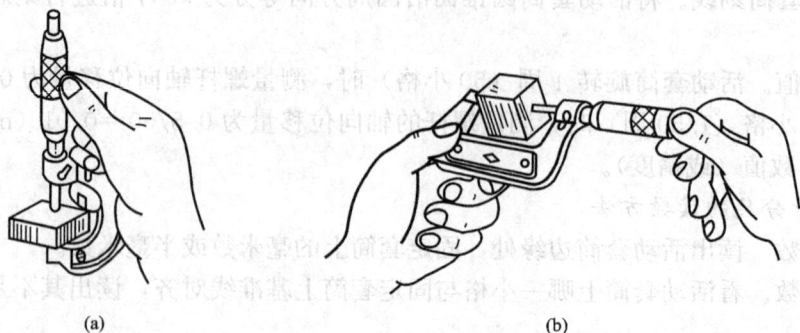

图 1-35　外径千分尺的使用方法
(a) 单手测量；(b) 双手测量

(3) 注意事项。测量前千分尺开度大小的调整要适当，略大于被测尺寸即可；使用棘轮测力装置时，旋转控制力的大小要合适，不可用力过大、过猛；测量面与工件表面的贴合要紧密、正确，不可歪斜；在测量读数时，要特别注意固定套筒上的半毫米线，不要多读或少读 0.5mm。

五、 测量误差的产生原因及预防方法

1. 测量误差概念

在测量时，测量值与真实值之差称为测量误差。测量误差主要分为系统误差、偶然误差和人员误差三大类。

2. 测量误差的产生原因

测量工作是在一定条件下进行的，外界环境、观测者的技术水平和仪器本身构造的不完善等原因，都可能导致测量误差的产生，因而测量误差总是存在的。通常测量误差产生的原因可归结为以下几方面：

(1) 测量装置误差。由于量具在设计、制造和使用中不可避免产生的误差，称为测量装置误差，它将直接影响量具测量时的精确度。

(2) 环境误差。由于测量时与规定的条件不一致所引起的误差称为环境误差，它包括温度、湿度、气压、振动、灰尘等因素引起的误差。

(3) 人员误差。由于测量者的分辨能力、视觉疲劳、固有习惯、疏忽大意等因素引起的误差称为人员误差，如念错读数、操作不当、测量方法不正确、测量位置不正确、测力大小控制不当，以及测量面或工件表面不清洁，有毛刺等原因。

3. 测量误差的预防方法

(1) 定期鉴定量具，保持量具的精确度。

(2) 测量读数时视线应与量具表面的刻线相垂直。

(3) 量具测量面与工件表面的贴合要紧密、位置要正确。

(4) 测量时测力大小的控制要适当。

(5) 测量前工件表面、边缘的毛刺要去除，切屑、脏物要清理干净。

六、 量具的维护与保养

为了保持量具的精度，延长其使用寿命，应做到以下几点：

（1）测量前，应将量具的测量面和工件被测量面擦拭干净，以免脏物影响测量的精度和加快量具的磨损。

（2）量具在使用过程中，不要和工具、刀具放在一起，以免造成损坏。

（3）机床开动时，不准用量具测量工件。否则会加快量具磨损，且极易发生事故。

（4）量具不应放在热源（暖气片等）附近，以免受热变形，产生测量误差。

（5）对于铸造、锻造、锈蚀等粗糙表面的毛坯件，不能用游标量具或螺旋量具等精密量具进行测量，以免过早损坏量具。

（6）量具用完后，应及时擦净、涂油，放在专用盒中，并保存在干燥处，以免生锈。

（7）精密量具应定期鉴定和保养，发现不正常现象，及时检修。

📖【拓展知识】

一、零件图概念及作用

表示零件的结构、大小及技术要求的图样称为零件图。零件图是制造、检验零件的依据，是重要的技术文件，通常由主视图、俯视图和左视图构成，如图 1-36 所示。

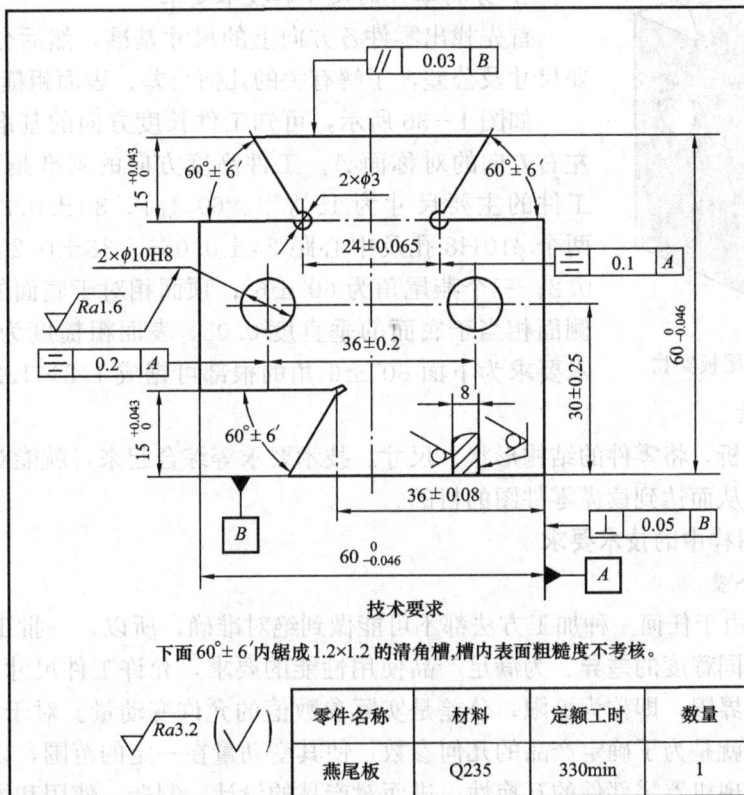

图 1-36　零件图

二、读零件图的基本要求

（1）了解零件的名称、数量、用途、材料等。

（2）读懂图样，建立零件结构、形状的空间立体概况。

（3）明确零件各部位的加工尺寸、精度、表面粗糙度等要求。

三、读零件图的方法和步骤

1. 了解零件概况

从标题栏可以了解零件的名称、材料、比例和用途，并结合视图初步了解该零件的大致形状和主要轮廓尺寸。如图 1-36 所示，由标题栏可知，零件名称为燕尾板、材料为 Q235、数量为 1 件；整体为一端燕尾、一端 60°内角的板式工件，燕尾板总体尺寸为 60mm×60mm×8mm。

2. 分析零件图的表达方法

了解该零件选用了几个视图，弄清各视图间的关系及表达重点。如图 1-36 所示，为了表达该工件的形状、结构，选用了一个主视图和一个重合剖面图。

3. 分析零件的结构形状

该工件的结构形状：板厚为 8mm，在矩形体的三个直角处有三个 60°角；在板料中间对称分布有两个 $\phi10$ 的孔；该工件的整体形状如图 1-37 所示。

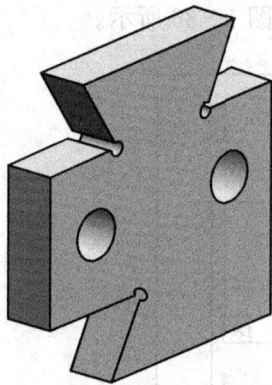

图 1-37　燕尾板实物

4. 分析零件的尺寸和技术要求

首先找出零件各方向上的尺寸基准，然后分析各部分的主要尺寸及公差，了解有关的几何公差、表面粗糙度等。

如图 1-36 所示，可知工件长度方向的基准是右侧表面及左右方向的对称面 A。工件高度方向的基准是工件的底面 B。工件的主要尺寸为 $15^{+0.043}_{0}$、$60^{0}_{-0.046}$、30 ± 0.25、36 ± 0.08；两个 $\phi10H8$ 孔及中心距 24 ± 0.065、36 ± 0.2 和对称度 0.1、0.2；三个燕尾角为 $60°\pm6'$；顶面相对于底面的平行度 0.03，侧面相当于底面的垂直度 0.05，表面粗糙度为 $Ra3.2\mu m$；技术要求为下面 $60°\pm6'$ 角的根部可锯成 1.2×1.2 的清角槽。

5. 归纳总结

通过以上分析，将零件的结构形状、尺寸、技术要求等综合起来，就能对零件有一个较为全面的认识，从而达到读懂零件图的目的。

四、机械图样中的技术要求

1. 极限及公差

(1) 概述。由于任何一种加工方法都不可能做到绝对准确，所以，一批工件的尺寸之间就一定存在着不同程度的差异。为满足产品使用性能的要求，允许工件尺寸存在一定误差；允许尺寸变化的界限，即称为极限；公差是实际参数值的允许变动量。对于机械制造来说，制定公差的目的就是为了确定产品的几何参数，使其变动量在一定的范围，以便达到互换或配合的要求。实现机器零部件的互换性，进而对产品的设计、制造、使用和维修都带来极大的便利和经济效益。

(2) 有关术语。

公称尺寸：设计时给定的尺寸。如图 1-38 所示的 $\phi20$ 和长度 40 是圆柱销的公称尺寸。

实际尺寸：是通过测量获得的尺寸。

极限尺寸：是指允许尺寸变化的两个极限值。

最大极限尺寸：实际尺寸所允许达到的最大尺寸，超出这个尺寸，工件就不合格。如

图 1-38 所示的 ϕ20.030 和 40.05（40＋0.05）尺寸。

最小极限尺寸：实际尺寸所允许达到的最小尺寸，小于这个尺寸的工件也不合格。如图 1-38 所示的 ϕ20.015 和 39.95（40－0.05）尺寸。

公差：是最大极限尺寸减去最小极限尺寸之差值，是允许尺寸的变动量。如图 1-38 所示的尺寸（40±0.05）mm 的公差为（40＋0.05）－（40－0.05）＝0.1mm。

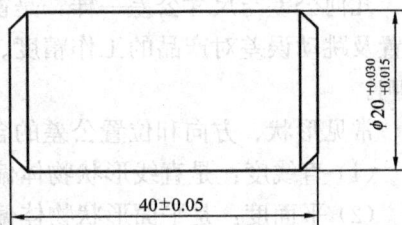

图 1-38　圆柱销

公差带：是限制被测要素变动的区域。

标准公差：是由国家标准规定，用以确定公差带大小的任一公差。标准公差用 IT＋阿拉伯数字表示。

公差等级：指确定尺寸精确程度的等级。

国家标准规定公差共分 20 个等级，即 IT01、IT0、IT1、IT2、…、IT18，等级依次降低。其中，IT01 级最高，IT18 级最低。公差等级越高，公差值越小，则精确程度越高；公差等级越低，公差值越大，则精确程度越低。

2. 几何公差

几何公差是被测实际要素允许形状和位置变动的区域。

GB/T 1182—2008 将几何公差分为形状公差、方向公差、位置公差及跳动公差四种类型。

形状公差分为 6 种几何特征：直线度、平面度、圆度、圆柱度、线轮廓度和面轮廓度。

方向公差分为 5 种几何特征：平行度、垂直度、倾斜度、线轮廓度和面轮廓度。

位置公差分为 6 种几何特征：位置度、同心度、同轴度、对称度、线轮廓度和面轮廓度。

跳动公差分为 2 种几何特征：圆跳动和全跳动。

几何公差的每个几何特征都规定了专用符号，见表 1-2。

表 1-2　　　　　　　　　　几何公差项目及符号

公差类型	几何特征	符号	有无基准	公差类型	几何特征	符号	有无基准
形状公差	直线度	—	无	位置公差	位置度	⊕	有或无
	平面度	▱			同心度（用于中心线）	◎	
	圆度	○					
	圆柱度	⌭			同轴度（用于轴线）	◎	有
	线轮廓度	⌒					
	面轮廓度	⌓			对称度	＝	
方向公差	平行度	∥	有		线轮廓度	⌒	
	垂直度	⊥			面轮廓度	⌓	
	倾斜度	∠		跳动公差	圆跳动	↗	
	线轮廓度	⌒			全跳动	⌰	
	面轮廓度	⌓					

几何公差与尺寸公差一样，是衡量产品质量的重要技术指标之一。零件的形状、方向、位置及跳动误差对产品的工作精度、密封性、运动平稳性、耐磨性、使用寿命等都有很大的影响。

常见形状、方向和位置公差的含义如下：

(1) 直线度：是直线形状物体偏离于几何学正直线的允许值。

(2) 平面度：是平面形状物体偏离于几何学正平面的允许值。

(3) 平行度：是相对于基准直线或基准平面，应为平行的直线形体或平面形体，偏离于平行几何学直线或几何学平面的允许值。如图 1-36 所示，平行度标注的含义是工件上表面相对于下表面（基准 B）的平行度误差允许值为 0.03mm。

(4) 垂直度：是相对于基准直线或基准平面，应为直角的直线形体或平面形体，偏离于直角几何学直线或几何学平面的允许值。如图 1-36 所示，垂直度标注的含义是工件的右侧面相对于下表面（基准 B）的垂直程度，其误差允许值为 0.05mm。

(5) 对称度：是依据基准轴直线或基准中心平面，应互为对称形体对称位置的允许偏离值。如图 1-36 所示，两个 ϕ10H8 孔的对称度标注含义是工件的两个 ϕ10H8 孔相对于基准要素 A 的对称程度，允许值为 0.2mm。

3. 表面粗糙度

表面粗糙度指加工表面上具有的较小间距和峰谷所组成的微观几何形状特性，也就是零件经过加工后，在零件表面所形成加工痕迹的粗细深浅程度。它是评定零件表面质量的一项重要指标。表面粗糙度对机械零件的摩擦系数、耐磨性、耐腐蚀性和配合性质有着密切的关系，直接影响机器装配后的可靠性和使用寿命。

GB/T 131—2006 规定了表面粗糙度的代号、标注、各种参数及数值等，其中最常用的衡量参数是轮廓算术平均偏差 Ra，单位是 μm。

轮廓算术平均偏差 Ra 是在取样长度范围 L 内，轮廓偏距绝对值的算术平均值，如图 1-39 所示。距离 Y_1、Y_2、Y_3、…、Y_n 取绝对值，表达式为

$$Ra \approx 1/n(|Y_1|+|Y_2|+|Y_3|+\cdots+|Y_n|)$$

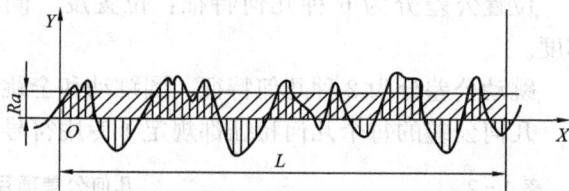

图 1-39　轮廓算术平均偏差 Ra

图样上表示表面粗糙度的符号如下：

$\sqrt{\ }$　表示表面粗糙度是用不去除材料的方法获得的，如铸造、锻造、热轧等，或是保持原始表面状况的材料。

$\sqrt{\ }$　表示表面粗糙度是用去除材料的方法获得的，如车削、铣削、刨削、磨削等。

例如：

$\sqrt{Ra\,3.2}$ 表示是用去除材料方法获得的表面粗糙度，Ra 值为 $3.2\mu m$；

$\sqrt{Ra\,3.2}$ 表示是用去不除材料方法获得的表面粗糙度，Ra 值为 $3.2\mu m$。

表面粗糙度的测量方法很多，常用的有比较法和仪表法。

比较法是将加工后的零件表面与表面粗糙度样板进行比较，从而得出基本数值的一种测量方法，此法适合于粗加工零件表面的测量。

仪表法是利用表面粗糙度检测仪对零件的测量表面进行精确测量，从而得出精确数值的一种测量方法，此法使用于精加工零件表面的测量。

表面粗糙度与尺寸精度有一定的关系。一般来说，尺寸精度越高，表面粗糙度 Ra 值就越小；但是，表面粗糙度 Ra 值越小，尺寸精度不一定高。例如，手轮、手柄的表面，其表面粗糙度 Ra 值就很小，但其尺寸精度却不高。

常用加工方法所能达到的表面粗糙度值及表面状况见表 1-3。

表 1-3 　　　　　　　　常用加工方法所能达到的表面粗糙度值及表面状况

加工方法		Ra（μm）	表面状况
粗锉、粗车、粗铣、粗刨、钻孔		50	明显可见刀痕
		25	可见刀痕
		12.5	微见刀痕
精铣、精刨、粗磨	半精车、细锉	6.3	可见加工痕迹
		3.2	微见加工痕迹
	精车、粗铰、精锉	1.6	不见加工痕迹
精磨、精车、精刨、精铣、精铰、精锉、粗刮、研磨		0.8	可辨加工痕迹方向
精磨、精铰、细刮		0.4	微辨加工痕迹方向
精刮		0.2	不辨加工痕迹方向
精密加工		0.1～0.008	按表面光泽判别

五、相关量具介绍

1. 万能角度尺

万能角度尺是用游标读数，可测量任意角度的量尺，其结构如图 1-40 所示。测量范围为 0°～320°，按测量精度分有 2′和 5′两种。使用时，根据测量范围移动、拆换角尺和直尺，即可测量各种角度，如图 1-41 所示。

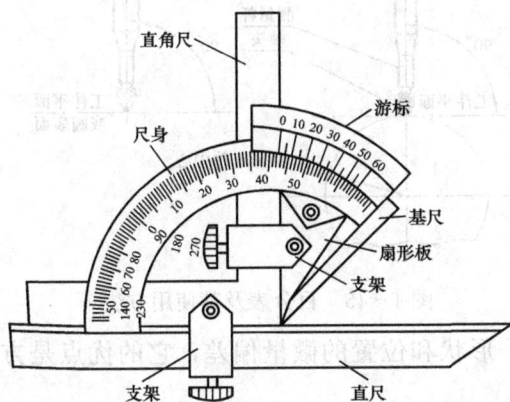

图 1-40 万能角度尺结构

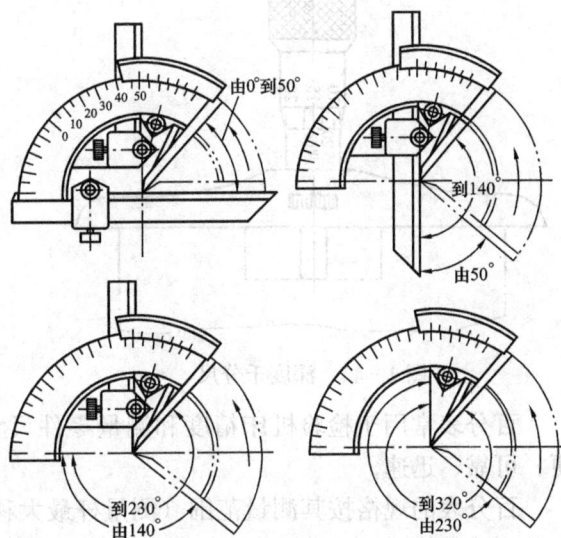

图 1-41 万能角度尺的测量范围

万能角度尺的读数方法和游标卡尺相似，先从尺身上读出游标零线前整度（°）的数值，再从游标上读出分（′）的数值，两者相加就是被测的角度数值。

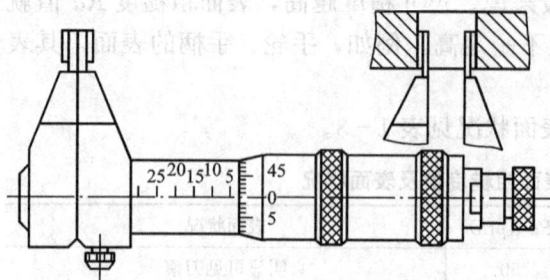

图1-42　普通内径千分尺

2. 内径千分尺

内径千分尺是用来测量工件内径、槽宽等尺寸的螺旋量具，它有普通式（见图1-42）和杠杆式（见图1-43）两种。

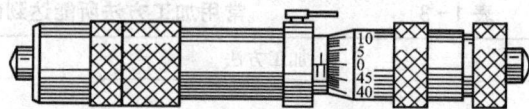

图1-43　杠杆内径千分尺

（1）普通内径千分尺的测量范围有 5～30mm 和 25～50mm 两种，固定套筒上的数字表示与外径千分尺相反。

（2）杠杆内径千分尺的最大行程为 25mm，测量范围可查相关手册。

3. 深度千分尺

深度千分尺是用于测量台阶高度或盲孔、凹槽深度尺寸的螺旋量具，其结构如图1-44所示。深度千分尺的测微螺杆可根据工件尺寸的不同进行调整。

4. 百分表

百分表是刻度值为 0.01mm，指针可转一周以上的机械式量表，其结构及使用方法如图1-45所示。

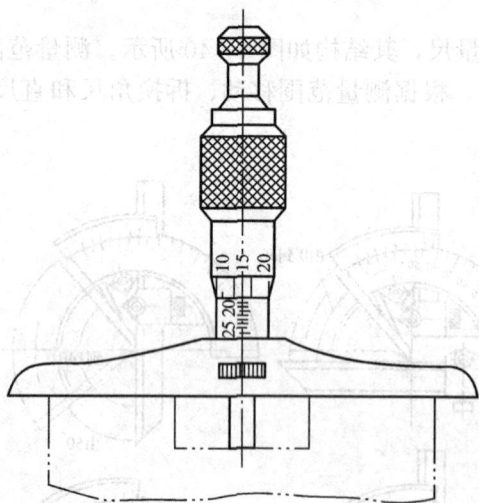

图1-44　深度千分尺

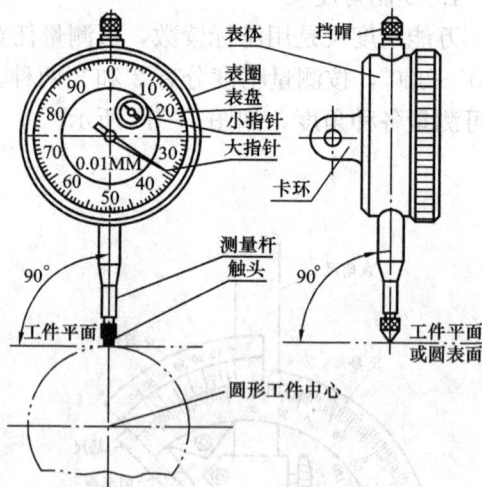

图1-45　百分表及其使用方法

百分表常用于检验机床精度和测量零件尺寸、形状和位置的微量偏差，它的优点是方便、可靠、迅速。

百分表的规格按其测量范围（测量杆最大移动量）分为 0～3mm、0～5mm、0～10mm 三种，读数值为 0.01mm。当读数值为 0.001mm 时，称为千分表。

百分表按制造精度分为 0 级和 1 级两种，其中，0 级精度最高，1 级次之。

百分表使用时要安装在表架上，再放在平稳位置处。百分表在表架上可上下、前后调整。测量时首先使长针对准零位，测量后长针转过的格数即为测量尺寸，如图1-46所示。

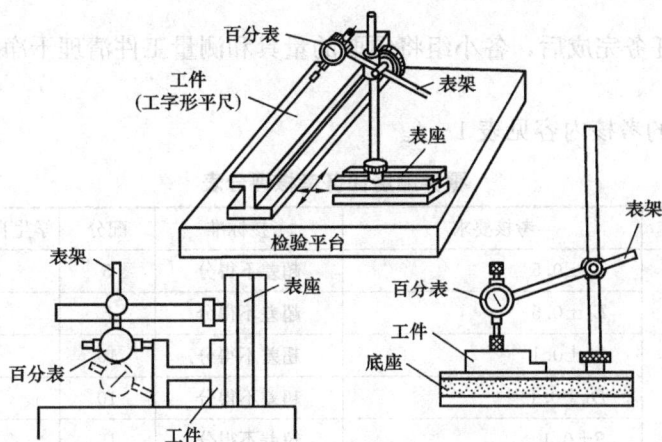

图1-46 百分表及表架的使用

5. 塞尺

塞尺是测量间隙的薄片量尺，由厚度值不同的若干薄钢片组成。塞尺的测量范围一般为0.02~1mm，如图1-47所示；塞尺的使用方法如图1-48所示。尺片塞入后来回抽动，有轻微的阻滞感觉时，尺片的厚度即为被测间隙，塞尺片可组合多片进行测量，但不应超过三片。

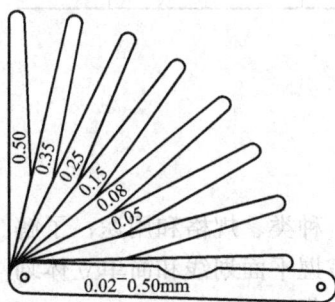

图1-47 塞尺

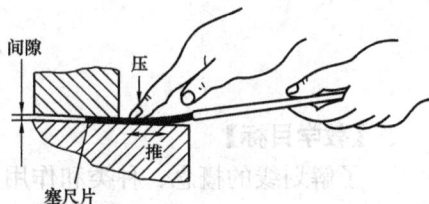

图1-48 塞尺的使用方法
(a) 单片测量；(b) 多片测量

【任务准备】

(1) 工件：测量如图1-9所示的工件，每1或2人1件。

(2) 量具：300mm钢直尺、0~150/0.02mm游标卡尺、0~25mm外径千分尺各1把。

(3) 分组：根据实训班级人数，将学生按4人/组分成若干组。

【任务实施】

为完成测量任务，应先将如图1-9所示的工件上标注的各个尺寸与实物进行对照，再根据测量工件的结构和尺寸精度要求，选取相应的量具和测量方法。

(1) 学生按分好的4人小组围坐好（这样便于同学们互相讨论、观摩）。

(2) 以小组为单位，领取游标卡尺、外径千分尺、钢直尺和测量工件。

（3）学生进行识读零件图，了解与分析测量任务的内容及要求，分别使用钢直尺、游标卡尺和外径千分尺对测量工件进行测量训练，并将测量结果填入零件测量任务考核评分表的学生自查栏目中。

（4）测量训练任务完成后，各小组将领取的量具和测量工件清理干净后交回。

【任务考核】

零件测量任务的考核内容见表 1-4。

表 1-4　　　　　　　　　　　　零件测量任务考核评分表

序号	考核项目	考核要求	考核标准	配分	学生自查	教师检查	得分
1	钢直尺	$L_2\pm0.5$	超差不得分	5			
2		$L_3\pm0.5$	超差不得分	5			
3	游标卡尺	$L_1\pm0.1$	超差不得分	10			
4		$D_1\pm0.1$	超差不得分	10			
5		$S\pm0.1$	超差不得分	15			
6	外径千分尺	$D_2\pm0.05$	超差不得分	10			
7		$D_3\pm0.05$	超差不得分	15			
8	操作过程	工件拿握方法正确	按现场考核	5			
9		量具拿握方法正确	按现场考核	10			
10		工件测量方法正确	按现场考核	15			
11		安全文明操作	酌情扣总分				
12	合计			100			

任务三　划　　　线

【教学目标】

了解划线的概念、种类和作用；了解划线工具的名称、材料、种类、规格和用途；了解划线基准的概念及选择原则。掌握划线工具的使用及修磨方法，掌握平面划线和简单立体划线的操作方法，能利用划线工具进行平面和简单工件的立体划线操作。

【任务描述】

（1）在 280mm×200mm×3mm 的钢板上，划出如图 1-49 所示平面划线工件的平面几何图形。

要求：划线方法正确、尺寸准确、线条清晰、连接圆滑、图形整体居中、保留必要辅助线。

（2）在 $\phi32\times28$mm 圆柱体的（由锉削或车削任务转来）两端面上，划出如图 1-50 所示立体划线工件 $S=27$mm 的正六边形。

要求：图形正确、尺寸准确、线条清晰、图形与圆柱体的两中心重合。

上述两项任务，知识学习、技能训练、工件划线等，共 6 课时。

【任务分析】

（1）要完成在 280mm×200mm×3mm 的钢板上，划出如图 1-49 所示平面划线工件的

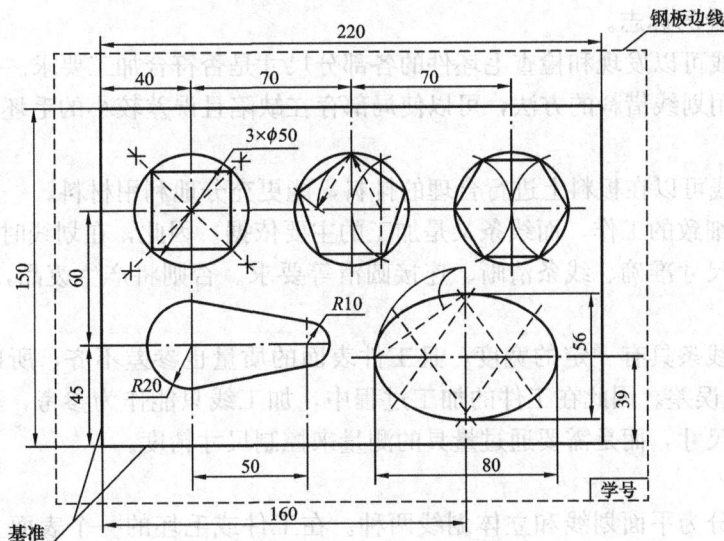

技术要求

1. 未注尺寸公差为±0.5。
2. 保留必要的作图辅助线。

图 1-49 平面划线工件

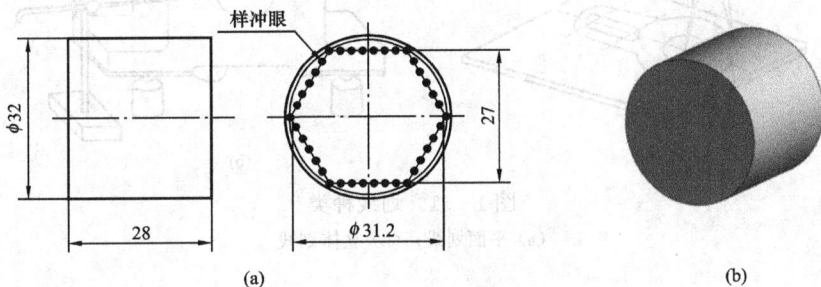

(a) (b)

图 1-50 立体划线工件

(a) 工件图；(b) 实物图

平面几何图形，且满足划线方法正确、尺寸准确、线条清晰、连接圆滑、图形整体居中、保留必要辅助线等任务要求，宜选用平面划线方法。

（2）要完成在 $\phi32\times28$mm 的圆柱体两端面上，划出如图 1-50 所示立体划线工件 $S=$27mm 的正六边形，且满足图形正确、尺寸准确、线条清晰、图形与圆柱体两中心重合等任务要求，宜选用立体划线方法。

【相关知识】

一、划线概念

划线是机械加工的重要工序，也是钳工操作的基本技能之一。

1. 划线

划线是在毛坯或工件上，用划线工具划出待加工部位的轮廓线或作为基准的点、线的操作。

2. 划线作用

（1）划线是为了指导加工。通过划线表示出工件的加工余量、加工界线、检查线和找正线，使加工有明确的标志。

（2）通过划线可以发现和检查毛坯件的各部分尺寸是否符合加工要求。

（3）通过利用划线借料的方法，可以使局部存在缺陷且误差较小的毛坯件得到补救而被重新利用。

（4）通过划线可以在板料上进行合理的排料，能更充分地利用材料。

划线是一项细致的工作，而线条又是加工的主要依据。因此，在划线时要仔细认真、不得马虎，要做到尺寸准确、线条清晰、连接圆滑等要求。否则将产生废品，导致工件报废，造成经济损失。

由于划出的线条具有一定的宽度，且工件表面的质量也参差不齐，所以划线通常存有$0.25\sim0.5mm$的误差。因此在工件的加工过程中，加工线只能作为参考，不能完全依靠加工线来确定最后尺寸，而是需要通过量具的测量来控制尺寸精度。

3. 划线种类

划线通常可分为平面划线和立体划线两种。在工件或毛坯的一个表面上进行划线的操作，称为平面划线；在工件或毛坯几个不同方向的表面上进行划线的操作，称为立体划线，如图1-51所示。

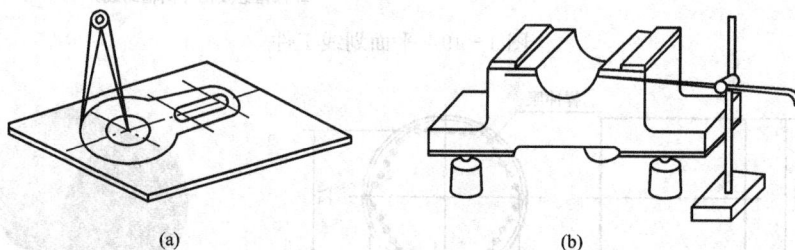

图 1-51　划线种类
(a) 平面划线；(b) 立体划线

二、 划线工具

划线工具的种类很多，根据其作用的不同，通常分为基准工具、绘划工具、测量工具和支承工具四类。

1. 基准工具

基准工具是指划线时用来安放工件，并利用其尺寸和几何精度较高的表面作为引导以控制划线质量的工具。常用的有划线平板、划线桌等，如图1-52所示。

划线平板是用于检验或划线的基准器具，是由铸铁铸造，并经过刨削、刮削等精细加工制成的标准平板。

划线平板的工作面是划线操作的基准面，用来安放工件和划线工具。

划线平板应水平、牢固地放置在专用支架上；较大规格的划线平板，水平误差在0.1/1000以下；工作面应保持清洁，严防碰撞；使用较大规格的划线平板时，不能经常在某一局部位置上划线，以免造成局部磨损严重；划线平板使用后，要擦拭干净，涂上机油或黄油进行维护。

2. 绘划工具

绘划工具是用来直接在工件上划线的工具，常用的有钢直尺、划针、划线盘、划规、划卡、直角尺、游标高度尺、样冲等。

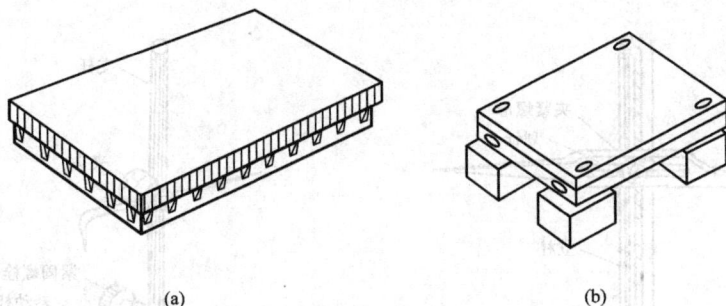

图 1-52 基准工具

(a) 划线平平板；(b) 划线桌

（1）钢直尺。钢直尺主要用于量取及测量精度要求不高的零件或毛坯的尺寸，并在划线操作中，用做划直线时的导向工具，如图 1-53 所示。

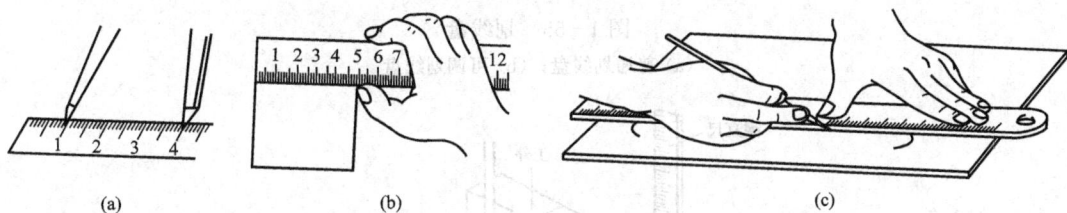

图 1-53 钢直尺的使用

(a) 量取尺寸；(b) 测量尺寸；(c) 划直线

（2）划针。划针是用在工件上划线的工具，采用弹簧钢丝或高速钢制成，直径为 3～6mm，尖端经淬火处理。

用划针在工件上划直线或标记线时，要做到一次划好，避免重复，以使划出的线条既清晰又准确。划针的针尖要保持尖锐，不用时最好套上塑料管，以防针尖外露伤人。划针的形状及使用如图 1-54 所示。

（3）划线盘。划线盘是带划针的可调划线工具，常用的有普通划线盘和可调划线盘，如图 1-55 所示。

使用划线盘时，底座应与划线平板紧贴，平稳移动。划针装夹要牢固，并适当调整伸出的长度，在量高尺量取尺寸时，划线盘的使用如图 1-56 所示。

（4）划规及划卡。划规是圆规式的划线工具，用工具钢或碳钢制成，尖端经磨锐和淬火，或焊接一段硬质合金。常用的划规有普通划规、弹簧划规等，如图 1-57 所示。

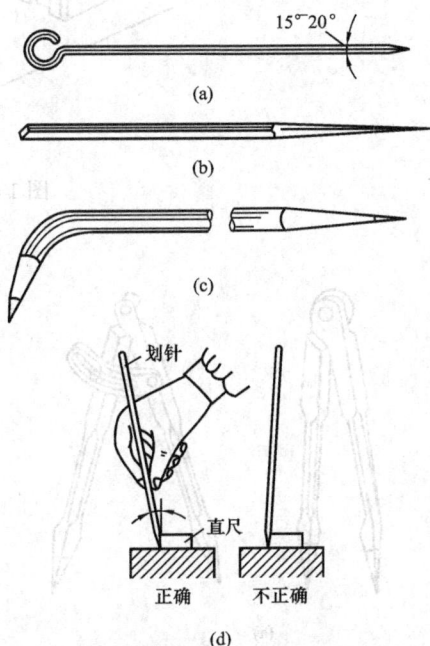

图 1-54 划针的形状及使用

(a) 钢丝划针；(b) 高速钢划针；

(c) 钢丝弯头划针；(d) 划针的使用

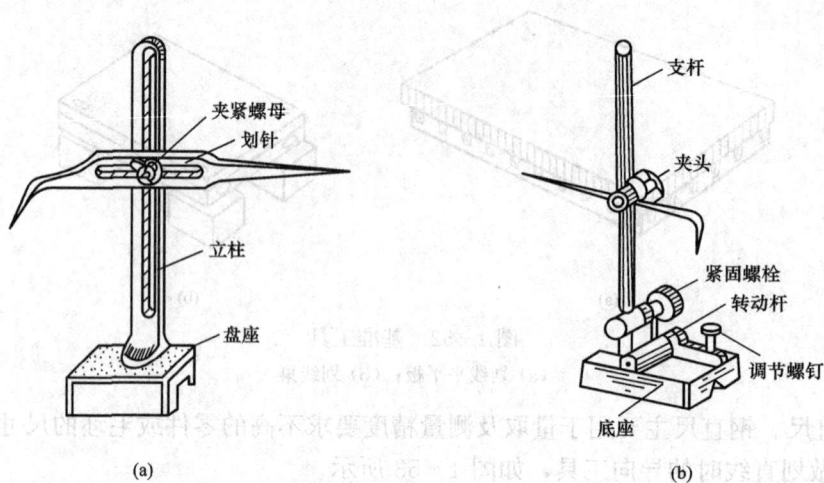

图 1-55　划线盘

(a) 普通划线盘；(b) 可调划线盘

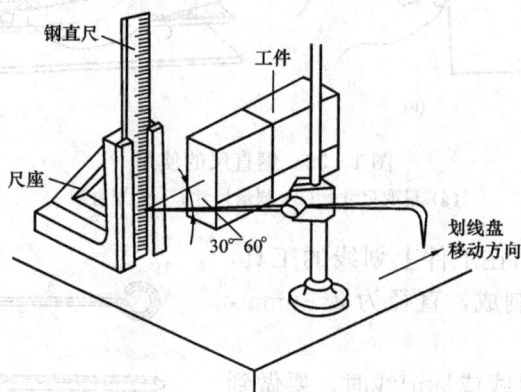

图 1-56　划线盘的使用

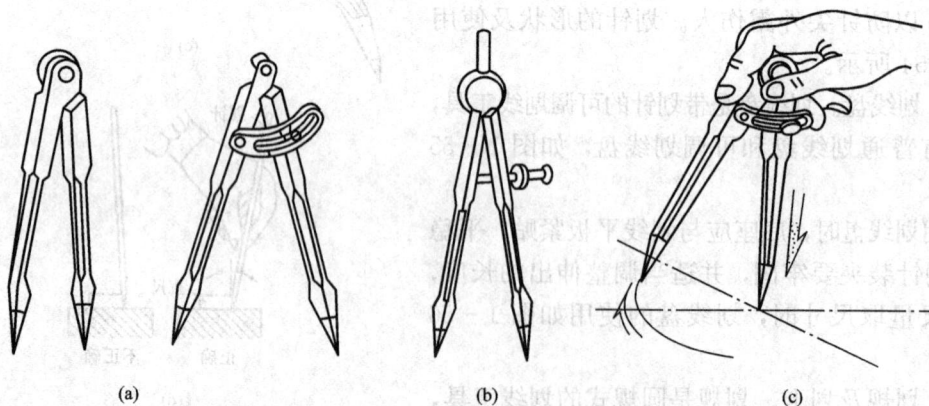

图 1-57　划规及使用

(a) 普通划规；(b) 弹簧划规；(c) 划规的使用

划规可在钢直尺上量取尺寸，做角度、划圆或圆弧，以及测量距离等。使用时，划规两脚要等长，两脚尖合拢并能靠紧，两脚开合松紧度要适当，以免划线时发生自动张缩。

划卡又称单角规，如图1-58所示，主要用于确定轴和孔的中心位置，也可以作为划平行线的工具。使用划卡时应注意弯脚到工件的端面距离要保持一致。

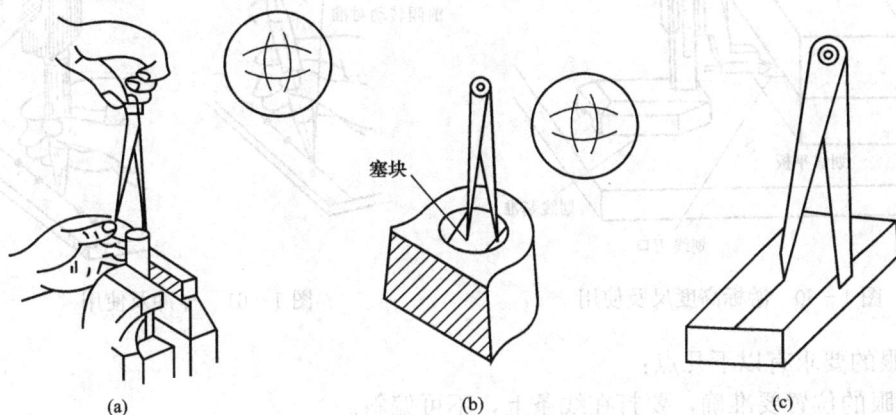

图1-58 划卡及使用
(a) 找轴中心；(b) 找孔中心；(c) 划平行线

（5）直角尺。直角尺又称为90°角尺，有两个互呈90°的钢直尺边。在划线时常作为划平行线或垂直线的导向工具，如图1-59所示。

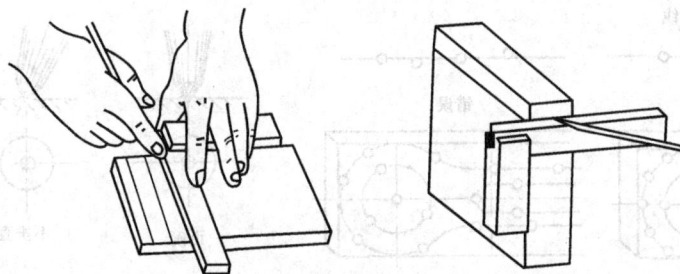

图1-59 直角尺及使用

（6）游标高度尺。游标高度尺常用于已加工表面或较高精度的精密划线，如图1-60所示。使用前，应在精密平板上校对0位。只有0线对齐后，才能进行划线使用。

（7）样冲。样冲是用以在工件上打出样冲眼的工具，一般用工具钢制成，尖端部分经淬火硬化。

在加工过程中，工件上已划好的线条有可能被擦掉或模糊不清，故划线后用样冲在线条上打出小而均匀的冲眼作为标记。在钻孔时，孔的中心也要打样冲眼，以便于钻头定位，如图1-61所示。

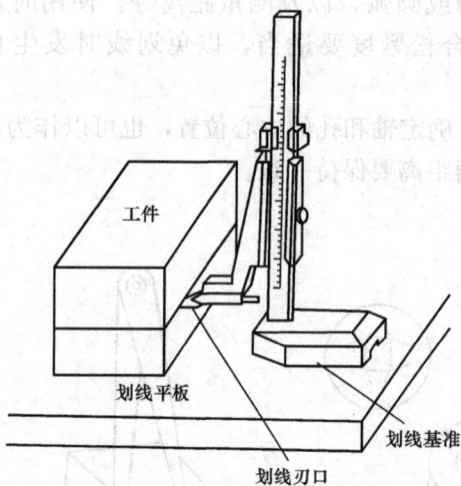

图 1-60 游标高度尺及使用

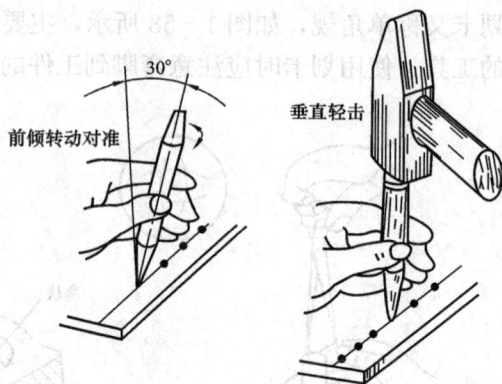

图 1-61 样冲及使用

打冲眼的要求有以下几点:

1) 冲眼的位置要准确,要打在线条上,不可偏斜。

2) 冲眼的大小要适度。在薄板和已加工表面上应小些、浅些,在粗糙工件表面及钻孔中心眼处应大些、深些。

3) 冲眼的间距要均匀适当。在直线上冲眼间距可大些,在曲线上冲眼间距应小些。一般在十字中心线、线条交叉点和折角处均应冲眼。

图 1-62 所示为两类正确及错误的冲眼方法。

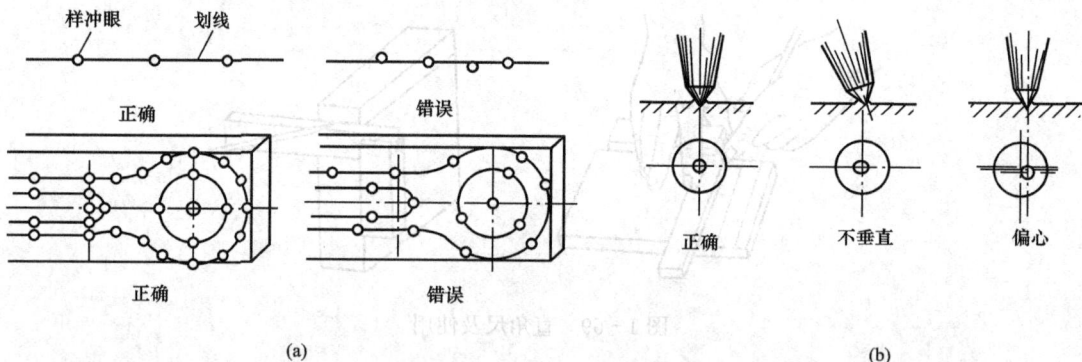

图 1-62 冲眼的要求

3. 测量工具

划线中的测量工具主要是用来量取尺寸和检测划线的精度,主要有钢直尺、游标卡尺、量高尺等。

4. 支承工具

划线中起支承、调整、装夹等作用的工具,常用的有划线方箱、V 形铁、千斤顶等。

(1) 划线方箱。划线方箱是用来夹持工件,并能根据需要转换位置的划线工具。划线方箱是由铸铁铸造而成,它的各面经过刨削、刮削等精密加工,是一个相对平面互相平行,相邻平面互相垂直的空心正四方体。

通过翻转划线方箱,可以在工件表面划出相互垂直的线。其中一个面上加工有V形槽,并带有压紧装置,小型工件或圆柱体工件,可压紧在划线方箱上或V形槽内划线,翻转划线方箱可以划出工件的中心线或找中心。

在划线方箱上夹持工件要牢固、平稳;翻转时,要轻起、轻放,以免碰伤划线方箱或平板;划斜线时,可将角度板垫在划线方箱下面或将V形铁夹持在划线方箱上,如图1-63所示。

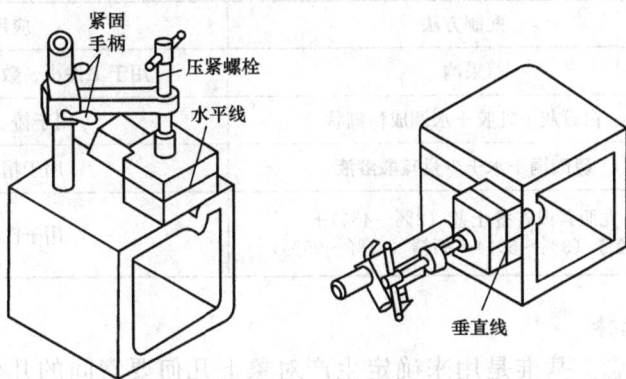

图1-63 划线方箱及使用

(2)V形铁。V形铁是由铸铁或中碳钢制成,经刨削、刮削或磨削等加工而成。V形槽一般制成90°或120°,主要用来支承、安放轴类工件,配合划线盘或游标高度尺划线及找中心,如图1-64所示。

(3)千斤顶。千斤顶是由顶尖、顶座、锁紧螺母等组合而成的辅助工具,通常是三个为一组,用来支承较大、形状不规则、带有伸出部分或较重的工件。它的高度可以调节,以便于找正工件进行划线,如图1-65所示。

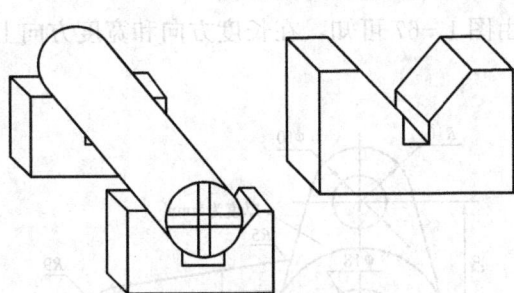

图1-64 V形铁及使用

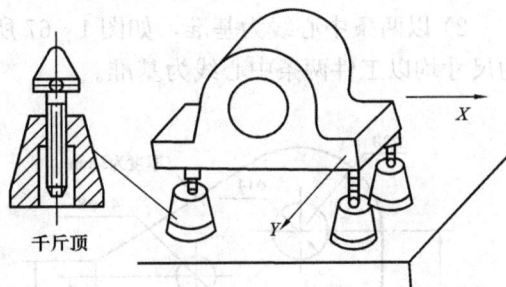

图1-65 千斤顶及使用

三、划线前的准备

为了保证划线工作的顺利进行,划线前需要做好各项准备工作,主要是工具和工件的准备。

1.工具的准备

根据划线工件图样及各项技术要求,合理地选择所需要的划线工具,并对每件工具进行检查和校验，如有缺陷应进行修理和调整。

2. 工件的准备

(1) 工件的检查：检查工件毛坯的形状及尺寸是否符合图样要求。

(2) 工件的清理：清除型材及锻件毛坯表面的氧化皮、飞边、毛刺、浮锈、污垢；去除铸件上冒口、浇口、毛边、型砂等。

(3) 工件的涂色：为了使划出的线条清晰，在工件的划线部位涂上一层薄而均匀的涂料。常用划线涂料及应用场合见表1-5。

表 1-5   常用划线涂料及应用场合

名称	配制方法	应用场合
粉笔	采购	用于工件小、数量少的铸锻毛坯件
石灰水	白石灰＋乳胶＋水调成稀糊状	用于铸、锻毛坯件
硫酸铜溶液	硫酸铜＋水＋少量硫酸溶液	用于精加工工件
紫色	龙胆紫或普鲁士蓝（2%～4%）＋虫胶漆（3%～5%）＋酒精（91%～95%）	用于已加工工件

3. 划线基准及选择

(1) 划线基准概念。基准是用来确定生产对象上几何要素间的几何关系所依据的点、线、面。

划线基准是指在工件划线时所采用的基准。划线时，应首先从划线基准开始。正确地选择和确定划线基准，是保证划线质量和提高工作效率的重要因素。

选择划线基准时，需要对工件、加工工艺、设计要求、划线工具等进行综合分析，找出工件上与各个方面有关的点、线、面，作为划线时的尺寸基准。

(2) 平面划线基准选择的常见类型主要有以下三类：

1) 以两条互相垂直的边线为基准，如图1-66所示。由图1-66可知，在长度方向的尺寸均以工件左边线为基准，在宽度方向上的尺寸均以工件底边线为基准。

2) 以两条中心线为基准，如图1-67所示。由图1-67可知，在长度方向和宽度方向上的尺寸均以工件两条中心线为基准。

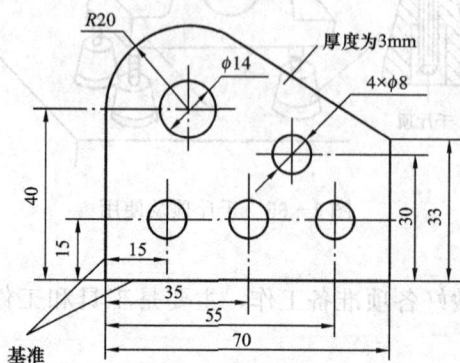

图 1-66 以两条垂直边线为基准

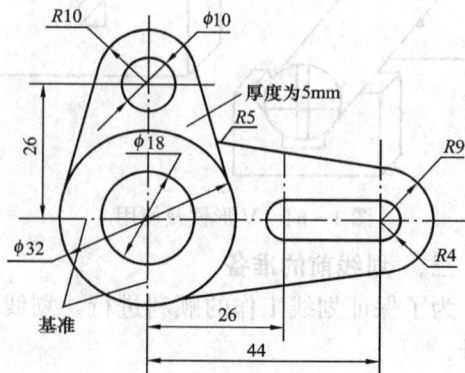

图 1-67 以两条中心线为基准

3）以一条边线和一条中心线为基准，如图1-68所示。由图1-68可知，在长度方向的尺寸均以工件的中心线为基准，在宽度方向上的尺寸均以工件的底边线为基准。

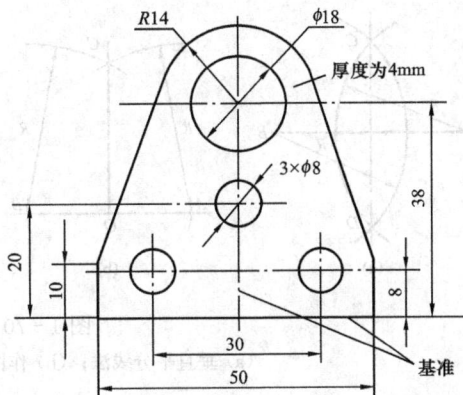

图1-68 以一条边线和一条中心线为基准

四、基本线条和图形的划法

1. 直线

首先在工件表面需要划线的位置上划出直线的两个端点，再用钢直尺和划针连接两端点，即得一条直线。

2. 平行线

平行线的常用划法如图1-69所示。

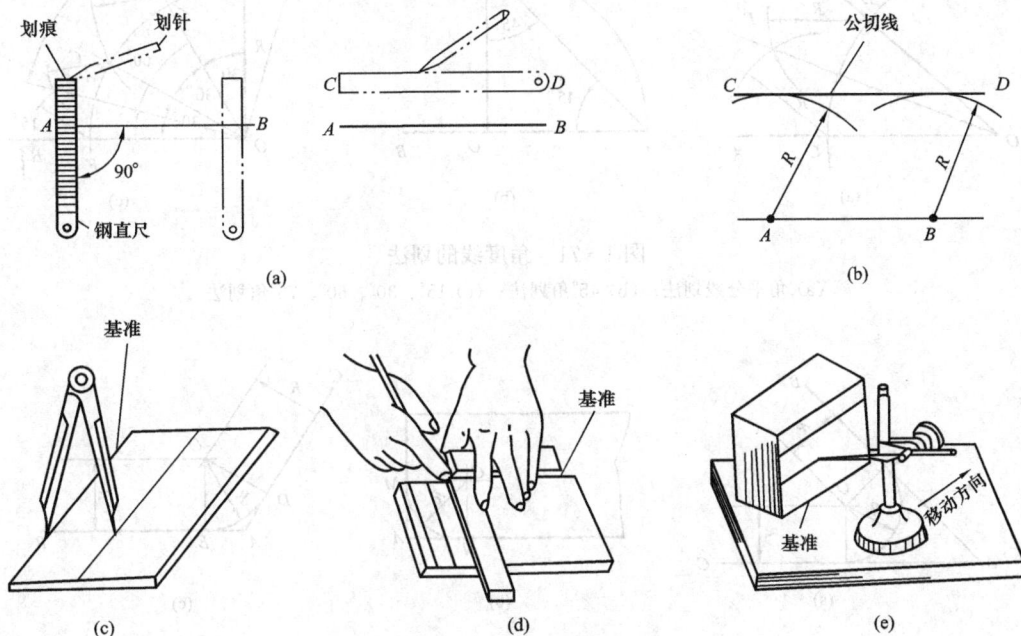

图1-69 平行线的划法

(a) 用钢直尺划平行线；(b) 用作图法划平行线；(c) 用划规划平行线；
(d) 用直角尺划平行线；(e) 用划线盘划平行线

3. 垂直线

垂直线的常用划法如图1-70所示。

4. 角度线

角度线的常用划法如图1-71所示。

5. 圆弧连接线

直线与圆弧相切线的划法如图1-72所示。

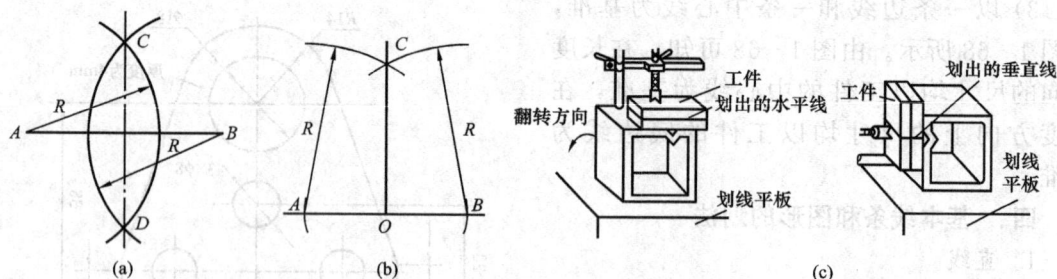

图 1-70 垂直线的划法

(a) 垂直平分线法；(b) 作图法；(c) 划线方箱翻转法划垂直线

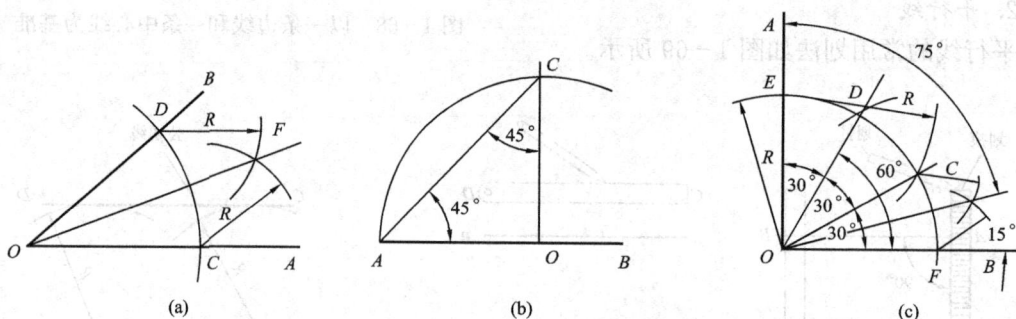

图 1-71 角度线的划法

(a) 角平分线划法；(b) 45°角划法；(c) 15°、30°、60°、75°角划法

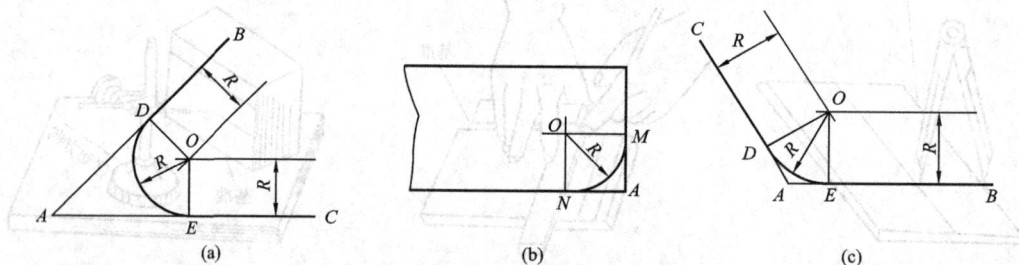

图 1-72 直线与圆弧相切线的划法

(a) 划圆弧与锐角边相切线；(b) 划圆弧与直角边相切线；(c) 划圆弧与钝角边相切线

6. 圆的等分线

圆的三、四、五、六、八等分线的划法如图 1-73 所示。

下面仅以圆的五等分划法为例加以说明。以圆半径 OB 的中点 C 为圆心，以 CD 线段的长为半径划弧，交 OA 半径线于 E 点，则 DE 即为正五边形的边长；再以 D 为圆心（起始点），DE 线段的长为半径，分别在圆周上划弧，交圆周于 F、G、H、I 4 个等分点；最后依次连接各等分点即得正五边形。

7. 椭圆连接线

椭圆连接线的划法如图 1-74 所示。

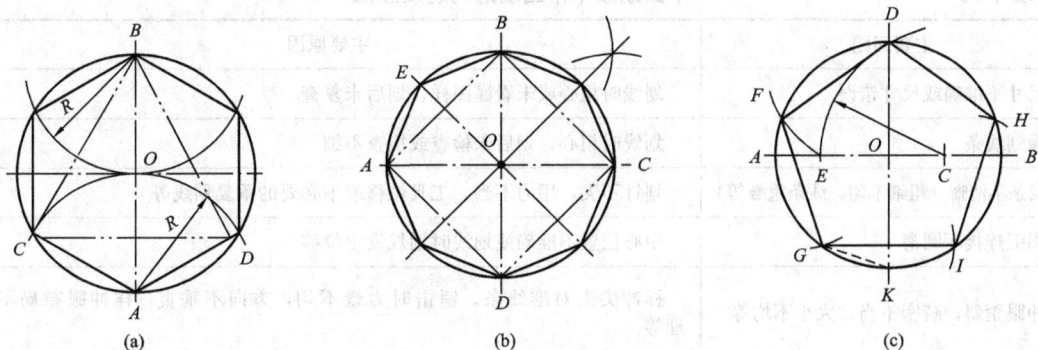

图 1-73 圆等分线的划法
(a) 划圆三等分和六等分线；(b) 划圆四等分和八等分线；(c) 划圆五等分线

四心法划椭圆步骤如下：

(1) 划长轴 AB，再过 AB 的中点 O 划短轴 CD 及延长线，并使 CD 线垂直于 AB 线。

(2) 连接 AC，并在 AC 线上截取 CE（CE = AO − CO）于 E 点。

(3) 划 AE 线段的垂直平分线，分别与长轴和短轴（或短轴的延长线）相交于 O_1 和 O_2 两点。

(4) 以 O 点为中心，分别找出 O_1 和 O_2 的对称点 O_3 和 O_4 点。

(5) 连接 O_2 和 O_3、O_4 和 O_3、O_4 和 O_1 各点及延长线。

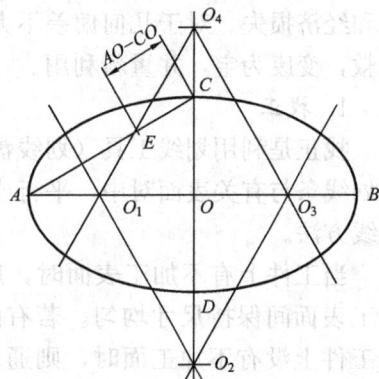

图 1-74 椭圆的划法

(6) 分别以 O_1 和 O_3 为圆心，以 O_1A（或 O_3B）为半径划圆弧至分界线；再以 O_2 和 O_4 为圆心，以 O_2C（或 O_4D）为半径划圆弧至分界线。完成四心法划椭圆的过程。

五、平面划线的操作方法

1. 平面划线基准的选择

在平面划线时，一般只选择两个划线基准，即确定两条相互垂直的边线为基准线，就可以将平面上其他点、线的位置确定下来。

2. 平面划线的步骤

(1) 做好划线前的准备工作。

(2) 看懂图样，查明需要划哪些线及各部位的尺寸和要求。

(3) 确定划线基准并划出基准线。

(4) 划出其他水平线、垂直线、斜线等。

(5) 划圆及圆弧。

(6) 检查划线尺寸及是否有错划、漏划的线条，确认无误后打上样冲眼。

3. 平面划线中常出现的问题及原因

平面划线中常出现的问题及原因见表 1-6。

表 1-6　　　　　　　　　　　　　　平面划线中常出现的问题及原因

主要问题	主要原因
尺寸不准确或尺寸错误	划线时粗心或未看懂图样，划后未复查
漏划线条	划线时粗心，划后未检查或检查不细
线条不清晰（粗细不匀，线条重叠等）	划针不尖，用力不当，工具位移或不必要的重复划线等
圆弧连接不圆滑	中心位置不准确或划线时划规发生位移
冲眼歪斜，疏密不当，大小不均等	样冲尖未对准线条，锤击时力量不均，方向不垂直，样冲眼布局不合理等

六、 划线时的找正与借料

立体划线在很多情况下是对铸件、锻件及型材毛坯进行的划线。有些铸、锻毛坯件，由于种种原因，出现形状歪斜、偏心、壁厚不均等缺陷。如果全部弃之不用，会造成很大的浪费和经济损失。对于几何偏差不大的部分毛坯件，通过划线时找正与借料的方法，可以得到补救，变废为宝，并重新利用。

1. 找正

找正是利用划线工具（划线盘、直角尺、千斤顶等）检查与校正工件上有关的表面，使所划线条与有关表面对中、平行或垂直，使有关表面处于合适位置，并合理分配加工余量的划线方法。

当工件上有不加工表面时，应按不加工表面的位置找正后再划线，以使加工表面与不加工表面间保持尺寸均匀。若有两个以上不加工表面时，应以面积较大的面为找正依据。当工件上没有不加工面时，则通过对各待加工面的自身位置找正后再划线，如图 1-75 所示。

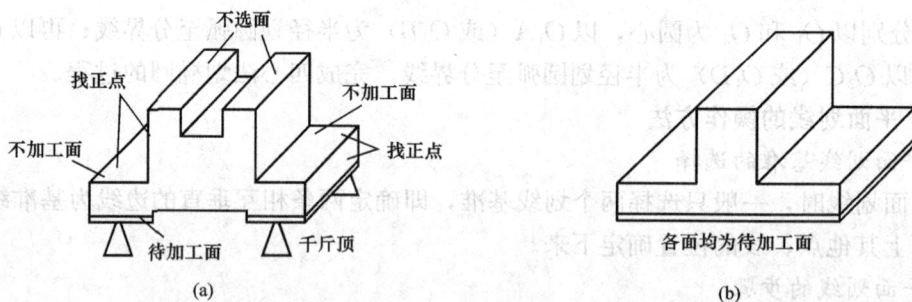

图 1-75　找正

(a) 以毛坯件不加工面为找正依据；(b) 以已加工面为找正依据

2. 借料

借料是通过试划和调整，使各加工表面的加工余量合理分配、互相借用，以补救毛坯缺陷的划线方法。

借料的目的就是挽救按常规划线方法已经报废的毛坯件。因此，通过借料划线后，虽使得加工余量不均匀，但可将毛坯的缺陷补救消除，使毛坯重新利用。

如图 1 - 76 所示的毛坯件，就是通过试划和调整毛坯件内孔面和外圆面中心的位置，使按正常划线方法应当报废的毛坯，得以补救和重新利用。通常，划线的找正与借料是结合进行的。

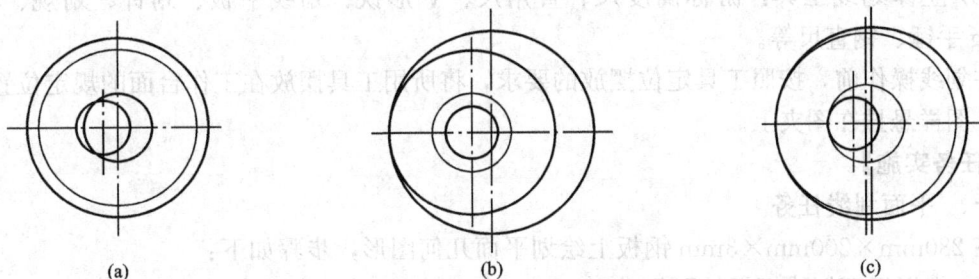

图 1 - 76 借料

(a) 以外圆面为依据划线；(b) 以内孔面为依据划线；(c) 内外圆面兼顾后划线

七、立体划线的操作方法

1. 立体划线基准的选择

在立体划线中，一般要在工件的长、宽、高三个方向上进行划线。因此，划线时要选择三个划线基准，即工件的长、宽、高三个位置中的三个互相垂直的平面（或中心面）为划线基准。

2. 立体划线的步骤

(1) 做好划线前的准备工作。

(2) 根据工件图样和加工工艺，找出应划线的尺寸及尺寸间的相互关系。

(3) 确定划线基准。

(4) 划线。

(5) 检查划线尺寸的准确性，以及是否有错划、漏划的线条，确认无误后打上样冲眼。

八、划线注意事项

(1) 划线操作前，应认真审核图样，明确各部位尺寸，选好划线方法，可先在纸上练习。

(2) 划线工具和量具的使用方法要正确，划线动作要自然、协调。

(3) 划出的尺寸要准确，线条要清晰均匀，样冲眼位置要正确、合理、深浅适当。

(4) 工具的摆放要整齐、稳妥、有条理、拿用方便，并注意使用中的安全。

(5) 划线完成后，要仔细检查与校对，避免出现划线错误。

【任务准备】

1. 工件

(1) Q235 材料，尺寸为 280mm×200mm×3mm 的钢板一块。

(2) Q235 材料，尺寸为 $\phi32×28$mm 的圆柱体（由锉削或车削任务转来）一段。

(3) 将 280mm×200mm×3mm 钢板表面的锈迹、脏物等清理干净后，用白色涂料进行涂色；再将 $\phi32×28$mm 圆柱体端面的锈迹、脏物清理干净，用紫色或白色涂料进行涂色。

2. 工具

（1）平面划线工具：300mm 钢直尺、划针、划规、样冲、0.45kg 手锤。

（2）立体划线工具：游标高度尺、直角尺、V 形铁、划线平板、划针、划规、样冲、0.45kg 手锤、钢直尺等。

在划线操作前，按照工具定位摆放的要求，将所用工具摆放在工作台面的规定位置，并将工件图样悬挂在图夹上。

【任务实施】

一、平面划线任务

在 280mm×200mm×3mm 钢板上绘划平面几何图形，步骤如下：

（1）根据平面划线钢板外形尺寸 280mm×200mm，先以长度和宽度方向的中心位置为对称轴划出整个图形的边框尺寸 220mm×150mm。

（2）以图形的底部边线为高度方向尺寸的划线基准，分别划出 39、45、45+60 的尺寸线；以图幅左边线为长度方向的划线基准，分别划出 40、40+50、40+70、160、40+70+70 的尺寸，以确定各个图形的中心位置。

（3）分别划出 3×ϕ50 的三个圆，再分别划出三个圆的四等分、五等分和六等分的连接线及辅助线。

（4）分别划出 R20 和 R10 两圆弧，以及外公切线。

（5）划出长轴 80、短轴 56 的椭圆连接线。

（6）检查划出的所有尺寸线的数量和尺寸的准确性，看是否有错划、漏划的线条，确认无误后，根据需要打上适当的样冲眼。

二、立体划线任务

在 ϕ32×28mm 圆柱体的端面上划 S=27 的正六边形，步骤如下：

（1）将 ϕ32×28mm 圆柱体工件平放在 V 形铁上，并用游标高度尺测量高度尺寸 H_1。

（2）用游标高度尺在两端面上同时划出圆柱体的中心线高度尺寸 H（$H=H_1-16$，ϕ32 圆柱体半径 16），如图 1-77（a）所示。

（3）将工件旋转 90°，在两端面上同时划出另一条中心线高度尺寸 H。

（4）以中心线高度尺寸 H 为基准，在两端面上分别划出 $H\pm27/2$ 的两条平行尺寸线，如图 1-77（b）所示。

（5）以两条中心线交点为圆心，在两端面上同时划出 ϕ31.2mm 的圆（S=27 的正六边形的外接圆），如图 1-77（c）所示。

（6）在两端面上依次连接 ϕ31.2mm 圆与中心线、平行尺寸线的 6 个交点，即得所划的正六边形，如图 1-77（d）所示。

（7）检查划线尺寸的准确性，以及是否有错划、漏划的线条，确认无误后打上样冲眼，如图 1-77（e）所示。

【任务考核】

（1）平面划线任务考核内容见表 1-7。

（2）立体划线任务考核内容见表 1-8。

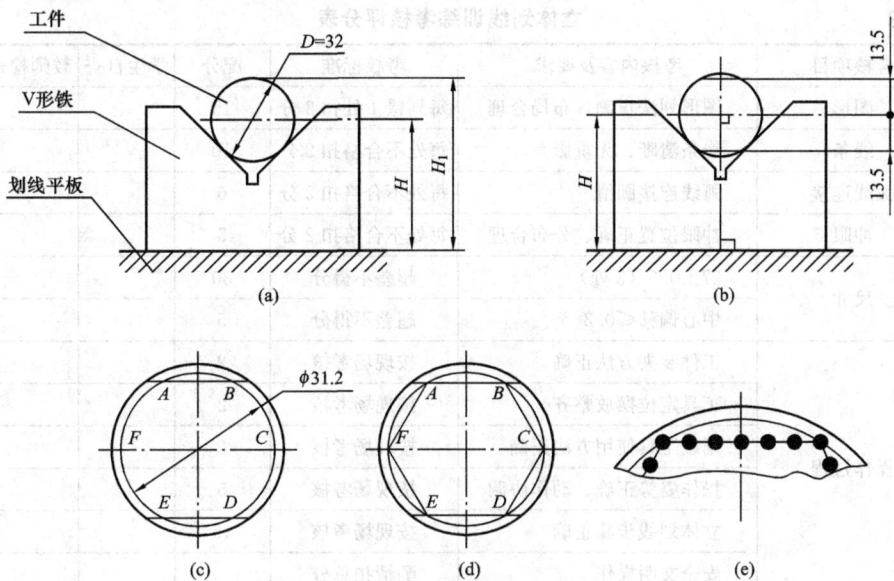

图 1-77 立体划线示意

(a) 量总高 H_1 及划中心线 H；(b) 划另一中心线 H 和上、下平行尺寸线；

(c) 划 $\phi31.2$ 外接圆；(d) 依次连接各等分点；(e) 边线打样冲眼

表 1-7 平面划线训练考核评分表

序号	考核项目	考核内容及要求	考核标准	配分	学生自查	教师检查	得分
1	图形	划图方法正确，布置合理	每处划错扣 3 分	15			
2	线条	线条清晰，均匀，无重影	每处不合格扣 2 分	10			
3	弧线连接	弧线连接圆滑，过渡自然	每处不合格扣 2 分	10			
4	尺寸	40	超差不得分	4			
5		50	超差不得分	4			
6		45	超差不得分	4			
7		60	超差不得分	4			
8		$R20/R10$	超差不得分	4			
9		70	超差不得分	4			
10		70	超差不得分	4			
11		39	超差不得分	4			
12		80	超差不得分	4			
13		56	超差不得分	4			
14		160	超差不得分	4			
15		$3\times\phi50$	超差不得分	6			
16	操作过程	工件装夹方法正确	按现场考核	2			
17		工具定位摆放整齐	按现场考核	2			
18		划线工具使用方法正确	按现场考核	4			
19		操作姿势正确、动作协调	按现场考核	4			
20		平面划线步骤正确	按现场考核	3			
21		安全文明操作	酌情扣总分				
22	合计			100			

表 1-8　　　　　　　　　　　立体划线训练考核评分表

序号	考核项目	考核内容及要求	考核标准	配分	学生自查	教师检查	得分
1	图形	图形划法正确，布局合理	每划错1处扣3分	15			
2	线条	线条清晰、无重影	每处不合格扣2分	10			
3	弧线连接	弧线连接圆滑	每处不合格扣2分	6			
4	冲眼	冲眼位置正确、分布合理	每处不合格扣2分	5			
5	尺寸	27±0.5（3处）	超差不得分	30			
6		中心偏移≤0.2	超差不得分	5			
7	操作过程	工件装夹方法正确	按现场考核	2			
8		工具定位摆放整齐	按现场考核	2			
9		划线工具使用方法正确	按现场考核	5			
10		操作姿势正确、动作协调	按现场考核	5			
11		立体划线步骤正确	按现场考核	15			
12		安全文明操作	酌情扣总分				
13	合计			100			

任务四　锯　　削

【教学目标】

熟悉锯削概念及应用；掌握手锯的使用方法，能正确使用手锯及安装锯条；掌握锯削操作要领及方法；能利用锯削工具进行锯削操作；熟悉常用型材的锯削方法；熟悉锯削产生废品的形式、原因及预防方法；熟悉锯削安全操作知识。

【任务描述】

（1）截取 Q235 材料，$\phi32\times30$mm 的圆柱体一段，如图 1-78 所示。

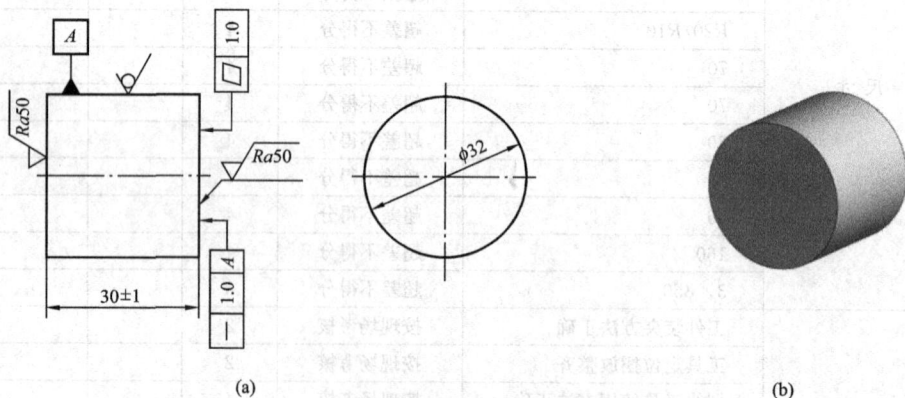

图 1-78　圆柱体

(a) 工件图；(b) 实物图

（2）截取 45 钢材料，尺寸为 24mm×24mm×115mm 的四方体一段，如图 1-79 所示。

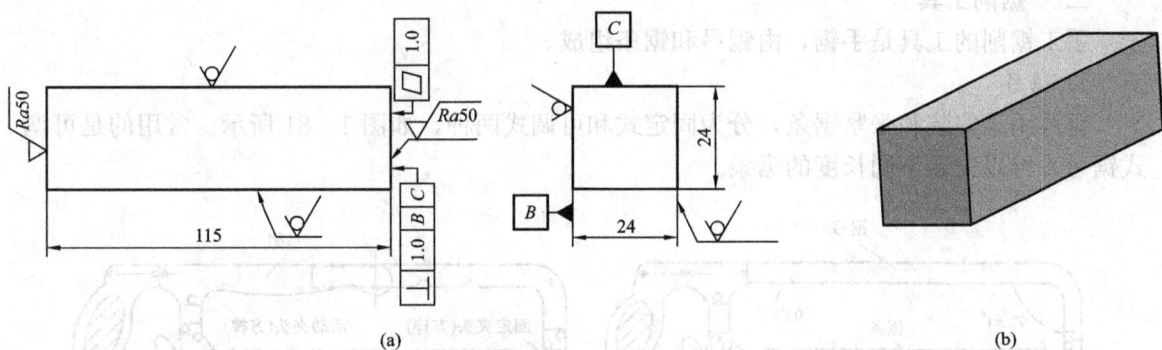

图 1-79 四方体

（a）工件图；（b）实物图

要求：尺寸准确，端面平整且与侧面垂直。

知识学习、技能训练、工件制作等，共 6 课时。

✏【任务分析】

由图 1-78 圆柱体工件和图 1-79 四方体工件的任务描述，以及工件图所表达的形状、要求可知，要在毛坯材料上分别截取 Q235 材料，$\phi32\times30$mm 的圆柱体和 45 钢，24mm×24mm×115mm 的四方体各一段，并达到平面度≤1.0，垂直度≤1.0 及表面粗糙度 $Ra50\mu$m 等要求，可选用机械锯削或手工锯削方法完成。本任务选用手工锯削的方法完成。

📖【相关知识】

一、锯削概念及应用

锯削是用锯对材料或工件进行切断或切槽等操作的加工方法。

锯削分为手工锯削和机械锯削两种，锯削的应用如图 1-80 所示。

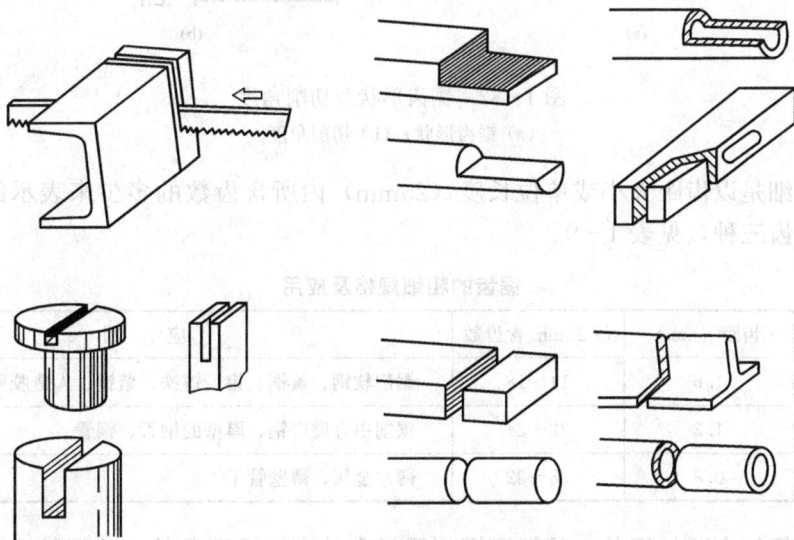

图 1-80 锯削的应用

二、锯削工具

手工锯削的工具是手锯,由锯弓和锯条组成。

1. 锯弓

锯弓用于安装和张紧锯条,分为固定式和可调式两种,如图 1-81 所示。常用的是可调式锯弓,可以安装不同长度的锯条。

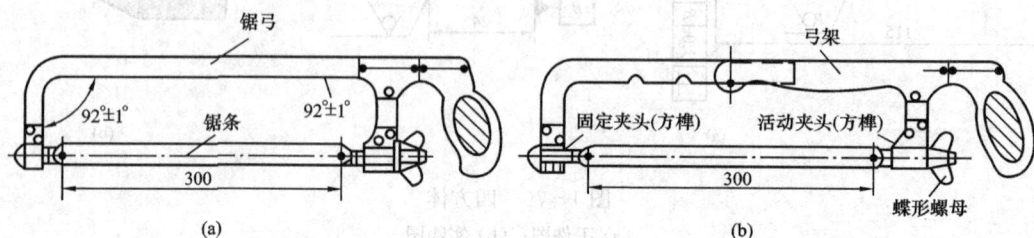

图 1-81 锯弓
(a) 固定式;(b) 可调式

2. 锯条

锯条是锯削加工所使用的刀具,一般用渗碳软钢冷轧而成,也有用碳素工具钢或合金钢制成,并经热处理淬硬。锯条的长度以两端安装孔的中心距来表示,常用的为 300mm。

锯条的切削部分是由许多锯齿组成的,其形状及切削角度如图 1-82 所示。

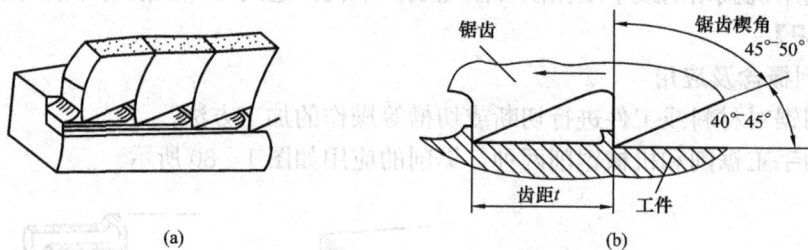

图 1-82 锯齿形状及切削角度
(a) 锯齿形状;(b) 切削角度

锯齿的粗细是以齿距大小或单位长度(25mm)内所含齿数的多少来表示的。一般分粗齿、中齿和细齿三种,见表 1-9。

表 1-9 锯齿的粗细规格及应用

锯齿粗细	齿距(mm)	每25mm含齿数	应 用
粗齿	1.6	14~18	锯削软钢、黄铜、铝、铸铁、紫铜、人造胶质材料
中齿	1.2	22~24	锯削中等硬度钢、厚壁的钢管、铜管
细齿	0.8	28~32	薄片金属、薄壁管子

选择锯齿粗细合适的锯条,是保证锯削质量和效率的重要条件。选择的主要依据是工件材料的硬度、厚度及切割面的形状等。

对于材料软或切割面大的工件,可选用粗齿锯条。因为锯削软或切割面较大的材料时,软材料切削阻力相对较小，而切割面大的材料产生的锯屑较多，故需要有较大容屑空间的粗齿锯条，才不致发生切屑堵塞；对于材料硬而切割面小的工件，则应选用细齿锯条。因为锯削硬材料时，锯齿不易切入，锯屑量少，另外同时参加切削的齿数越多，切削阻力就越小，锯齿不易被磨损；锯薄壁管子时，必须用细齿锯条，即保证在锯削截面上至少有两个以上的锯齿同时参加锯削。否则会因齿距大于板厚，使锯齿被钩住而崩断。

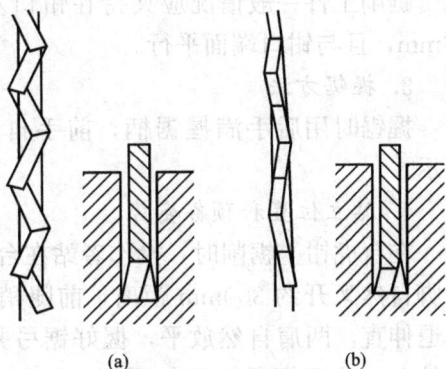

图 1-83 锯路
(a) 交叉形；(b) 波浪形

锯削时，锯条会逐渐深入工件，而锯缝两边对锯条的摩擦也会越来越大，严重时会把锯条夹住。为了减小摩擦，锯条在制造时，将全部锯齿按一定规律左右错开，并排成一定的形状，称为锯路。锯路有交叉形、波浪形等，如图 1-83 所示。

三、锯削操作方法

1. 锯条安装

锯削时，手锯向前推进锯齿起切削作用；向后返回时，则不起切削作用。因此，安装锯条时，首先要注意使锯齿朝向前推方向，再将锯条两端的安装孔装在锯弓的锯钮销柱上，然后通过蝶形螺母调整锯条的松紧，还要注意保持锯条与锯弓中心平面的一致性，如图 1-84 所示。

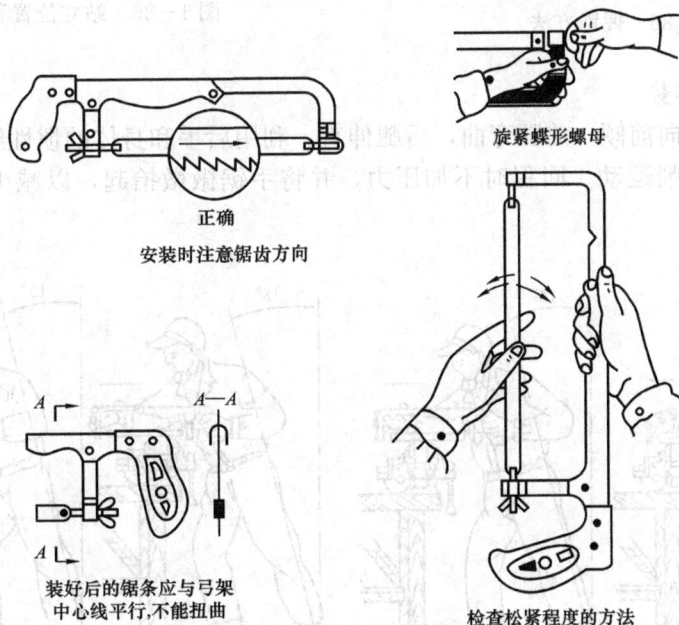

正确
安装时注意锯齿方向

旋紧蝶形螺母

装好后的锯条应与弓架
中心线平行,不能扭曲

检查松紧程度的方法

图 1-84 锯条安装

锯条松紧要适当，不可太紧或太松。若调得太紧，会使锯条张力太大，锯条容易折断；若调得太松，锯条容易发生扭曲及摆动，易使锯缝歪斜，同时锯条也容易折断。

2. 工件夹持

锯削工件一般情况应夹持在钳口左侧（右手握锯柄者），锯削加工线离钳口端面约为20mm，且与钳口端面平行。

3. 握锯方法

握锯时用后手满握锯柄，前手自然扶在锯弓前端，双手配合扶正手锯，如图 1 - 85所示。

4. 站立位置和预备姿势

在台虎钳上锯削时，操作者站在台虎钳中心线左侧（右手握锯柄者），身体斜对台虎钳，两脚自然叉开约 300mm 距离，前腿稍弯曲，后退伸直，两肩自然放平，握好锯弓并放在工件上，目视锯条，准备锯削，如图 1 - 86所示。

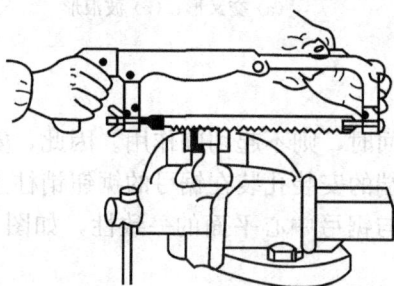

图 1 - 85　握锯方法

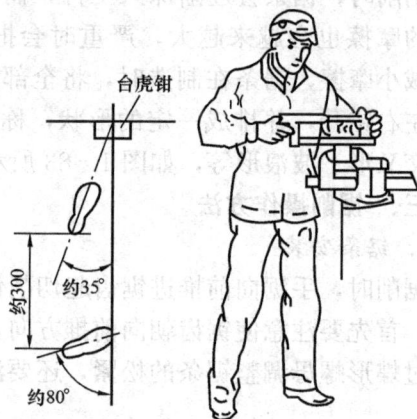

图 1 - 86　站立位置和预备姿势

5. 锯削操作姿势

推锯时身体稍向前倾，前腿弯曲，后腿伸直，利用后手和身体的惯性给手锯以适当的压力和推力而完成切削运动。回程时不加压力，并将手锯微微抬起，以减少锯齿的磨损，如图 1 - 87 所示。

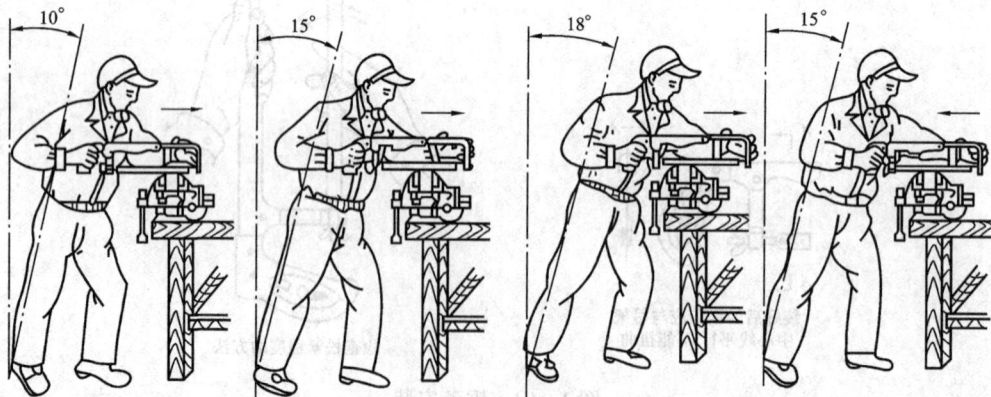

图 1 - 87　锯削操作姿势

锯削时，根据锯弓运动方式的不同分为以下两种形式：

（1）直线往复式。锯削时，两手控制锯弓做直线往复运动。此操作方式的锯条做直线运动，产生的锯缝小，适用于锯削断面较小的薄形工件、直槽、精度要求高或要求锯缝底面平直的工件，如图 1-88（a）所示。

（2）小幅度摆动式。推锯时，前手臂上提，后手臂下压；回程时后手臂上提，前手臂下压，使锯弓形成小幅度摆动。这种锯法不易疲劳、效率高，但产生的锯缝大。此法适用于锯削断面大、精度要求低的工件，如图 1-88（b）所示。

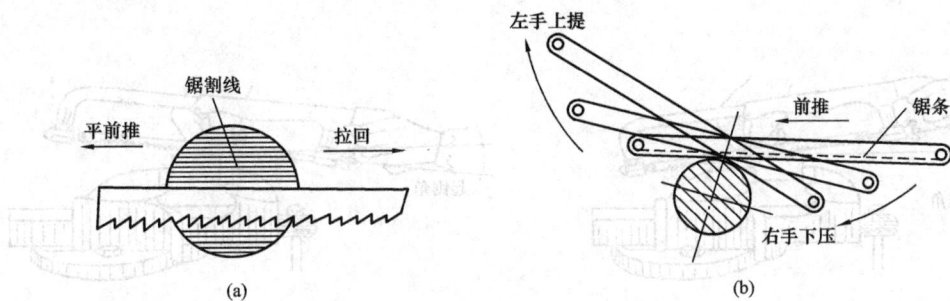

图 1-88　锯弓运动方式

(a) 直线往复式；(b) 小幅度摆动式

6. 压力、速度和行程

锯削时，锯弓所受的压力和推力主要由后手控制，前手配合后手扶正锯弓。向前推锯时为切削行程，应施加压力；向后拉锯时为返回行程，不加压力；当工件快锯断时，压力要减小。当锯削硬性材料时，压力应适当大些，若压力太小锯齿则不易切入工件；当锯削软性材料时，压力应适当小些，若压力太大会使锯齿切入过深而产生咬住现象。

锯削速度的快慢主要应根据材料的软硬程度来决定。锯削硬性材料时，速度应慢些；锯削软性材料时速度可快些。一般锯削速度控制在 20～40 次/min 为宜。

锯削时锯弓往复的行程要尽可能大些，要充分利用锯条的长度，一般应使手锯往复行程的长度不小于锯条长度的三分之二。

7. 起锯方法

起锯时，将前手拇指按在锯削位置处，并使锯条侧面靠住拇指，起锯角度为 15°左右，要求最少有 3 个锯齿接触工件，后手推锯的行程要短，压力要小，速度要慢，当锯齿逐渐切入工件至槽深 2～3mm 时，前手拇指即可离开锯条进入正常锯削操作。常用的起锯方法有远起锯和近起锯两种，如图 1-89 所示。

因为远起锯时锯齿逐步切入材料，锯齿不易卡住，起锯较方便，操作者又容易观察锯削线，所以锯削时一般多采用远起锯方法。

四、常见工件的锯削方法

1. 锯削扁钢

锯削扁形钢材时，应从扁钢的宽面下锯，以减小锯缝深度，使锯口整齐，锯条也不易卡住，如图 1-90 所示。

2. 锯削棒料

当锯削断面要求平整时，则应从工件上部开始连续锯削到底部锯断结束；当对断面的平

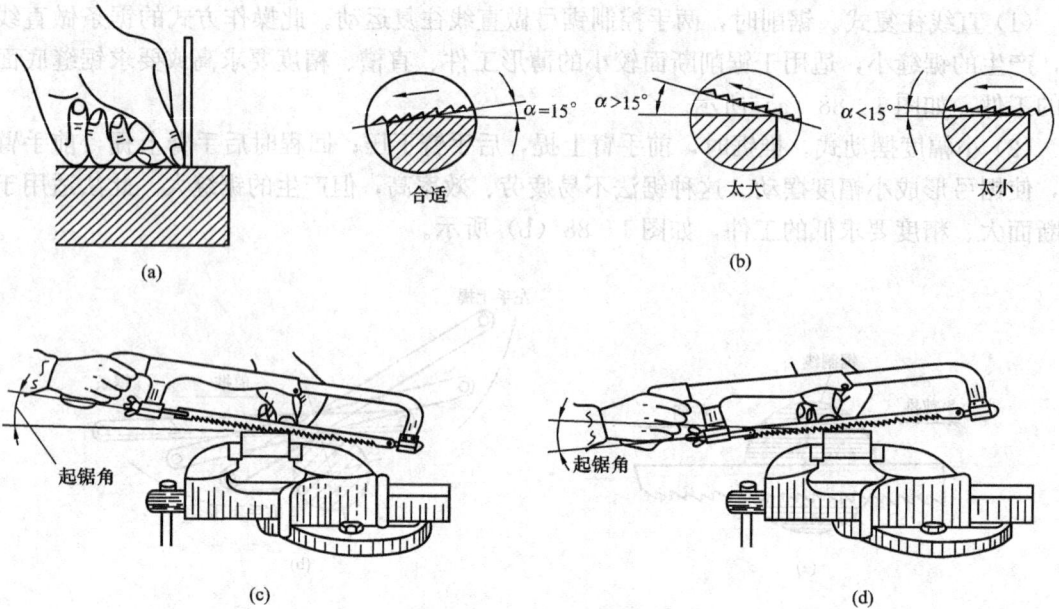

图 1-89　起锯方法

（a）用拇指靠住锯条起锯；（b）起锯角度；（c）远起锯法；（d）近起锯法

整性要求不高时，可采用旋转锯削法，即从工件上部开始锯削到一定深度后，顺时针旋转工件一定角度，再开始锯削。如此反复，旋转锯削一周，最后从工件中间锯断结束，如图 1-91 所示。

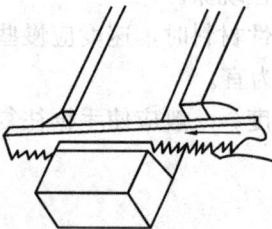

图 1-90　锯削扁钢

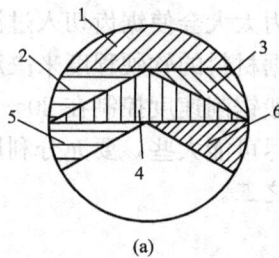

图 1-91　锯削圆钢

（a）方法一；（b）方法二

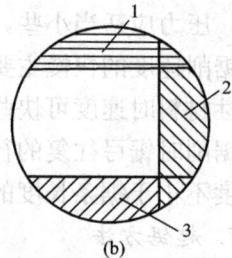

3. 锯削管材

锯削管材，尤其是薄壁管材或已经精加工的管材，为防止将管材夹扁或夹伤，应将管材夹在有 V 形槽的两个木衬垫之间。锯削薄壁管材时，不可一次从上到下锯断，应在管子内壁被锯穿时，将管子向推锯方向转动一个角度，锯条依原锯缝再锯到管子内壁处。如此依次转动，直到锯断为止，如图 1-92 所示。

4. 锯削薄板

锯削薄板时，为防止卡住和崩断锯齿，可将薄板夹在两块木板之间，连同木板一起锯下，如图 1-93 所示。

5. 锯削深缝

锯削深度尺寸较大的工件，当锯缝的深度接近锯弓的高度时，会使锯弓碰撞工件。此

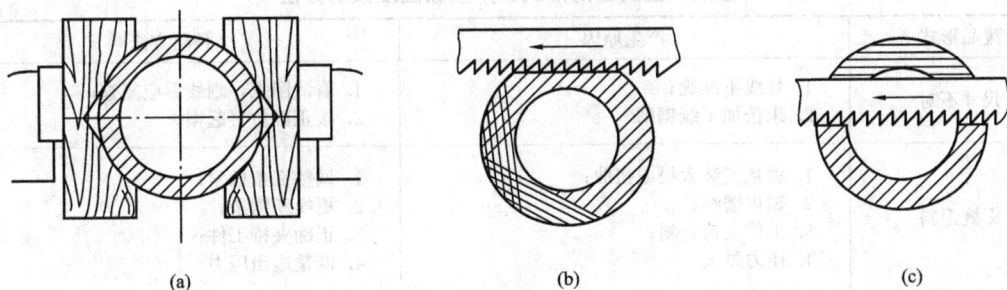

图 1-92 锯削管材

(a) 夹持方法；(b) 正确锯法；(c) 不正确锯法

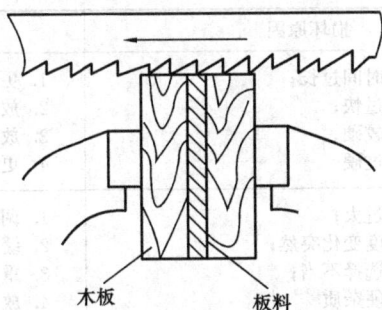

木板　　　板料

图 1-93 锯削薄板

时，可将锯弓水平放置，锯条旋转 90°角重新安装后继续锯削；也可将锯弓翻转 180°，并使锯条也翻转 180°重新安装后，再继续锯削，如图 1-94 所示。

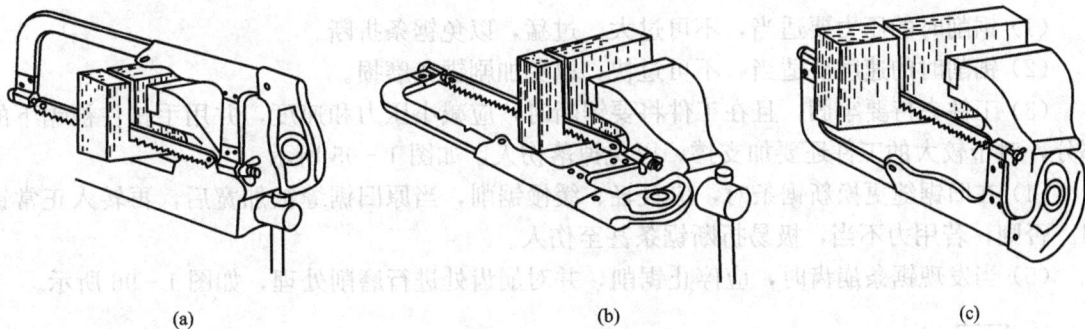

图 1-94 锯削深缝

(a) 锯缝深度接近锯弓；(b) 锯弓翻转 90°；(c) 锯弓翻转 180°

五、锯削废品分析

锯削时经常会出现废品的形式、产生原因及预防方法见表 1-10。

六、锯条损坏分析

锯削时常会出现的锯条损坏的形式、产生原因及预防方法见表 1-11。

表 1-10　　　　　　　　　**锯削产生废品的形式、产生原因及预防方法**

废品形式	产生原因	预防方法
尺寸不对	1. 划线不准确； 2. 未按加工线锯削	1. 看清图纸，划线后应复查； 2. 按正确位置起锯
锯缝歪斜	1. 锯条安装太松或扭曲； 2. 锯齿磨纯； 3. 工件夹持歪斜； 4. 压力过大	1. 调整锯条松紧； 2. 更换新锯条； 3. 正确夹持工件； 4. 调整适当压力
拉伤表面	1. 起锯时用力不稳、压力较大； 2. 起锯角度太小，出现跑锯	1. 调整适当用力和压力； 2. 调整适当起锯角度

表 1-11　　　　　　　　　**锯条损坏的形式、原因及预防方法**

损坏形式	损坏原因	预防方法
锯齿磨损	1. 锯条使用时间过长； 2. 锯削速度过快； 3. 工件材料较硬； 4. 工件材料过硬	1. 更换新锯条； 2. 放慢速度； 3. 放慢速度，加冷却液； 4. 更换材料
锯条崩齿	1. 起锯角度过大； 2. 推锯时角度变化突然； 3. 锯齿粗细选择不当； 4. 突然碰到硬杂质	1. 调整起锯角度； 2. 缓慢改变角度； 3. 重新选择； 4. 放慢速度，改变方向
锯条折断	1. 锯条装得过松或过紧； 2. 工件夹持不牢或抖动； 3. 锯缝歪斜，纠正过急； 4. 旧锯缝使用新锯条	1. 重新调整松紧度； 2. 夹牢工件，使锯口靠近钳口； 3. 缓速纠正，必要时重换锯缝； 4. 换新锯条时，更换新锯缝

七、锯削的安全注意事项

（1）锯削时的压力要适当，不可过大、过猛，以免锯条折断。

（2）锯削时的速度要适当，不可过快，以免加剧锯条磨损。

（3）工件夹持要牢固，且在工件将要锯断时，应减小压力和速度，并用手扶住被锯下的部分，对于较大的工件还要加支撑，以免掉落伤人，如图 1-95 所示。

（4）在旧锯缝更换新锯条时，应轻轻、缓慢锯削，当原旧锯缝被加宽后，再转入正常锯削。否则，若用力不当，极易折断锯条甚至伤人。

（5）当发现锯条崩齿时，应停止锯削，并对崩齿处进行磨削处理，如图 1-96 所示。

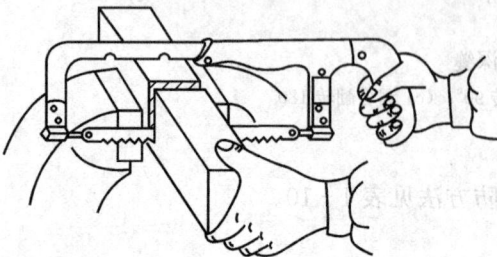

图 1-95　工件将被锯断时的操作　　　　　　　图 1-96　锯条崩齿的处理

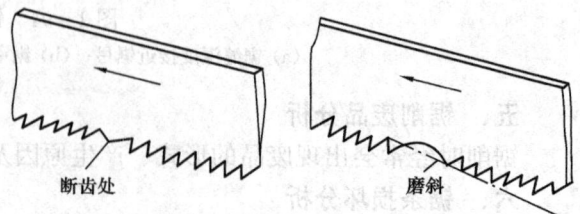

【任务准备】

1. 工件

(1) Q235 材料，$\phi 32 \times 280$mm 的圆钢一段。

(2) 45 钢材料，24mm×24mm×230mm 的四方体一段。

2. 工具

手锯、锯条、钢直尺、直角尺、划针等。

在锯削操作前，按照工具的定位摆放要求，将所用工具摆放在钳工台面的规定位置，工件图悬挂在图夹上。

【任务实施】

1. 锯削 $\phi 32 \times 30$mm 的圆柱体

将 $\phi 32 \times 280$mm 的圆钢坯料水平夹持于钳口左侧（右手握锯柄者），用钢直尺沿长度方向量取 30mm，并在此处划出锯削加工线；然后按照锯削操作方法和动作要领，进行起锯和锯削操作。注意随时观察和控制锯缝位置的正确与平直，发现锯缝歪斜要及时纠正，并注意检查与控制锯削面，以实现平面度≤1.0、垂直度≤1.0 及表面粗糙度 $Ra50\mu m$ 等要求。

2. 锯削 24mm×24mm×115mm 的四方体

将 24mm×24mm×230mm 的四方体坯料水平夹持于钳口左侧（右手握锯柄者），用钢直尺沿长度方向量取 115mm，并在此处划出锯削加工线，然后进行锯削操作。注意随时观察和控制锯缝位置的正确与平直，以实现平面度≤1.0、垂直度≤1.0 及表面粗糙度 $Ra50\mu m$ 等要求。

3. 锯削中要注意工具在使用后的定位摆放要求，做到随用随拿、用后归位。

4. 锯削结束后，清扫钳工台面切屑，所用工具存放到工具柜的指定位置。

【任务考核】

(1) 锯削圆柱体任务的考核内容见表 1-12。

(2) 锯削四方体任务的考核内容见表 1-13。

表 1-12　　　　　锯削圆柱体任务考核评分表

序号	考核项目	考核要求	考核标准	配分	学生自查	教师检查	得分
1	尺寸	30±1	超差不得分	25			
2	平面度	▱ 1.0	超差不得分	15			
3	垂直度	⊥ 1.0 A	超差不得分	20			
4	表面粗糙度	$Ra50\mu m$	超差不得分	10			
5		工件夹持方法正确	按现场考核	5			
6		姿势正确、动作协调	按现场考核	15			
7	操作过程	工具摆放置整齐	按现场考核	5			
8		加工步骤正确	按现场考核	5			
9		安全文明操作	情扣总分				
10	合计			100			

表 1-13 锯削四方体任务考核评分表

序号	考核项目	考核要求	考核标准	配分	学生自查	教师检查	得分
1	尺寸	115±1	超差不得分	25			
2	平面度	▱ 1.0	超差不得分	15			
3	垂直度	⊥ 1.0 B C	超差不得分	20			
4	表面粗糙度	$Ra50\mu m$	超差不得分	10			
5		工件夹持方法正确	按现场考核	5			
6		姿势正确、动作协调	按现场考核	15			
7	操作过程	工具摆放置整齐	按现场考核	5			
8		加工步骤正确	按现场考核	5			
9		安全文明操作	酌情扣总分				
10	合计			100			

任务五 錾 削

📢【教学目标】

熟悉錾削概念及应用；正确使用手锤和錾子；掌握錾削腕挥、肘挥的操作姿势和动作要领；熟悉錾削平面的操作方法；能利用錾削工具进行錾削操作；熟悉錾子的刃磨方法及要求；熟悉錾削安全知识及砂轮机的安全操作规程；了解金属材料的性能，了解碳钢、铸铁等常用金属材料的分类、牌号及性能；了解金属材料的热处理常识、錾子的热处理过程及要求。

💬【任务描述】

将 $\phi32\times28mm$ 的圆柱体（由划线任务加工而来），加工成 $S=(27\pm0.5)mm$ 的正六方体，如图 1-97 所示。

要求：尺寸准确、形状完整、六方匀称。

知识学习、技能训练与工件加工，共 12 课时。

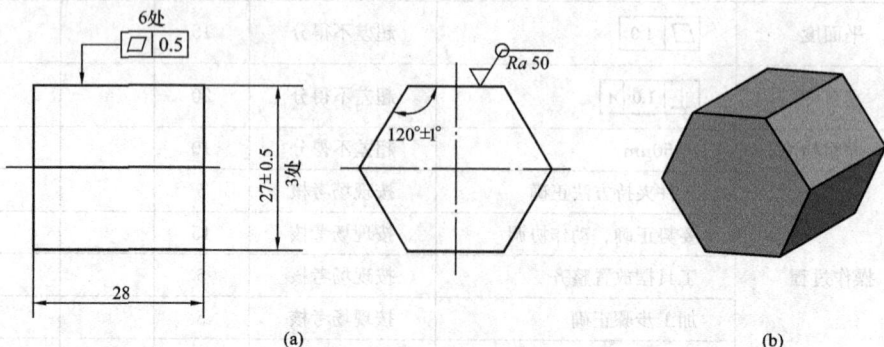

图 1-97 正六方体
(a) 工件图；(b) 实物图

🖊【任务分析】

由正六方体工件的任务描述和工件图所表示的形状及要求可知，要将 $\phi32\times28$mm 的圆柱体加工成正六方体，可利用机械加工的铣削、刨削方法完成，还可利用钳工基本操作的锯削、锉削、錾削方法完成。本任务选用錾削方法完成。

📖【相关知识】

一、錾削概念

1. 錾削

錾削是用手锤打击錾子对金属工件进行切削加工的方法。

2. 錾削应用

錾削常用在机械加工不方便的场合，如去除毛坯件上的飞边、毛刺、凸缘、浇口、冒口，以及錾削平面、沟槽、分割材料等。

3. 錾削条件

(1) 錾子切削部分材料的硬度要高于工件材料的硬度。

(2) 錾子切削部分的断面形状呈楔形。

(3) 錾子与切削平面之间要形成适当的切削角。

二、錾削工具

錾削使用的工具主要是手锤和錾子。

1. 手锤

手锤是錾削中的锤击工具，由锤头、锤柄和锤楔组成，如图 1-98 所示。锤头由碳素工具钢制成，两端经热处理淬火硬化。手锤的规格是以锤头的重量大小表示，常用的有 0.23、0.34、0.45、0.68、0.91、1.13kg 等几种。

锤柄是用坚韧的木材制成，其断面呈椭圆形，0.68kg 手锤的锤柄长度为 300～350mm。或以操作者小臂的长度确定，如图 1-99 所示。锤柄装入锤孔后再打入锤楔，可使锤头与锤柄连接牢固可靠，防止使用过程中锤头脱落，如图 1-100 所示。

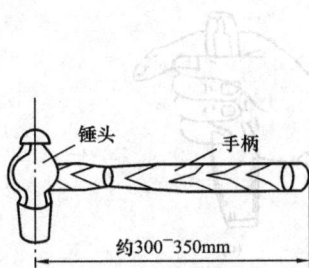

图 1-98　手锤的结构　　　图 1-99　锤柄长度的确定　　　图 1-100　锤楔的结构

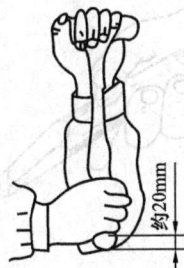

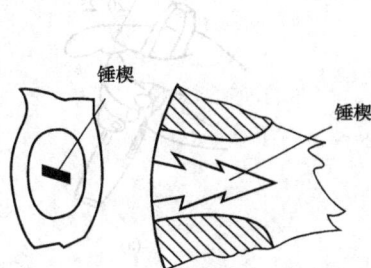

2. 錾子

錾子是用以錾削的工具，由碳素工具钢锻造成形，经砂轮机刃磨后，再进行淬火和回火热处理而成。錾子是由切削部分、錾身和錾顶（錾头）组成，如图 1-101 所示。

常用的錾子有扁錾、尖錾和油槽錾三种，如图 1-102 所示。

扁錾的切削部分呈扁平状，切削刃较长，主要用于錾削平面，去除毛刺、飞边、凸缘和分割材料；尖錾的切削部分呈窄厚状，切削刃较短，主要用于錾削沟槽；油槽錾的切削部分呈弯曲状，切削刃呈弧形，主要用于錾削油槽。

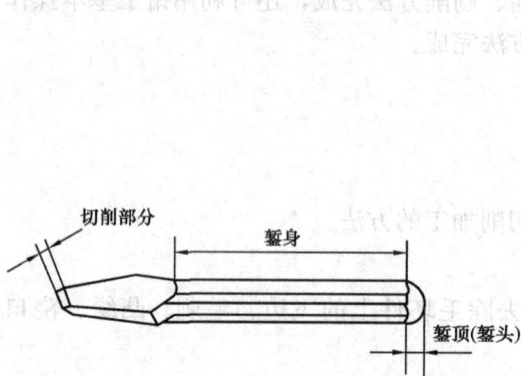

图 1-101　錾子的结构

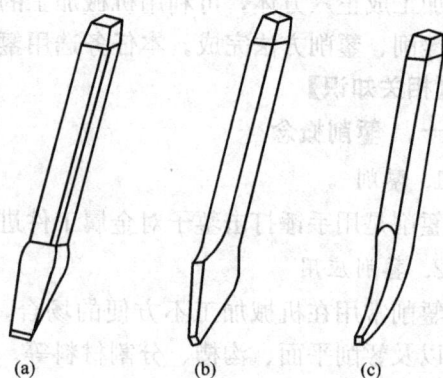

图 1-102　錾子的种类
(a) 扁錾；(b) 尖錾；(c) 油槽錾

三、錾削姿势

1. 錾子的握法

(1) 正握法：手心向下，中指和无名指握住錾身，小指自然合拢，大拇指和食指自然伸直，松靠錾身，錾子头部伸出 20mm 左右，如图 1-103 (a) 所示。常用于錾削平面、沟槽、錾断、去除材料等场合。

(2) 反握法：手心向上，大拇指和食指捏住錾身前部，中指、无名指和小指自然握住錾身，手掌悬空，如图 1-103 (b) 所示。常用于錾削侧面、顶面等不便于使用正握法的场合。

(3) 立握法：手心向内，大拇指和其余四指自然捏住錾身，如图 1-103 (c) 所示。常用于在铁砧及大型材料上錾断。

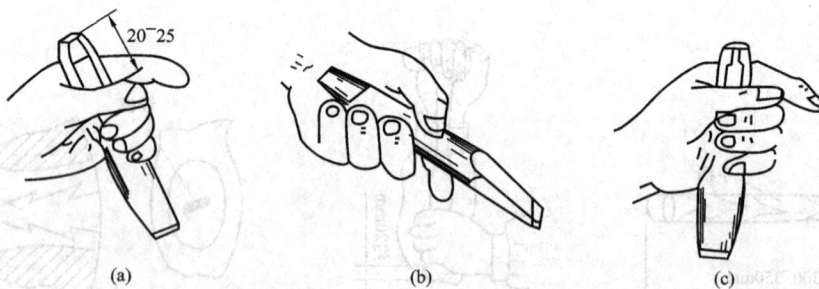

图 1-103　錾子的握法
(a) 正握法；(b) 反握法；(c) 立握法

2. 手锤的握法

(1) 紧握法：五指紧握锤柄尾端，大拇指扣在食指上，虎口对准锤头方向（锤柄椭圆的长轴方向），锤柄尾端露出 15～30mm。在挥锤与击锤过程中，五指始终握紧锤柄，如图 1-104 (a) 所示。

(2) 松握法：大拇指和食指始终紧握锤柄。挥锤时小指、无名指和中指依次自然放松；

击锤时再依次收拢握紧，如图 1 - 104（b）所示。松握法能减缓手部疲劳，锤击力大，比较常用。

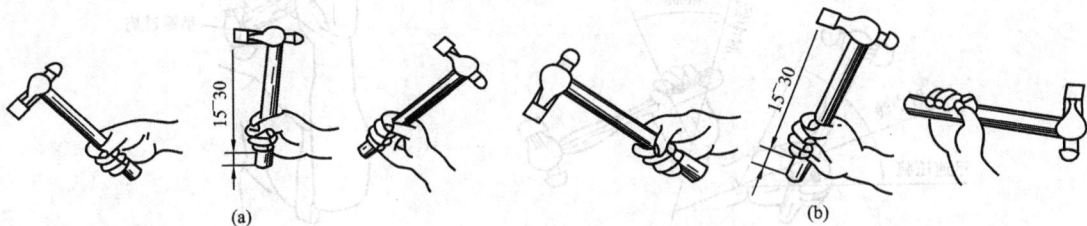

图 1 - 104　手锤的握法
(a) 紧握法；(b) 松握法

3. 站立位置和姿势

操作者站在虎钳中心线左侧（左手握锤者站在右侧），身体斜对台虎钳，两脚自然叉开，间距接近锤柄长度（约 300mm），前腿略有弯曲，后腿伸直站稳。錾子切削刃抵在工件錾削部位，锤头与錾子中心线一致，如图 1 - 105 所示。

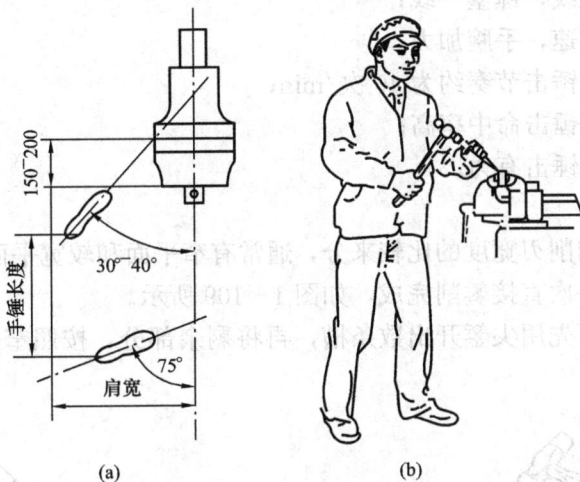

图 1 - 105　站立位置和姿势
(a) 站立位置；(b) 錾削姿势

4. 挥锤方法

（1）腕挥：采用紧握法握锤，依靠手腕的动作进行锤击运动，如图 1 - 106 所示。此法手锤的挥动幅度较小，锤击力也较小。用在錾削余量较小或錾削的开始与收尾阶段。

（2）肘挥：采用松握法握锤，手腕和肘部一起动作进行锤击运动，如图 1 - 107 所示。此法手锤的挥动幅度较大，锤击力也较大，用在需要较大锤击力的正常錾削阶段。

（3）臂挥：依靠手腕、肘和手臂的协调动作进行锤击运动，如图 1 - 108 所示。此法手锤的挥动幅度很大，锤击力也很大。多用在需锤击力很大的錾断板料、棒料等强力錾削场合。

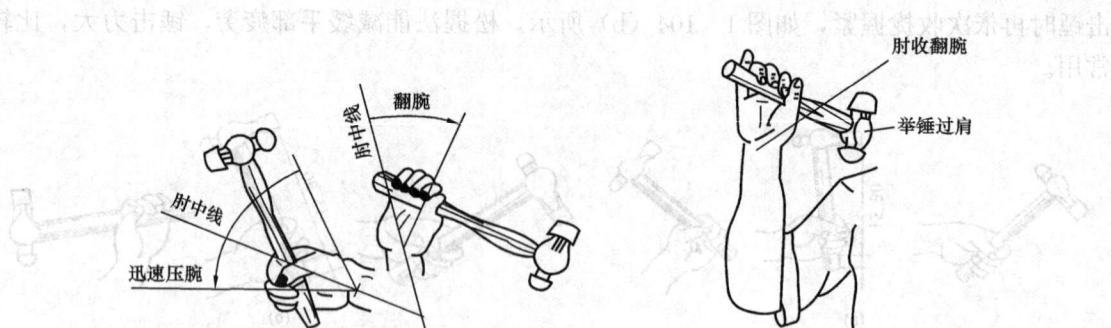

图 1 - 106　腕挥　　　　　　　　图 1 - 107　肘挥

5. 锤击要领（肘挥）

（1）挥锤：肘收臂提，举锤过肩；

　　　　　手腕后弓，三指微松；

　　　　　锤面朝天，稍停瞬间。

（2）击锤：目视錾刃，臂肘齐下；

　　　　　锤走弧线，锤錾一线；

　　　　　锤落加速，手腕加力。

（3）要求：稳——锤击节奏约为 40 次/min；

　　　　　准——锤击命中率高；

　　　　　狠——锤击有力。

四、錾削平面

錾削平面按照与切削刃宽度的比较来分，通常有窄平面和较宽平面。对于窄平面，每层可以沿其宽度方向，一次直接錾削完成，如图 1 - 109 所示。

对于较宽平面，可先用尖錾开出数条槽，再将剩余部分，按照窄平面的方法进行錾削，如图 1 - 110 所示。

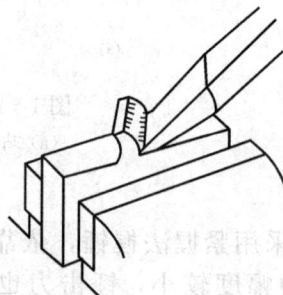

图 1 - 108　臂挥　　　　　　　　图 1 - 109　錾窄平面方法

1. 工件的夹持

錾削工件应牢固地夹持在钳口中间，被加工面处于水平位置，距离钳口约 10～20mm。为防止錾削中工件受力而下滑移动，需将工件底部加装木块、槽钢等进行支撑。

2. 起錾

常用的起錾方法有正面起錾和尖角起錾。

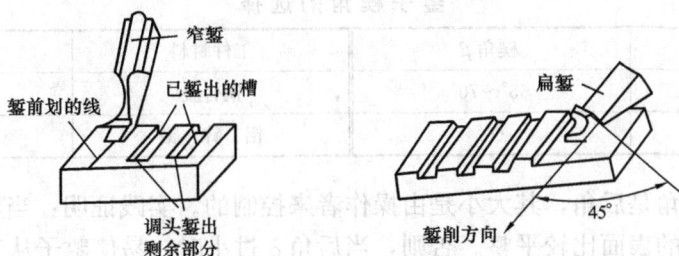

图1-110 錾削较宽平面的方法

（1）正面起錾。将錾子水平放置，刃口正对工件端面，轻加锤击力使錾刃切入工件，然后再将錾身逐渐抬起至正常切削角度进行錾削，如图1-111所示。还可先用锉刀或錾子将工件被錾部分端部的棱角去掉，加工出一小斜面，然后将錾子按正常切削角，直接在该斜面上进行錾削。

（2）尖角起錾。将錾子水平放置，刃口正对工件尖角处，轻加锤击力使錾刃切入工件，然后再将錾身逐渐抬起至正常切削角度，并旋转至正面位置进行錾削。此法较易掌握，故常采用，如图1-112所示。

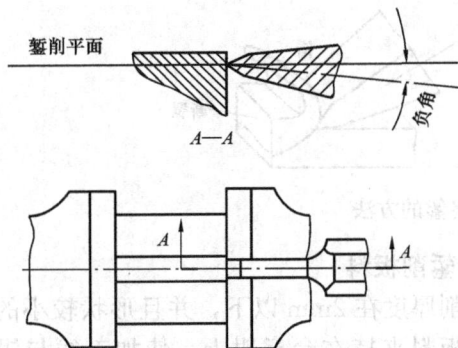

图1-111 正面起錾法

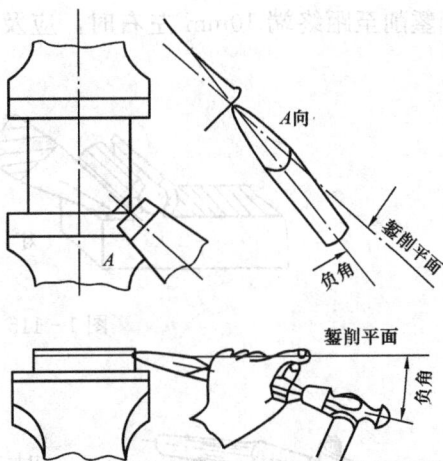

图1-112 尖角起錾法

3. 錾削

当起錾成功后，便进入正常錾削阶段。在錾削过程中，首先应根据加工余量的大小进行分层錾削，一般以0.5～1mm/层为宜；其次，注意掌握好切削角δ。

錾子的切削部分由前后两个刀面及其交线所形成的切削刃组成。两个刀面之间所形成的夹角称为楔角，用β表示；后刀面与切削平面之间的夹角称为后角，用α表示；两个角度之和称为切削角，用δ表示，即$\delta=\beta+\alpha$，如图1-113所示。其中，楔角β的大小需要根据工件材料的软硬来合理选择，见表1-14。

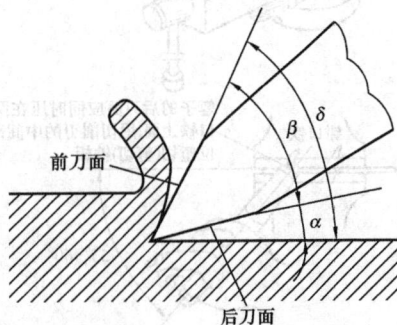

图1-113 錾削时的角度

表 1－14 　　　　　　　　　　　鏨 子 楔 角 的 选 择

工件材料	楔角 β	工件材料	楔角 β
硬钢、硬铸铁	65°～70°	铜合金	45°～60°
钢、铸铁	60°	铝、锌、铅	35°

鏨削中的关键角是后角，其大小是由操作者来控制的。实践证明：当后角 $\alpha=5°\sim8°$ 时最合适，此时鏨出的表面比较平整。否则，当后角 α 过小时，易使鏨子从工件表面滑脱，造成切屑崩断；当后角过大时，又会使鏨子扎入工件造成鏨削困难，如图 1－114 所示。

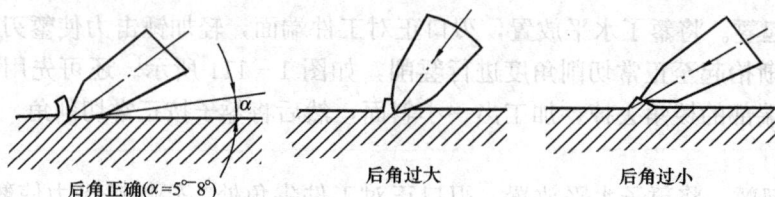

后角正确($\alpha=5°\sim8°$)　　　　　后角过大　　　　　后角过小

图 1－114 　鏨削中的后角

4. 终鏨

当鏨削至距终端 10mm 左右时，应及时调头鏨削，以免工件边缘崩裂，如图 1－115 所示。

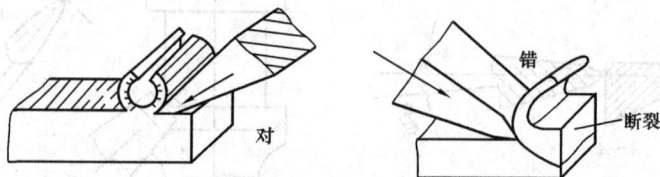

对　　　　　　　　错　　断裂

图 1－115 　工件终鏨的方法

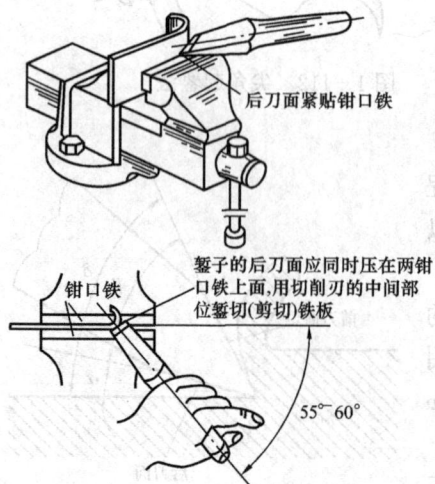

后刀面紧贴钳口铁

钳口铁

鏨子的后刀面应同时压在两钳口铁上面，用切削刃的中间部位鏨切(剪切)铁板

55°～60°

图 1－116 　在台虎钳上鏨削板料

五、鏨削板料

当鏨削厚度在 2mm 以下，并且形状较小的薄板时，可将板料夹持在台虎钳上，使加工线与钳口平齐，将扁鏨斜对板料，切削刃紧贴钳口，自右向左进行鏨削，如图 1－116 所示。

当鏨削厚度及形状均较大的板料时，可在铁砧上进行，如图 1－117 所示。

当鏨削形状较复杂的板料时，可结合钻排孔进行，如图 1－118 所示。

六、鏨削沟槽

鏨削沟槽一般分为鏨削键槽和油槽。

在轴上鏨削键槽的方法：先在轴上划出键槽的加工线，再在键槽的一端（或两端）半圆弧部分钻出平底孔，最后用尖鏨将槽中多余的部分逐层鏨掉，直至鏨到槽底，如图 1－119（a）所示。

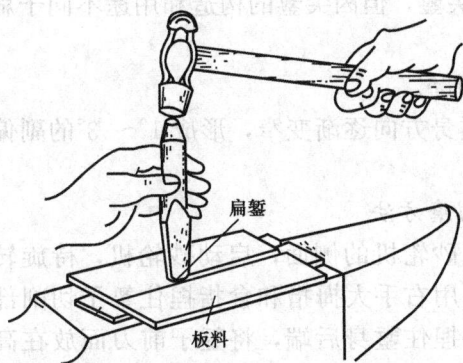

图 1-117　在铁砧上錾削板料　　　　　　图 1-118　錾削形状较复杂的板料

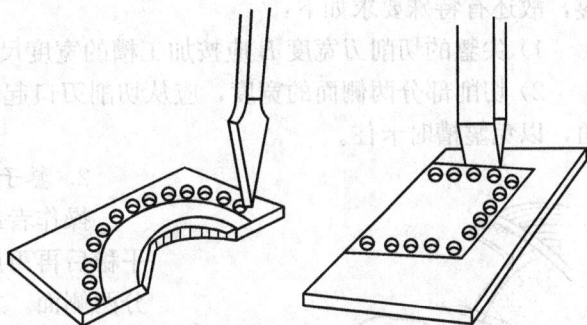

錾削油槽的方法：先在轴瓦（或平面）上划出油槽的加工线，再用油槽錾从一端开始沿着加工线錾削至终端，最后再分层依次錾削，如图 1-119（b）所示。

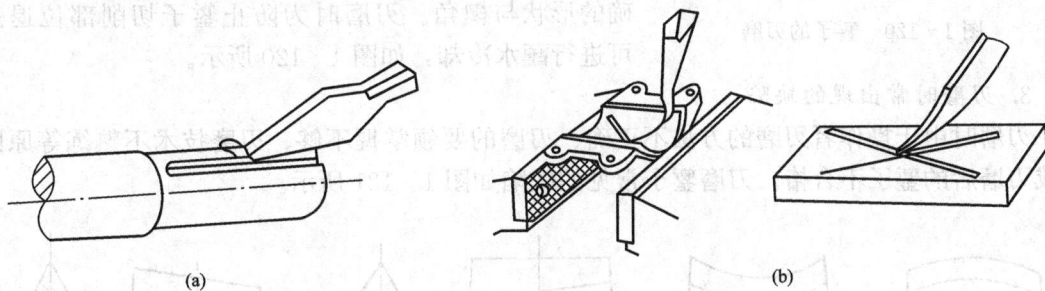

图 1-119　錾削沟槽

（a）錾削键槽；（b）錾削油槽

七、錾削安全注意事项

（1）工件夹持要牢固，防止錾削过程中飞出或掉落伤人。

（2）锤头安装要牢固，锤柄要完好、无裂纹、无变形，表面无毛刺、无油污。锤楔松动时，要及时紧固。

（3）錾削时握锤的手不能戴手套，以防手锤滑脱伤人。

（4）挥锤前应查看周围是否有人，以防手锤挥起时伤人。

（5）錾子头部有明显毛刺时，应及时去除，以防伤手。

（6）錾出的切屑要用毛刷清理，不得直接用手清理，也不可用嘴吹。

八、錾子的刃磨

錾子的两刀面、楔角 β 和切削刃是在砂轮机上刃磨后形成的，楔角的大小可根据被加工材料的软硬程度来合理选择，见表 1-14。

1. 錾子的刃磨要求

（1）扁錾的刃磨要求。

1）錾子的切削刃应与錾子的中心线相垂直。

2）两刀面应平整，并与中心对称。

3）楔角 β 的大小要合适。

（2）尖錾的刃磨要求。扁錾的刃磨要求均适用于尖錾，但因尖錾的构造和用途不同于扁錾，故还有特殊要求如下：

1）尖錾的切削刃宽度 B 应按加工槽的宽度尺寸刃磨。

2）切削部分两侧面的宽度，应从切削刃口起向錾身方向逐渐变窄，形成 $1°\sim 3°$ 的副偏角，以免錾槽时卡住。

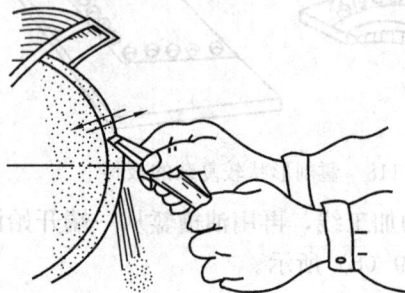

图 1-120　錾子的刃磨

2. 錾子的刃磨方法

操作者站在砂轮机的侧面，启动砂轮机，待旋转平稳后再刃磨。用右手大拇指和食指捏住錾子切削部分两侧面，左手捏住錾身后端，将錾子前刀面放在高于砂轮片中心外缘处，錾身与砂轮片外缘接触处切线的夹角为二分之一楔角。轻加压力开始刃磨，同时可将錾子沿砂轮片宽度左右平稳移动。两刀面交替进行刃磨，并随时观察与判断刃磨的情况，以保证磨出正确的形状与楔角。刃磨时为防止錾子切削部位退火，可进行蘸水冷却，如图 1-120 所示。

3. 刃磨时常出现的缺陷

刃磨时由于操作者刃磨的方法不正确、刃磨的要领掌握不够、刃磨技术不熟练等原因，造成刃磨后的錾子不合格。刃磨錾子常见的缺陷如图 1-121 所示。

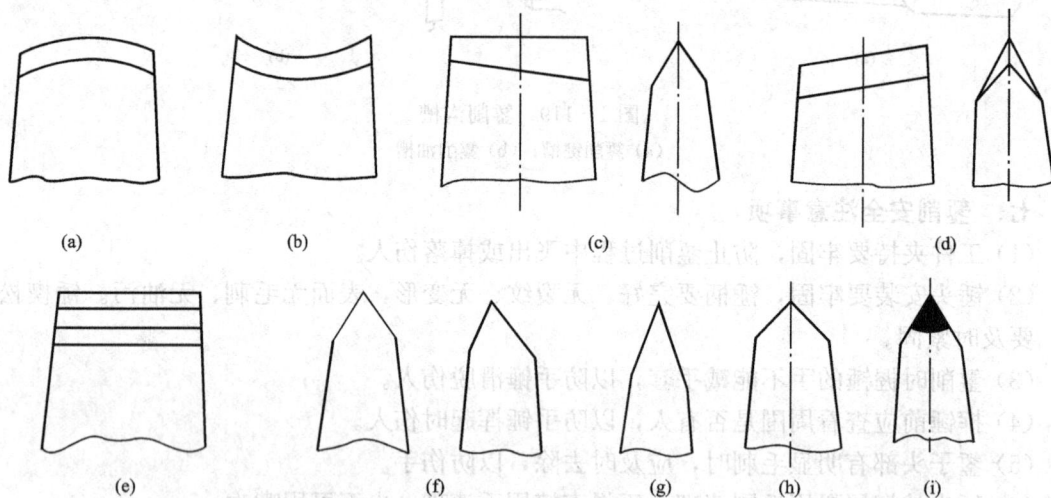

图 1-121　刃磨錾子常见的缺陷
(a) 凸弧刃；(b) 凹弧刃；(c) 刀面不对称；(d) 切削刃倾斜；
(e) 刀面成多层面；(f) 中心偏斜；(g) 楔角偏小；(h) 楔角过大；(i) 錾尖退火

九、 砂轮机安全操作规程

（1）使用砂轮机前应检查砂轮片有无裂痕、裂纹或伤残等缺陷；砂轮片安装要牢固，砂轮片与防罩之间无障碍物；旋转要灵活；砂轮机托板与砂轮片的间距≤3mm。

（2）操作者穿好工作服，扎紧衣袖，戴上防护眼镜。

（3）砂轮机严禁磨削铝、铜、锡、铅等软金属材料。

（4）砂轮机启动后，待砂轮片运转平稳后再使用。

（5）使用砂轮机时，操作者应站在砂轮机侧面，以防砂轮片崩裂，发生人身伤亡事故。

（6）刃磨刀具或工具时要拿稳，压力要适当。用力不能过猛，不准撞击砂轮片。

（7）在同一砂轮片上，禁止两人同时使用，更不准在砂轮片的侧面刃磨。

（8）砂轮片不准沾水、油等脏物，要经常保持干燥清洁，以防失去平衡，发生事故。

（9）砂轮片磨损严重时不准使用，应及时更换，确保使用安全。

（10）砂轮机使用完毕，应及时切断电源，做好清洁及保养工作。

【拓展知识】

一、金属材料的机械性能

在电力生产中常用的设备、工具、夹具、机具、加工材料等，很多都由金属材料制成。

金属材料可分为黑色金属材料（主要指钢铁材料）和有色金属材料（主要指非铁金属材料）两大类，其中钢铁材料是使用最多的金属材料。

金属材料的机械性能指标有强度、硬度、塑性、冲击韧性、疲劳强度等。

1. 强度

强度是指在外力作用下材料抵抗变形和破坏的能力。因外力作用的形式有拉伸、压缩、弯曲、剪切等，故其强度又可分为抗拉强度、抗压强度、抗弯强度和抗剪强度，单位均为MPa。抗拉强度是表示材料抵抗断裂的能力，它是评定金属材料强度的重要指标之一。

2. 硬度

硬度是指金属材料抵抗更硬物体压入其表面的能力，是衡量材料软硬程度的指标。它反映材料抵抗局部塑性变形的能力，与强度属于同一范畴。

金属硬度的测定是在硬度试验计上进行的。测试方法有布氏硬度法（HB）、洛氏硬度法（HR）、维氏硬度法（HV）等，在洛氏硬度法中还可分为 HRA、HRB、HRC 三种标尺。其中，布氏硬度法 HB 和洛氏硬度法中的 HRC 较为常用。

在没有硬度试验计的情况下，可用锉刀锉削金属工件的简易方法来粗略判断工件硬度值的高低。锉刀应选用新 200mm 长的细齿锉刀（硬度在 HBC60 以上）。当锉刀在工件表面打滑或锉刀上有划痕时，说明工件材料硬度高于锉刀的硬度；若能对工件进行锉削，说明工件材料硬度低于锉刀的硬度。还可根据锉削是否省力，进一步判断工件材料硬度的高低。由经验可知：当工件硬度为 HRC30～40 时，锉削会感到省力；当工件硬度为 HRC50～55 时，锉削会感到费力；当工件硬度为 HRC55～60 时，锉削会感到很费力。

3. 塑性

塑性是指金属材料在外力作用下产生永久变形而不被破坏的能力。常用的塑性指标有延伸率 δ 和断面收缩率 ψ。材料的延伸率和断面收缩率越大，表示材料的塑性越好，如低碳钢材料的塑性就好，铸铁材料的塑性就很差。

4. 冲击韧性

冲击韧性是指金属材料抵抗冲击负荷的能力。通常把材料受到冲击破坏时消耗的能量值作为冲击韧性的指标，一般将冲击韧性值低的材料称为脆性材料，冲击韧性值高的材料称为韧性材料。

例如，錾削正六方体所用 $\phi32 \times 28mm$ 的 Q235 圆钢就是韧性材料，台虎钳的固定钳身、活动钳身、底座等所用的铸铁就是脆性材料。

5. 疲劳强度

疲劳强度是指金属材料在多次交变载荷作用下不发生断裂的最大应力。交变载荷或重复应力使金属材料在远低于屈服点时就发生断裂，因此有极大的危险性，常造成严重的事故。在零件失效形式中，有 80%～90% 是因为疲劳断裂造成的。

二、 金属材料的工艺性能

金属材料的工艺性能是指金属材料在加工过程中所表现出来，接受加工难易程度的性能。常用的有铸造性能、可锻性能、焊接性能、切削加工性能等。

1. 铸造性能

铸造性能是指液态金属在铸造成形时所具有的性能。流动性好、收缩性小的材料的其铸造性能好。

2. 可锻性能

可锻性能是指金属材料在压力加工时，能承受一定程度的变形而不产生裂纹的能力。例如，钢能承受锻造、轧制、拉拔、挤压等加工，其可锻性能好；灰口铸铁的塑性和韧性均很差，其可锻性能极差，故不能锻压加工。

3. 焊接性能

焊接性能是指金属材料在焊接过程中所表现出来的性能。焊接性能的好坏主要以焊接有无裂纹、气孔等缺陷以及焊接接头的机械性能来衡量。

4. 切削加工性能

切削加工性能是指金属材料在常温下，接受切削刀具加工的能力。切削加工性能的好坏主要以切削速度、刀具磨损、被加工表面的粗糙度来衡量，如低碳钢材料容易加工些，而高碳钢材料相对就不太容易加工。

三、 钢

钢是以铁、碳为主要元素的合金。

1. 钢的分类

钢的分类方法很多，常见的分类方法如下：

（1）按化学成分分类。按钢中碳与合金元素含量的不同，钢可分为碳素钢和合金钢。

碳素钢简称碳钢。碳钢是指含碳量在 0.06%～2.11% 的铁碳合金，是工业上用量最大的金属材料。碳钢除含有铁、碳元素外，还含有硅、锰、硫、磷等其他元素，其中硫、磷是杂质元素。

碳钢的使用性能和工艺性能，取决于碳、硅、锰、硫、磷的含量和热处理工艺。

碳素钢按含碳量的不同，还可分为低碳钢（含碳量≤0.25%）、中碳钢（含碳量 0.25%～0.6%）、高碳钢（含碳量＞0.6%）。

合金钢按含碳量的多少，还可分为低合金钢（合金元素总含量＜5%）、中合金钢（合金元素总含量 5%～10%）和高合金钢（合金元素总含量＞10%）。

（2）按钢的质量分类。按钢中有害杂质硫、磷的含量多少，钢可分为普通钢（硫≤0.055%、磷≤0.045%）、优质钢（硫≤0.045%、磷≤0.040%）和高级优质钢（硫≤0.030%、磷≤0.035%）。

（3）按钢用途的分类。按钢用途的不同，钢可分为结构钢、工具钢和特殊性能钢。其中，结构钢又可分为碳素结构钢和合金结构钢；工具钢又可分为刃具钢、量具钢和模具钢。

而在刃具钢中还可分为碳素工具钢、低合金工具钢和高速钢。特殊性能钢又可分为不锈钢、耐热钢、耐磨钢等。

结构钢主要用于制造机械零件（如齿轮、轴、弹簧等）和工程结构（如桥梁、船舶、建筑构件等）。

2. 碳钢的牌号及用途

（1）普通碳素结构钢。GB/T 700—2006 规定了普通碳素结构钢的牌号，是由代表屈服点的汉语拼音字首"Q"和屈服点数值（单位 MPa），再和表示质量等级的字母 A、B、…组成。如 Q235、Q235A、Q235B 等。

碳素结构钢通常也简称普通钢。它在各类钢中价格最低，具有适当的强度，良好的塑性、韧性、工艺性能和加工性能。这类钢的产量最高、用途最广，多轧制成板材、型材（圆钢、方刚、扁钢、角钢、槽钢、工字钢等）、线材和异型材。

（2）优质碳素结构钢。GB/T 700—2006 规定了优质碳素结构钢的牌号，是以碳平均含量的百分数（用两位数字）来表示，如 45 钢，表示 45 号钢，其碳的平均含量为 0.45%。

优质碳素结构钢包含低碳钢、中碳钢和部分高碳钢，其用途较广，如 10～25 钢具有良好的冲压性能和焊接性能，常用于制造焊接容器、螺钉、螺母、拉杆、轴套等。

（3）碳素工具钢。GB/T 700—2006 规定了碳素工具钢的牌号是以"碳"字的拼音字首 T 和阿拉伯数字，以及化学符号组成。其含碳量是以阿拉伯数字的千分数表示，如 T8 表示含碳量为 0.8% 的碳素工具钢。碳素工具钢都是优质钢，若是高级优质钢，则在钢号后再加 A 字母表示，如 T8A 表示含碳量为 0.8% 的高级优质碳素工具钢。

碳素工具钢的含碳量为 0.65%～1.35%，其牌号为 T7～T13。碳素工具钢主要用于制造各种刃具、模具、量具及其他工具等，如 T7、T7A、T8 钢用来制作錾子、手锤、螺丝刀等；T10、T10A 钢用来制作手锯锯条、钻头、丝锥、板牙、铰刀等；T12、T12A、T13 钢用来制作刮刀、锉刀、量规等。

3. 合金钢

在碳钢的基础上，适量加入某些合金元素，熔合后得到的钢称为合金钢。合金钢可提高钢的使用性能、改善钢的工艺性能，最大限度地满足企业生产需要。

合金钢的种类繁多，编号方法较为复杂，在此仅对合金工具钢进行简单介绍。合金工具钢是在碳钢的基础上加入硅（Si）、铬（Cr）、锰（Mn）、镍（Ni）、钨（W）、钼（Mo）、钒（V）、钴（Go）等合金元素熔合而成。与碳素工具钢相比，合金工具钢具有淬透性好，热处理开裂倾向性小，耐磨性与耐热性高等特点。

合金工具钢可分为合金刃具钢、合金量具钢和合金模具钢。

（1）合金刃具钢。合金刃具钢又可分为低合金刃具钢和高速钢两类。

低合金刃具钢：含碳量较高，所含合金元素总量＜5%，主要含硅（Si）、铬（Cr）、锰（Mn）等。刀具在 250～300℃切削时，仍能保持较高的硬度，其主要制造低速切削刀具，如丝锥、板牙、铰刀等。

高速钢：俗称锋钢、白钢，其含碳量为 0.7%～1.5%，所含合金元素总量一般大于10%。当切削温度高达 600℃时，硬度无明显下降，仍能保持良好的切削性能，可用作高速切削。常用的有 W18Cr4V、W6Mo5Cr4V2 等，其主要用于制作高速切削刀具，如车刀、钻头等。

(2) 合金量具钢。合金量具钢应具有高的硬度、耐磨性及良好的磨削加工性能。量具钢没有专用钢，一般量具采用 60Mn 和 65Mn 制作，高精度的量具采用淬火变形小的 CrMn、CrWMn、GCr15 等制作。

(3) 合金模具钢。合金磨具钢根据其工作条件的不同，可分为冷变形磨具钢和热变形磨具钢。其中，冷变形磨具钢主要用于制作冷冲模、冷挤模、冷拉模等；热变形磨具钢主要用于制作热锻模和热压模。

四、铸铁

铸铁是含碳量＞2.11％的铁碳合金，工业上常用铸铁的含碳量为 2.5％～4％。

铸铁的强度、塑性和韧性较差，不能进行锻造加工。但因其具有良好的铸造性、耐磨性和切削加工性能，且又价格低廉、制作方便，因此在机械制造工业得到了广泛应用。

1. 铸铁的分类

铸铁可分为白口铸铁、灰口铸铁、可锻铸铁和球墨铸铁。其中，灰口铸铁在工业生产、机械制造行业中得到广泛应用。

2. 灰口铸铁的牌号及用途

GB/T 5612—2008 规定，灰口铸铁的牌号由 HT 及一组数字表示，其中，HT 表示灰和铁二字汉语拼音首写字母的组合，数字表示最低抗拉强度值。例如，制造机床底座、床身等部件的材料 HT150，表示为最低抗拉强度为 150MPa 的灰口铸铁。

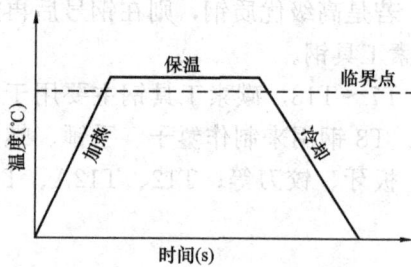

图 1-122 热处理曲线示意

五、热处理常识

热处理是把固态金属或合金加热到一定温度，并进行必要的保温后，再以适当的速度冷却到室温，从而改变其内部组织，获得所需性能的工艺方法，如图 1-122 所示。

1. 热处理过程

热处理过程一般可分为加热、保温和冷却三个步骤。

(1) 加热：根据被处理材料的性质和要求，以一定的加热速度把零件加热到规定的温度范围。

(2) 保温：零件加热到规定的温度后，恒温保持一段时间，以使零件的温度内外均匀。

(3) 冷却：保温后的零件在冷却介质中以一定的冷却速度冷却下来。

金属材料经过热处理后，不仅能改善其力学性能、工艺性能，还可获得一定的使用性能，如使切削省力，刀具磨损小，工件表面质量高，提高耐腐蚀性、耐热性和耐疲劳性等。

在机械制造中，热处理得到了广泛应用，如锉刀、钻头、锯条、錾子、丝锥等切削工具，均需经过热处理，从而具备较高的硬度和耐磨性，才能满足加工需求，达到切削金属的目的。

热处理的工艺方法有很多，一般分为普通热处理、表面热处理和化学热处理。

2. 钢的普通热处理

钢的普通热处理工艺有退火、正火、淬火和回火四种。

(1) 退火：是把钢件加热到一定温度，保温一定时间，然后在炉中或埋入导热性较差的介质中缓慢冷却，以获得接近平衡状态组织的一种热处理工艺。

退火的目的是降低硬度，以利于切削加工；改善组织，提高机械性能；消除内应力，以防工件变形或开裂；提高塑性和韧性，便于进行冷加工。

(2) 正火：是将钢件加热到一定温度（碳钢为 780～920℃），保温一定时间，然后置于空气中冷却的一种热处理工艺。

正火的目的与退火基本类似，两者的区别在于冷却速度的不同。由于正火的冷却速度比退火快，钢经热处理后，获得的强度和硬度比退火的高，而塑性和韧性则稍低。

(3) 淬火：是把钢件加热到一定温度（碳钢为 760～860℃），保温一定时间后，在水中或油中快速冷却，以获得高硬度组织的一种热处理工艺。

淬火的目的是提高钢件的硬度和耐磨性。各种工具、量具、模具和滚动轴承等都需要通过淬火来提高硬度和耐磨性。

(4) 回火：是把淬火后的钢件重新加热到一定温度，保温一定时间，然后置于空气或水中冷却的一种热处理工艺。

回火的目的是消除淬火时因冷却过快而产生的内应力，防止开裂；降低脆性、调整硬度、提高韧性，从而获得较好的力学性能；稳定钢件的组织和尺寸。故回火总是伴随淬火之后进行。

3. 錾子的热处理

为保证錾子切削部分具有较高的硬度，錾子在使用前和使用中都要进行热处理。錾子的热处理包括淬火和回火，其处理过程如图 1-123 所示。錾子热处理的过程如下所述。

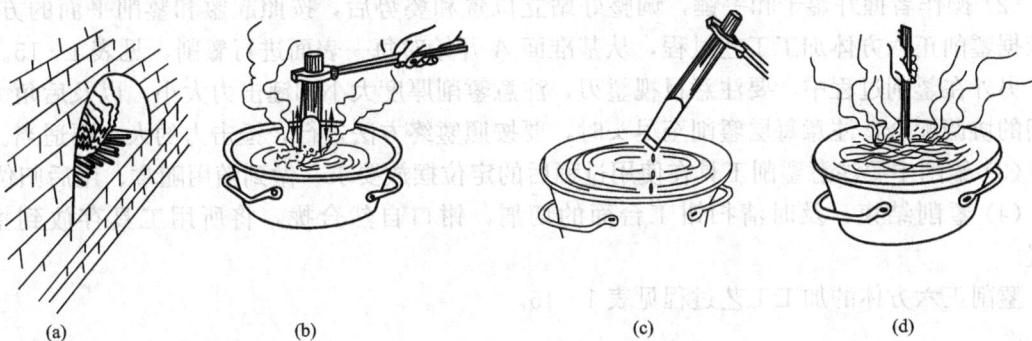

(a)　　　　　(b)　　　　　(c)　　　　　(d)

图 1-123　錾子的热处理

(a) 炉中加热；(b) 炉中取出浸入水中；(c) 水中取出观察色变；(d) 再次投入冷水中

(1) 加热：将錾子的切削部分（长为 20～40mm）放在锻工炉中加热到 750～780℃（呈樱桃红色）时，从炉中取出。

(2) 冷却（淬火）：将取出的錾子迅速垂直插入水中冷却，入水深度为 4～6mm，并缓慢左右移动和轻微地上下窜动。此时，随着冷却时间的延长，錾子的温度会下降，加热部分的颜色也会发生由红转暗的变化。

(3) 回火：当錾子露在水面上部的红色退去后，再迅速将錾子提出水面，并立即将錾子切削部分表面的氧化皮去掉，观察錾子刃部的颜色变化情况。此时，也正好利用錾子上部的余热进行回火处理。当錾子刃部的颜色发生由白到黄、由黄到紫、由紫到蓝的变化时，迅速将錾子加热部分全部浸入水中再次冷却。

(4) 保温：经回火再次冷却后的錾子，还可将錾子刃部直立于深 10mm 的水槽中，直至錾子全部冷却至室温。

4. 錾子热处理的注意事项

(1) 热处理前应把錾子淬火部分的锈蚀及脏物清理干净，并刃磨好切削部分的几何形状。

(2) 冷却液（水或油）必须洁净，且浓度合适。

(3) 冷却水的温度以常温为宜，不可过高或过低。否则，易出现淬火硬度偏低、偏脆、裂纹等现象。

(4) 炉火温度的控制要适当，观察炉温最好佩戴深浅适宜的墨镜。

(5) 淬火和回火时，光线要适宜，以利于观察颜色变化。

(6) 利用余热回火时，回火颜色变化很快，操作者应把握好二次入水冷却的时机。

【任务准备】

(1) 工件：已划好正六边形加工线 $\phi32\times28$mm 的圆钢一段（由划线任务加工而来）。

(2) 工具：刃磨并热处理好的扁錾、0.68kg 或 0.91kg 圆头锤、0~150mm 游标卡尺、120°角度样板，以及支承工件的木块或槽钢等；并按照工具的定位摆放要求摆放在钳工台面规定的位置，将工件图悬挂在图夹上。

【任务实施】

(1) 将划好加工线的工件夹持在台虎钳上，使加工线处于水平位置，工件底部用木块或槽钢支撑好，夹紧力的大小要适当。

(2) 操作者握好錾子和手锤，调整好站立位置和姿势后，按照起錾和錾削平面的方法，并依据錾削正六方体加工工艺过程，从基准面 A 开始对每一表面进行錾削，见表 1-15。

另外在錾削过程中，要注意目视錾刃，注意錾削厚度大小和锤击力大小，以及后角大小之间的协调配合，注意每层錾削至尽头时，要按照錾终方法进行，锤击力的大小要适当。

(3) 錾削中要注意錾削工具在使用过程后的定位摆放要求，做到随用随拿、用后归位。

(4) 錾削结束，及时清扫钳工台面的切屑，钳口自然合拢，将所用工具存放到指定位置。

錾削正六方体的加工工艺过程见表 1-15。

表 1-15　　　　　　　　　錾削正六方体的加工工艺过程

序号	工序简图	加工内容及要求	工、量、刃具及设备
1		将工件夹持在台虎钳钳口的中间位置，使錾削加工线处于水平位置，离钳口平面 10~20mm，并用木块或槽钢支撑于工件下面，旋紧台虎钳手柄	台虎钳 钳工台
2		从基准面 A 开始分层錾削，每层厚度在 0.5~1mm 为宜，錾至近加工线，并注意控制尺寸 29.5mm、平面度和表面粗糙度等	0.68~0.91kg 手锤、150~200mm 扁錾、0~150mm 游标卡尺

序号	工序简图	加工内容及要求	工、量、刃具及设备
3		錾削平行面 B 至加工线，注意测量控制尺寸（27±0.5）mm、平面度、表面粗糙度及对称度	0.68～0.91kg 手锤、150～200mm 扁錾、0～150mm 游标卡尺
4		錾削基准面的相邻面 C 至加工线，注意控制尺寸 29.5mm、与基准面夹角 120°±1°、平面度、表面粗糙度等	0.68～0.91kg 手锤、150～200mm 扁錾、0～150mm 游标卡尺、120°角度样板
5		錾削平行面 D 至加工线，注意测量控制尺寸（27±0.5）mm、平面度、表面粗糙度及对称度	0.68～0.91kg 手锤、150～200mm 扁錾、0～150mm 游标卡尺
6		錾削基准面的另一相邻面 E 至加工线，注意控制尺寸 29.5mm、与基准面夹角 120°±1°、平面度、表面粗糙度等	0.68～0.91kg 手锤、150～200mm 扁錾、0～150mm 游标卡尺、120°角度样板
7		錾削平行面 F 至加工线，注意测量控制尺寸（27±0.5）mm、平面度、表面粗糙度及对称度	0.68～0.91kg 手锤、150～200mm 扁錾、0～150mm 游标卡尺
8		按照錾削正六方体的质量要求及评分标准，逐项进行全面检查，对于不符合要求的部分再进行修整，直到全部达到质量要求为止	0.68～0.91kg 手锤、150～200mm 扁錾、0～150mm 游标卡尺、120°角度样板

【任务考核】

錾削正六方体任务的考核内容见表1-16。

表1-16　　　　　　　　　　錾削正六方体任务考核评分表

序号	考核项目	考核要求	考核标准	配分	学生自查	教师检查	得分
1	尺寸	27±0.5（3处）	超差不得分	24			
2		28±1	超差不得分	2			
3	角度	120°±1°（6处）	超差不得分	18			
4	平面度	▱ 0.5 （6处）	超差不得分	6			
5	表面粗糙度	Ra50μm（6处）	超差不得分	6			
6	对称度	边长差≤0.5（3处）	超差不得分	6			
7	操作过程	工件装夹的方法正确	按现场考核	3			
8		工具定位摆放整齐	按现场考核	5			
9		握錾的方法正确	按现场考核	4			
10		握锤与挥锤的方法正确	按现场考核	6			
11		姿势正确、动作协调	按现场考核	8			
12		目视錾刃、锤击准确	按现场考核	4			
13		工件测量的方法正确	按现场考核	3			
14		錾削加工的步骤正确	按现场考核	5			
15		安全文明操作	酌情扣总分				
16	合计			100			

任务六　锉　　削

【教学目标】

熟悉锉削的概念及应用；知道锉刀各部分的名称、种类、规格，能正确选用和使用锉刀；正确掌握锉削操作姿势、动作要领和锉削方法；熟悉锉削质量检查的内容和方法；能利用锉削工具对工件进行锉削操作和质量检测；熟悉锉削安全操作技术，熟悉锉削产生废品的形式、原因及预防方法。

【任务描述】

（1）将φ32×30mm的圆柱体（由锯削任务转来）加工成φ32×28mm的圆柱体，如图1-124所示。

要求：尺寸准确、端面平整且与侧面垂直。

知识学习、技能训练与工件加工等，共6课时。

（2）将对面尺寸S=（27±0.5）mm的正六方体（由錾削任务转来）加工成对面尺寸为S=（24±0.2）mm的正六方体，如图1-125所示。

要求：尺寸准确、表面平整、六方匀称。

知识学习、技能训练、工件加工等，共12课时。

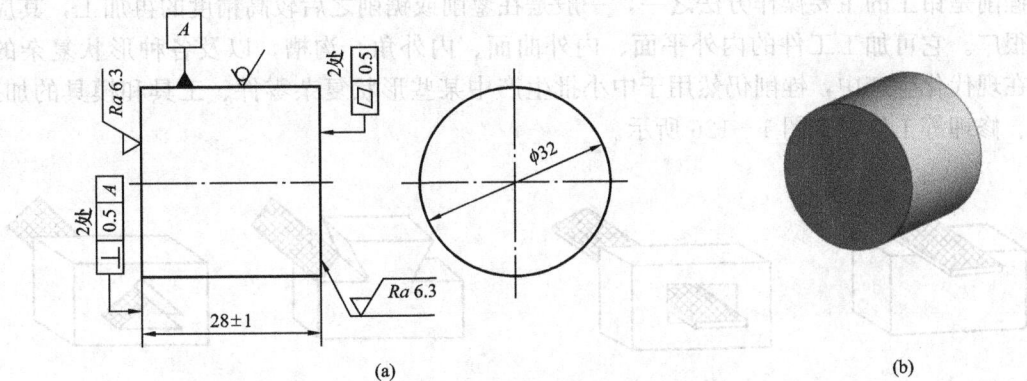

图 1-124 圆柱体

(a) 工件图；(b) 实物图

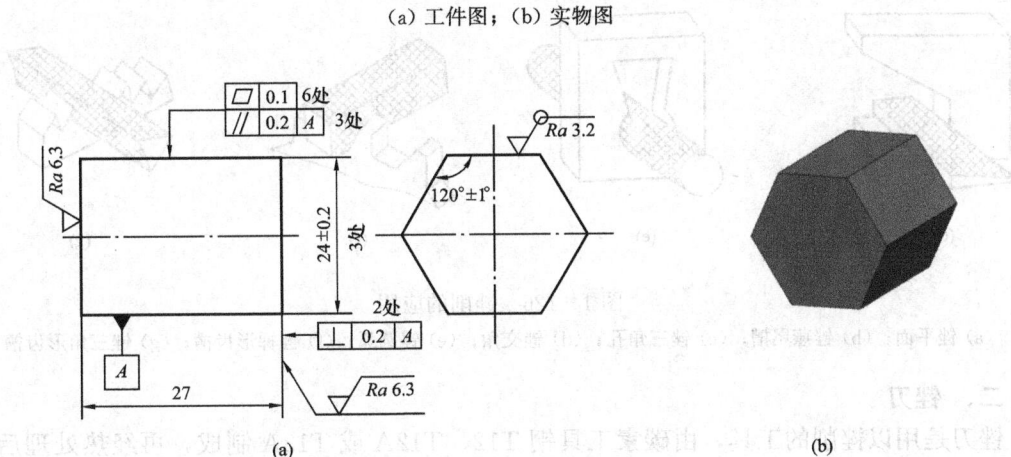

图 1-125 正六方体

(a) 工件图；(b) 实物图

【任务分析】

(1) 由圆柱体工件的任务描述和工件图所达的形状及要求可知，要对 $\phi32\times30$mm 圆柱体的两端面进行加工，使其成为 $\phi32\times28$mm 的圆柱体，且达到长度为（28 ± 1）mm、平面度≤0.5、垂直度≤0.5 及表面粗糙度 $Ra6.3\mu$m 等要求，若利用锯削方法是难以达到任务要求，故选用锉削方法完成。

(2) 由正六方体工件的任务描述和工件图所达的形状及要求可知，要对錾削后对面尺寸为 $S=(27\pm0.5)$mm 的正六方体各侧面进行加工，使其成为对面尺寸 $S=(24\pm0.2)$mm 的正六方体，且还达到平面度≤0.1、平行度≤0.2、垂直度≤0.2 及表面粗糙度 $Ra3.2\mu$m 等要求，若利用锯削、錾削方法是难以达到任务要求，故选用锉削方法完成。

【相关知识】

一、锉削概念及应用

锉削是使用锉刀对工件进行切削加工的方法。锉削的加工精度可高达 0.01mm，表面粗糙度可达 $Ra0.8\mu$m。

锉削是钳工的主要操作方法之一，一般是在錾削或锯削之后较高精度的再加工，其应用范围很广。它可加工工件的内外平面、内外曲面、内外角、沟槽，以及各种形状复杂的表面；在现代化生产中，锉削仍然用于中小批生产中某些形状复杂零件、工具和模具的加工、装配、修理等工作，如图 1-126 所示。

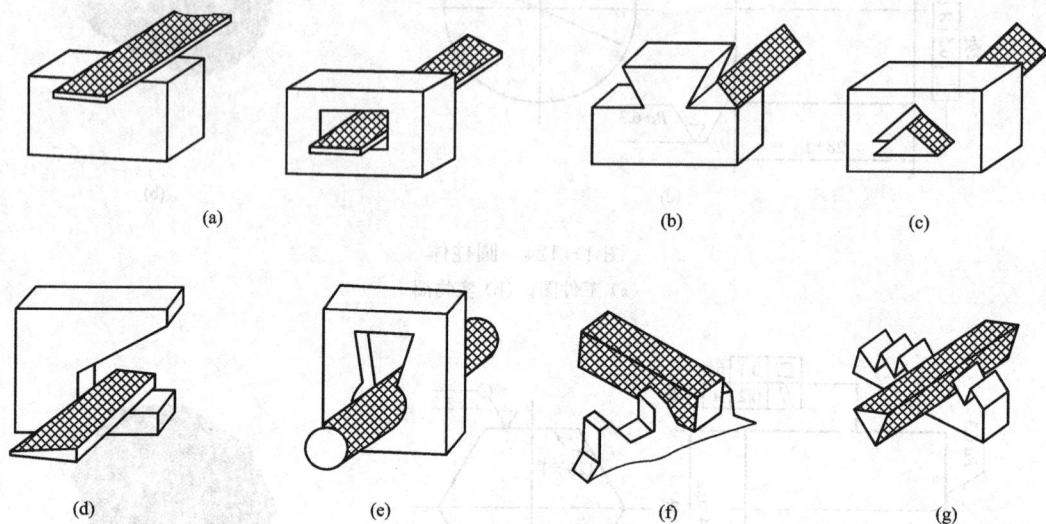

(a)   (b)   (c)

(d)   (e)   (f)   (g)

图 1-126　锉削的应用

（a）锉平面；（b）锉燕尾槽；（c）锉三角孔；（d）锉交角；（e）锉圆弧；（f）锉梯形齿槽；（g）锉三角形齿槽

二、锉刀

锉刀是用以锉削的工具，由碳素工具钢 T12、T12A 或 T13A 制成，再经热处理后硬度可达 HRC62～72。

1. 锉刀的构造

锉刀由锉身和锉柄两部分组成。锉身又由锉刀面、锉刀边、锉刀舌组成。锉刀面是锉削的主要工作面，前端做成凸弧形，上下两面都有锉齿，便于进行锉削；锉刀边是指锉刀的两个侧面，有的两边没有齿，有的其中一边没有齿。没有齿的一边称为光边，它可使锉削内直角的一个面时不伤着邻面；锉刀舌用来安装锉刀柄。

锉刀柄一般是木质（或塑料）的，在安装孔的外端应套有铁箍，如图 1-127 所示。

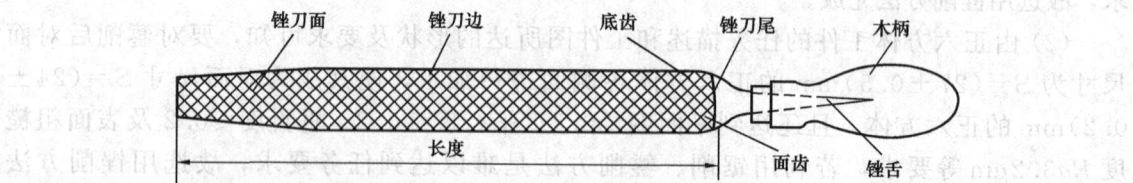

图 1-127　锉刀构造

2. 锉刀的种类

钳工所用的锉刀按其用途不同可分为普通锉、特种锉和整形锉（什锦锉、组锉）三类。

（1）普通锉。这种锉刀应用比较普遍，通常可用于加工各种形状的工件。按照锉刀的断面形状又分为扁锉、方锉、三角锉、圆锉和半圆锉五种，如图 1－128 所示；按照锉齿的粗细分为粗齿（1 号纹）、中齿（2 号纹）、细齿（3 号纹）、双细齿（4 号纹）和油光锉（5 号纹）五种。

　　（2）特种锉。特种锉用于加工特殊表面。它有直、弯两种，其断面形状如图 1－129 所示。

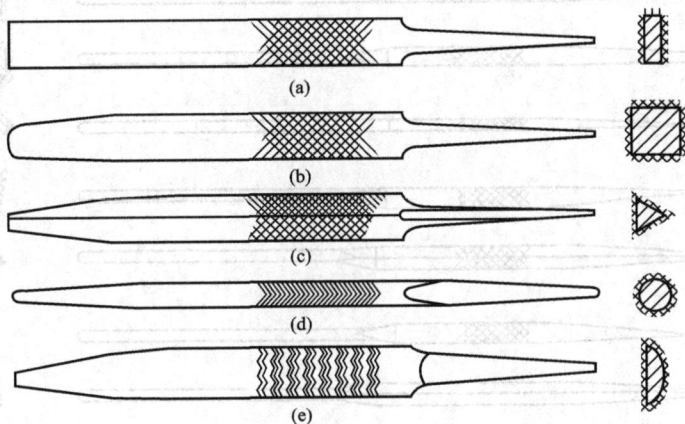

图 1－128　普通锉
(a) 扁锉（板锉）；(b) 方锉；(c) 三角锉；(d) 圆锉；(e) 半圆锉

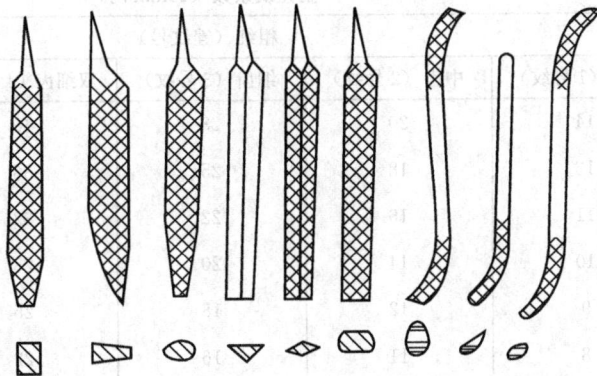

图 1－129　特种锉

　　（3）整形锉（什锦锉、组锉）：用于工件上狭小部位的锉削。它由各种断面形状的锉刀组成一套，如图 1－130 所示。

　　3. 锉刀的规格

　　锉刀的规格分为尺寸规格和粗细规格。

　　（1）尺寸规格。不同形状的锉刀，其尺寸规格采用不同的参数来表示。圆形锉刀的尺寸规格以直径表示；方形锉刀的尺寸规格以边长表示；其他锉刀的尺寸规格均以锉身长度表示。钳工常用的锉刀有 150、200、250、300、350mm 等尺寸规格。

　　（2）粗细规格。锉刀齿纹的粗细规格是以锉刀每 10mm 长度内含有主纹数的多少来表示，见表 1－17。

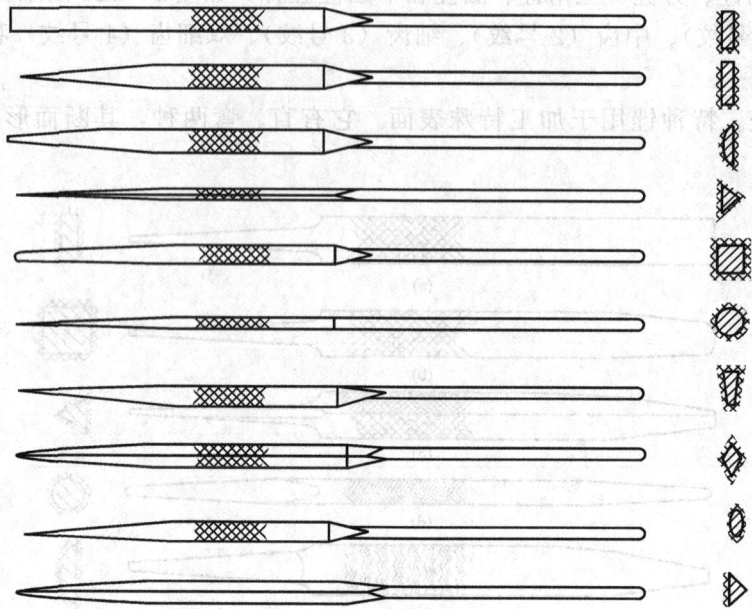

图 1-130　整形锉（什锦锉、组锉）

表 1-17　　　　　　　　　　　　常用锉刀的粗细规格

长度（mm）	主锉纹条数（10mm 内）				
	粗细（锉纹号）				
	粗齿（1 号纹）	中齿（2 号纹）	细齿（3 号纹）	双细齿（4 号纹）	油光锉（5 号纹）
100	14	20	28	40	56
125	12	18	25	36	50
150	11	16	22	32	45
200	10	14	20	28	40
250	9	12	18	25	36
300	8	11	16	22	32
350	7	10	14	20	—
400	6	9	12	—	—

4. 锉刀的选用原则

（1）锉刀断面形状的选择，取决于工件加工部位的几何形状，如图 1-131 所示。

（2）锉齿粗细的选择，取决于工件加工余量的大小、加工精度的高低、表面粗糙度值的大小、工件材料软硬等因素。粗齿锉刀由于齿距较大，容屑空间大，不易堵塞，适用于锉削加工余量大、加工精度低、表面粗糙度值大及较软金属材料的工件；细锉刀适用于锉削加工余量小、加工精度高、表面粗糙度值小及较硬金属材料的工件；油光锉适用于最后的精加工，修光工件表面，以提高尺寸精度，减小表面粗糙度，见表 1-18。

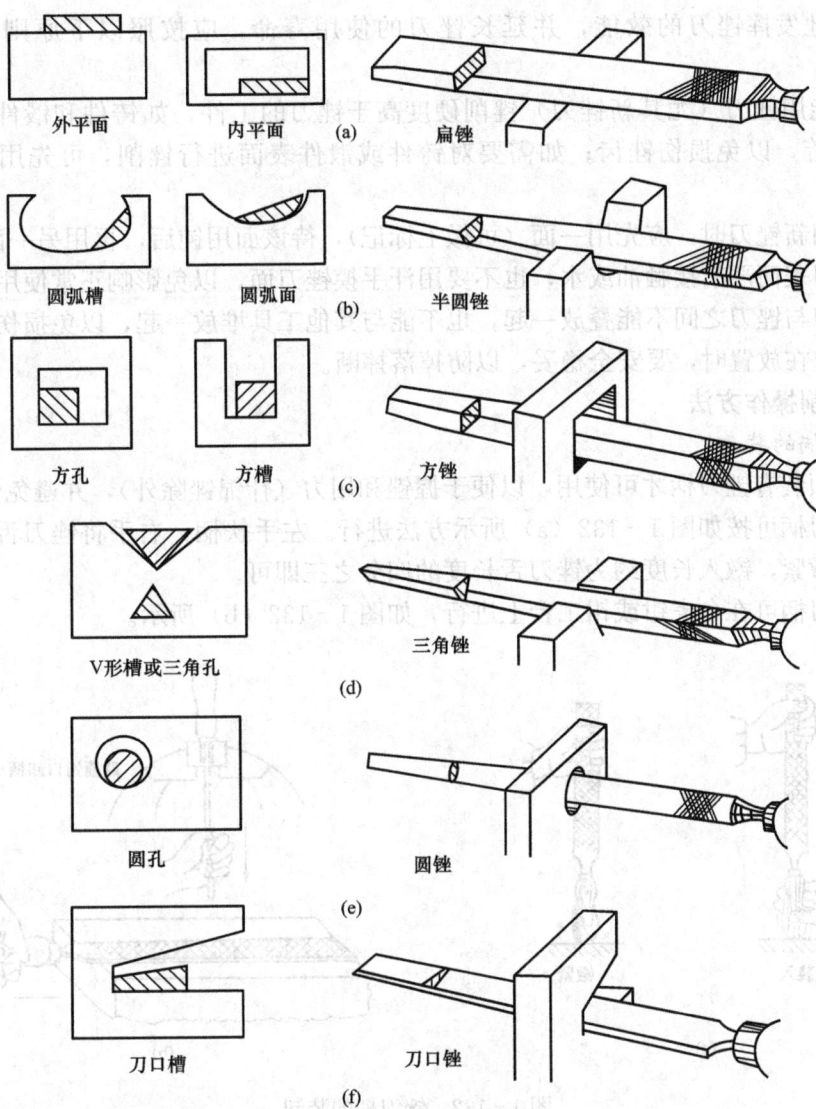

外平面	内平面	(a)	扁锉
圆弧槽	圆弧面	(b)	半圆锉
方孔	方槽	(c)	方锉
V形槽或三角孔		(d)	三角锉
圆孔		(e)	圆锉
刀口槽		(f)	刀口锉

图 1-131　根据加工部位的几何形状选择锉刀

表 1-18　　　　　　　　**锉齿粗细的选择**

锉刀类别	适 用 场 合			适用对象
	加工余量（mm）	尺寸精度（mm）	表面粗糙度 Ra（µm）	
粗齿（1号纹）	0.5～1	0.2～0.5	50～12.5	粗加工或加工软金属
中齿（2号纹）	0.2～0.5	0.05～0.2	6.3～3.2	
细齿（3号纹）	0.05～0.2	0.02～0.05	6.3～1.6	半精加工
双细齿（4号纹）	0.03～0.05	0.01～0.02	3.2～0.8	
油光锉（5号纹）	0.03 以下	0.01	0.8～0.4	精加工或硬金属

5. 锉刀的保养

为更好地发挥锉刀的效能，并延长锉刀的使用寿命，应按照以下原则使用和保养锉刀：

（1）不能用锉刀（尤其新锉刀）锉削硬度高于锉刀的工件，如铸件和锻件的表面，以及淬火工件等，以免损伤锉齿；如需要对铸件或锻件表面进行锉削，可先用其他方法去掉氧化皮。

（2）使用新锉刀时，应先用一面（可做上标记），待该面用钝后，再用另一面。

（3）锉刀表面严禁接触油或水，也不要用汗手摸锉刀面，以免影响正常使用。

（4）锉刀与锉刀之间不能叠放一起，也不能与其他工具堆放一起，以免损伤锉齿。

（5）锉刀在放置时，要安全稳妥，以防掉落摔断。

三、锉削操作方法

1. 锉刀柄的装卸

锉刀必须装有锉刀柄才可使用，以便于握锉和用力（什锦锉除外），并避免伤手。

安装锉刀柄可按如图 1-132 （a）所示方法进行。左手扶柄，右手将锉刀舌插入锉刀柄孔内，轻轻镦紧，镦入长度约为锉刀舌长度的四分之三即可。

拆卸锉刀柄可在台虎钳或钳工台上进行，如图 1-132 （b）所示。

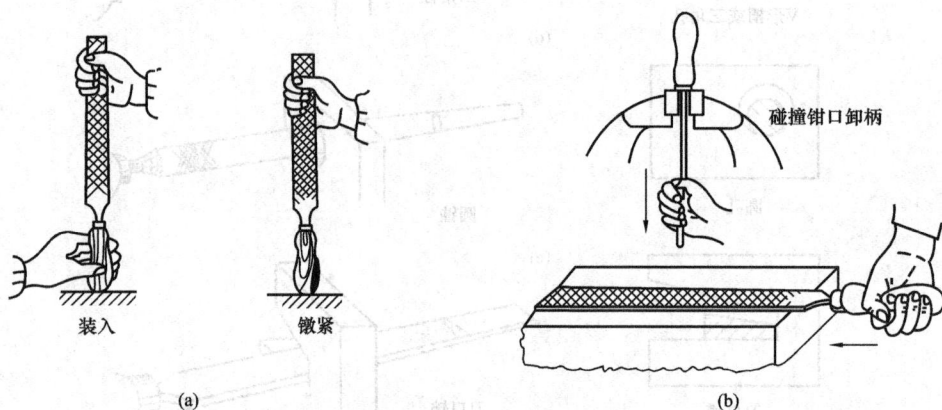

装入　　　镦紧　　　碰撞钳口卸柄

(a)　　　　　　　　　　　(b)

图 1-132　锉刀柄的装卸
（a）锉刀柄安装；（b）锉刀柄拆卸

2. 锉刀的握法

正确的握持锉刀有助于提高锉削质量。锉削时，一般用右手握锉刀柄，如图 1-133 所示。而锉刀前端的握法，应随着锉刀的大小和使用场合的不同而相应改变。

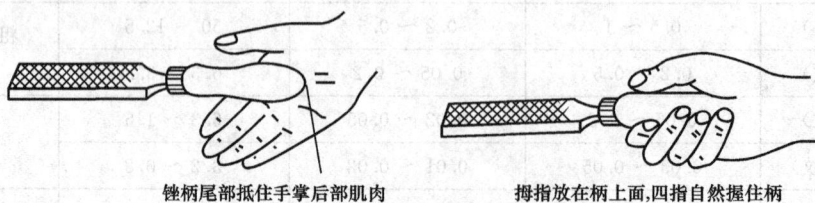

锉柄尾部抵住手掌后部肌肉　　　拇指放在柄上面,四指自然握住柄

图 1-133　锉刀柄的握法

（1）大型锉刀握法。锉刀前端的握法较多，通常是将前手大拇指鱼际肌部位压在锉刀前上端，其余四指自然弯曲握住锉刀前端，如图1-134所示。还可将前手中指和无名指，抵住锉刀前端。

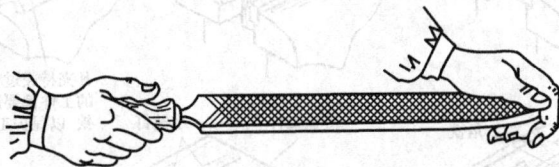

图1-134 大型锉刀的握法

（2）中小型锉刀的握法。由于中小型锉刀尺寸较小，本身强度较低，在锉刀上施加的压力和推力应小于大型锉刀，因此在握法上与大锉刀有所不同，常用的握法如图1-135所示。

（3）整形锉刀握法。整形锉刀由于其体形更小，一般用一只手握持即可，有时也可双手握持，如图1-136所示。还可用右手握手柄，左手捏在前端，双手配合进行锉削操作。

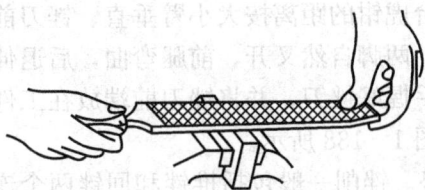

图1-135 中小型锉刀的握法

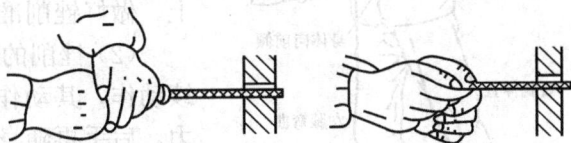

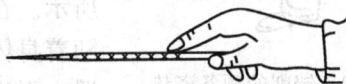

图1-136 整形锉刀握法

3. 工件的夹持

工件的夹持是否正确将直接影响锉削的质量。因此，夹持时应符合下列要求：

（1）工件应尽量夹持在钳口中间部位，以使虎钳受力均匀；工作面距离钳口平面要适当，一般为15~20mm。

（2）工件要夹紧夹牢，夹紧力的大小要适当，且不能使工件变形，尤其管材更要注意。

（3）夹持已加工表面或精密工件时，要用钳口垫铁（钢板、铜板或铝板制成），以防夹伤工件表面。

不同工件的夹持方法如图1-137所示。

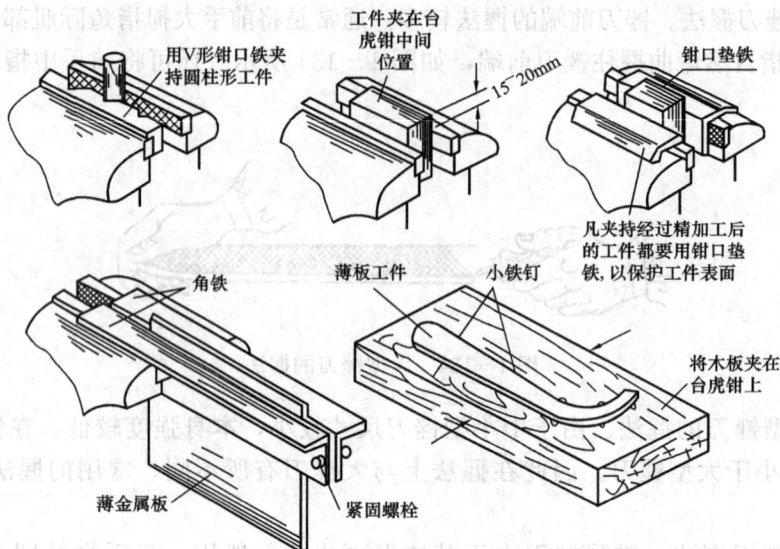

图 1-137 工件的夹持

4. 锉削姿势和要领

（1）锉削的预备姿势。操作者站在台虎钳中心线左侧（右手握锉刀柄者），与台虎钳的距离按大小臂垂直、锉刀前端能放在工件上来掌握。两脚自然叉开，前腿弯曲，后退伸直，身体略向前倾。双手握好锉刀，并将锉刀前端放在工件上，做好锉削准备，如图 1-138 所示。

（2）锉削的操作姿势。锉削一般包括推锉和回锉两个连续动作，其动作要领是两脚站稳，双手给锉刀施加适当压力，后手再随身体的向前运动给锉刀施加适当推力，进而产生推锉运动。当锉刀行至尾部时，停止推锉，如图 1-139 所示。在锉刀推进运动结束后，两手不加压力并抬起锉刀，随着身体的向后摆动进行回锉运动，将锉刀返回到起始位置，再进行新的推锉运动，如图 1-140 所示。

图 1-138 锉削的预备姿势

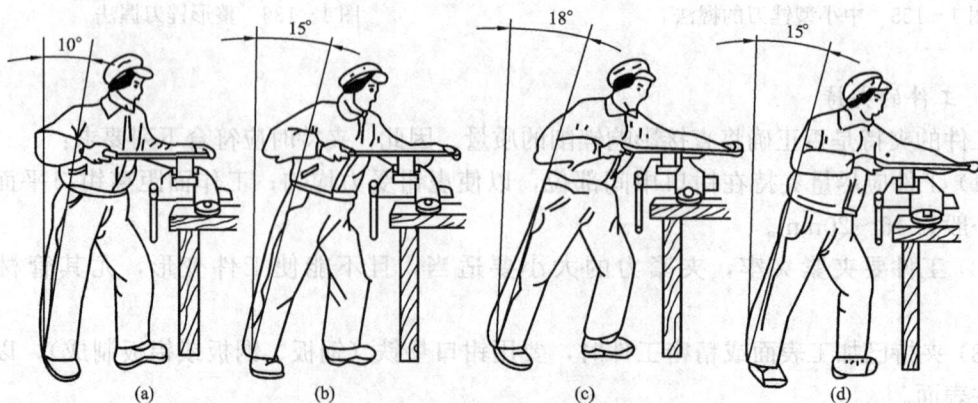

图 1-139 锉削推锉的操作姿势

（a）锉削开始；（b）前 1/3 行程；（c）至 2/3 行程；（d）后 1/3 行程

回锉时抬起锉刀的作用：可以减少工件对锉刀的磨损；可以根据观察到的锉削表面情况，及时判断出锉刀与工件接触位置的正确与否。

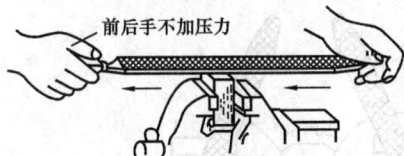

图 1-140 锉削回锉的操作姿势

5. 锉削力的运用

锉削平面时，锉刀的平直运动是锉削表面平直与否的关键。要想锉出平整的表面，必须要保持锉刀的平直运动。锉刀的平直运动是靠锉削过程中，随时调整两手的压力大小来完成。锉削开始时，前手压力要大些，后手压力要小些；随着锉刀的往前推进，前手压力要逐渐减小，后手压力要逐渐增大；当锉刀行至中间段时，两手压力要相等；当锉刀行至后半段时，前手压力要逐渐减小，后手压力要逐渐增大，如图 1-141 所示。

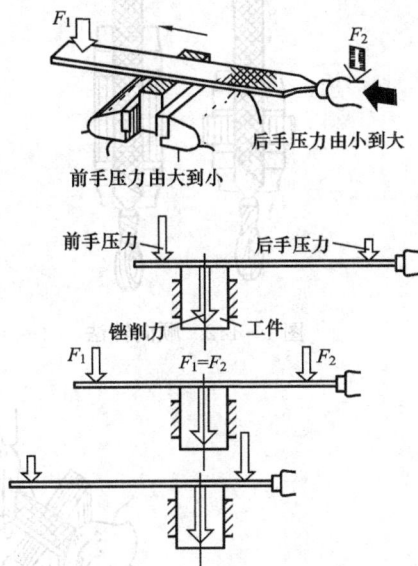

图 1-141 锉削力的运用

总之，在锉刀推进的整个过程中，要始终满足：前手压力与其到工件距离的乘积和后手压力与其到工件距离的乘积，处处相等的平衡关系，则锉出的表面就是平直的。

6. 锉削速度

锉削过程中，锉刀每分钟往返的次数称为锉削速度。锉削中控制适当合理的锉削速度，可以提高工作效率。一般控制在 40 次/min 左右为宜。

锉削速度不可太快，以免过早疲劳和加速锉刀的磨损；若速度太慢，又会使工作效率不高。通常在推锉时速度可稍慢些，回锉时速度可稍快些。

四、锉削平面的方法

锉削平面是最基本的锉削操作，为使平面易于锉平，常用以下方法：

（1）顺向锉法：是指锉刀始终沿着同一方向运动的锉削方法，如图 1-142 所示。对于较大平面，还要沿工件表面横向有规律地移动。顺向锉法的锉痕整齐、方向一致，是常用的基本锉削方法，此法适用于锉削不大的平面和最后的锉光、理顺锉纹。

（2）交叉锉法：是指锉刀从两个交叉的方向对工件进行表面锉削的方法，如图 1-143 所示。一般情况下锉刀运动方向与工件轴向呈 50°～60°角，这种锉法锉出的表面比较平整，易于消除中凸现象，效率较高，是较常采用的锉削方法。

（3）推锉法：是两手对称地横握锉刀，并沿工件表面平稳推拉锉刀的锉削方法，如图 1-144 所示。推锉法锉出的表面较平整、精度较高，但效率较低。故此法一般用来锉削狭长平面，顺锉法不便，中凸表面局部找平及修正尺寸等场合。

五、锉削曲面方法

1. 锉削外曲面

锉削外曲面使用扁锉刀。锉削时锉刀要同时完成前进和转动两个运动，即锉刀在做前进运动的同时，还要绕工件圆弧的中心转动，其锉削方法有两种。

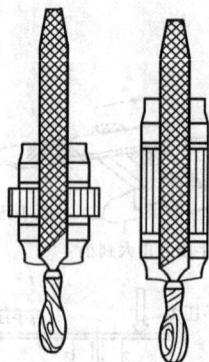

图 1-142　顺向锉法　　　　　　　图 1-143　交叉锉法

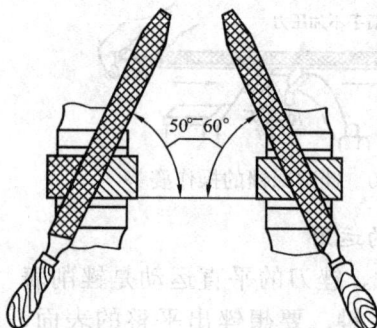

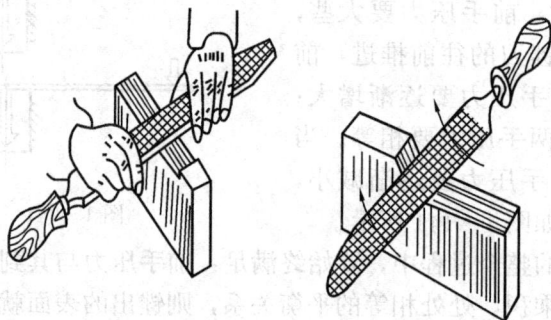

图 1-144　推锉法

（1）顺向滚锉法：锉削时先把锉刀后端抬高，前端压低；随着锉刀的向前推进，将锉刀后端压低，前端抬高，使锉刀沿着圆弧面滚动，待锉刀行至尾端时结束，抬起锉刀返回到起始位置，如此往复，如图 1-145（a）所示。

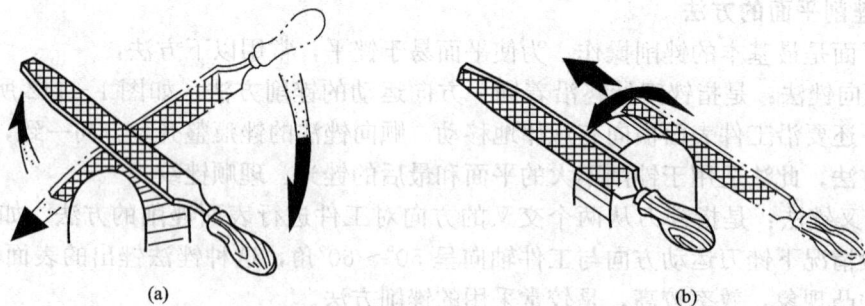

(a)　　　　　　　　　　　　　　(b)

图 1-145　锉削外曲面
(a) 顺向滚锉法；(b) 横向滚锉法

这种锉法锉出的外曲面光洁圆滑，不会出现棱边。但锉削力量不易发挥，锉刀的位置不易控制准确，锉削效率也比较低，故只适于在加工余量较小或精锉圆弧面时采用。

（2）横向滚锉法：锉削时锉刀从工件一侧开始向前做直线推进运动，同时将锉刀沿圆弧面做横向滚动至工件另一侧，待锉刀行至尾端时结束，抬起锉刀返回到起始位置，如此往复，如图 1-145（b）所示。

这种锉法容易发挥锉削力量，能较快地把曲面外的部分锉削成接近圆弧的多棱形，锉削效率高，便于按划线均匀的锉近弧线，故只适用于加工余量较大外曲面的粗锉。之后，再采用顺向滚锉法精锉外曲面成形。但在不便于使用顺向滚锉法的场合，就只能采用横向滚锉法。

2．锉削内曲面

内曲面分内圆面和内圆弧面。锉削内曲面要选用圆锉（圆弧半径较小时）或半圆锉（圆弧半径较大时）。锉削时锉刀要同时完成三个运动：前进运动、沿圆弧面向左或向右移动，绕锉刀中心线转动，如图 1-146 所示。锉削内圆弧面时，锉刀只有同时完成这三个运动，才能保证锉削出的内圆弧面光滑、准确。

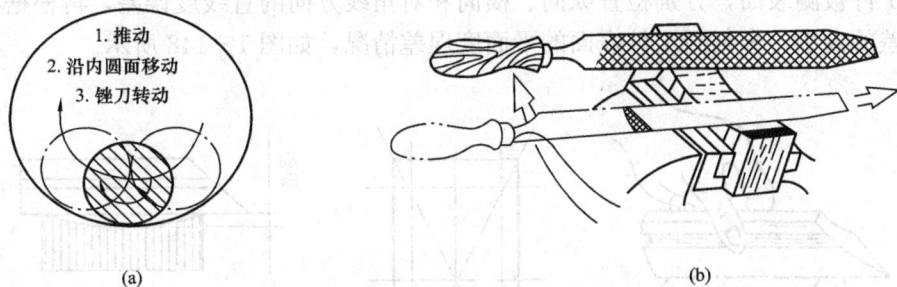

图 1-146 锉削内曲面

(a) 内圆面锉法；(b) 内圆弧面锉法

3．锉削球面方法

锉削圆柱形工件端部的球形表面时，可将锉削外曲面的两种方法结合起来进行锉削，即锉刀在进行顺向滚动的同时，再进行横向滚动，如图 1-147 所示。也可在进行顺向滚锉法锉削的同时，将锉刀沿工件轴心线旋转。

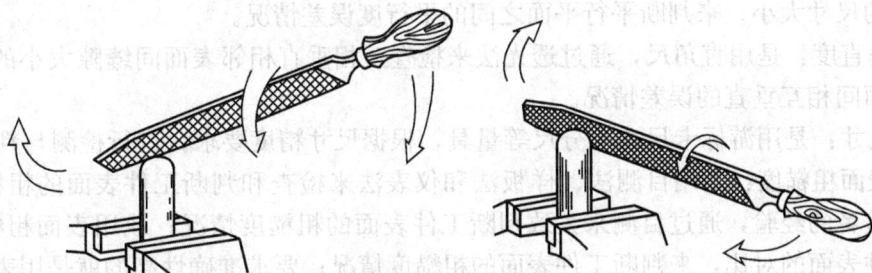

图 1-147 锉削球面

六、锉削平面与曲面连接的方法

平面与曲面连接，通常分平面与外曲面连接，平面与内曲面连接两种情况，其各自的锉削方法如下所述。

1．锉削平面与外曲面连接的方法

平面与外曲面连接时，可选用扁锉，先按锉削平面的方法对平面部分进行锉削；待平面部分基本成形后，再按锉削外曲面的方法锉削曲面部分，并将平面与曲面的连接处过渡圆滑。

2. 锉削平面与内曲面连接的方法

平面与内曲面连接时，可先用圆锉或半圆锉，按锉削内曲面的方法锉削内曲面圆弧部分；待内曲面基本成形后，再用扁锉，按锉削平面的方法锉削平面部分，并使平面与内曲面连接处过渡圆滑。

七、锉削平面的质量检查方法

锉削是比较精细的加工，在锉削过程中一定要按照技术要求及时准确的进行检测，不可粗心大意，防止发生质量事故。锉削平面的质量检查内容主要是平面度、平行度、垂直度、尺寸及表面粗糙度等。

（1）平面度：是用刀口形直尺，通过光隙法检查被测表面的直线度误差情况。可用刀口形直尺在工件被测表面，分别检查纵向、横向和对角线方向的直线度误差，再根据各个方向直线度误差的大小，来判断工件表面的平面度误差情况，如图 1－148 所示。

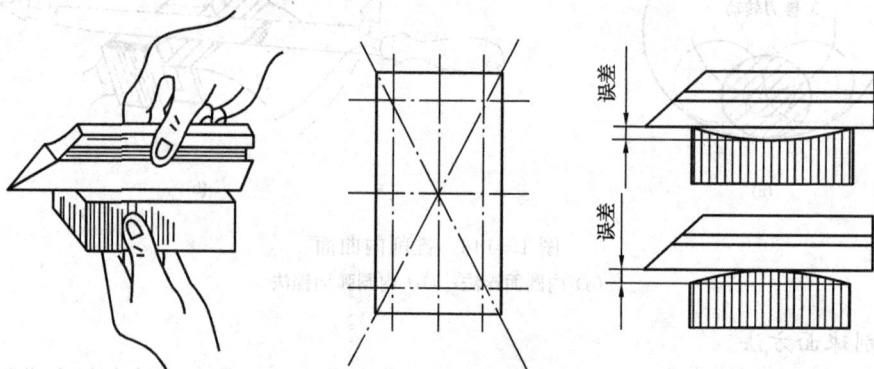

图 1－148　平面度检查

（2）平行度：是用游标卡尺、千分尺、百分表等量具，通过测量平行平面之间边缘和中间各点处的尺寸大小，来判断平行平面之间的平行度误差情况。

（3）垂直度：是用直角尺，通过透光法来检查互相垂直相邻表面间缝隙大小的情况，判断相邻表面间相互垂直的误差情况。

（4）尺寸：是用游标卡尺或千分尺等量具，根据尺寸精度要求，进行检测与判断。

（5）表面粗糙度：是用目测法、样板法和仪表法来检查和判断工件表面的粗糙度情况。即根据检验者的经验，通过目测来大致判断工件表面的粗糙度情况；或用表面粗糙度样板，通过与工件表面的对比，来判断工件表面的粗糙度情况；要求准确性高的就是用表面粗糙度检测仪在工件表面进行检测，直接得出检测数值。

八、锉削曲面的质量检查方法

在锉削曲面过程中，由于操作不当或检查不及时等因素，常会出现圆弧不圆或呈多角形，圆弧半径过大或过小，圆弧横向直线度和与侧基准面垂直度误差偏大，表面粗糙度值大，锉刀纹理不齐等现象。为此，锉削过程中准确及时的进行质量检查是非常必要的。通常锉削曲面质量检查的内容和方法如下：

（1）面轮廓度：对于外曲面或内曲面的轮廓度形状及大小，可用半径规（R规）或专用样板，通过光隙法进行检查与判断，如图1-149所示。

（2）直线度：对于曲面横向的直线度，可用刀口形直尺，通过光隙法检查与判断。

（3）垂直度：对于曲面与侧基准面的垂直度，可利用直角尺，通过光隙法检查与判断，如图1-150所示。

图1-149　曲面轮廓度检查　　　　　图1-150　曲面垂直度检查

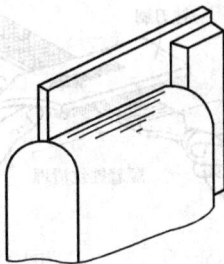

九、锉削废品分析

锉削平面时产生废品的形式、原因及预防方法见表1-19。

表1-19　　　　　　　　锉削时产生废品的形式、原因及预防方法

废品形式	产生原因	预防方法
工件夹环	1. 薄而大的工件未夹好； 2. 夹紧力太大，将空心件夹扁； 3. 钳口太硬，将精加工表面夹伤痕	1. 对薄而大的工件要用辅助工具夹持； 2. 夹紧力不要太大，夹薄壁管要用弧形木垫； 3. 夹紧加工工件应用护口片（铜钳口）
平面中凸	1. 未掌握锉削操作要领； 2. 两手用力控制不当，锉刀上下摆动	1. 掌握正确的锉削操作姿势； 2. 正确控制好两手的锉削力，避免锉刀摆动
尺寸超差	1. 划线尺寸不对； 2. 锉出加工界线； 3. 尺寸检查不及时； 4. 测量方法不正确； 5. 量具0位不对	1. 按图纸尺寸要求正确划线； 2. 锉削时集中精力、心中有数； 3. 注意随时检测尺寸； 4. 使用正确测量方法； 5. 使用量具前正确校对0位
表面粗糙度差	1. 锉刀粗细选择不当； 2. 粗锉时压力太大，使得锉纹太深； 3. 锉屑嵌在锉刀中未消除	1. 合理选用锉刀； 2. 正确运用锉削力； 3. 经常清除锉屑
锉伤邻近表面	1. 锉垂直面时没选用光边锉或刀口锉； 2. 锉刀太钝引起打滑； 3. 锉刀表面沾有油污引起打滑	1. 应选用光边锉刀或刀口锉； 2. 换用切削性好的锉刀； 3. 清除锉刀表面油污

十、锉削安全注意事项

（1）锉削时不准使用无柄或锉刀柄已损坏的锉刀，防止扎伤手腕、手心。

（2）使用小尺寸规格的锉刀时，压力要适当，以免锉刀折断伤手。

（3）锉刀放置时不准伸出工作台边缘，防止掉落摔断或伤人。

（4）锉刀不准当手锤或撬棍使用，以免损毁锉刀。

（5）清除锉刀面上的锉屑时，应使用锉刀刷、划针铜片剔除，如图 1－151 所示。

（6）清除工件表面的锉屑，不许用嘴吹，以防止锉屑飞入眼内；也不许用手直接清除，以防伤手。

（7）锉削时不可用手摸工件表面，以防因手上的汗水而使锉刀打滑造成事故。

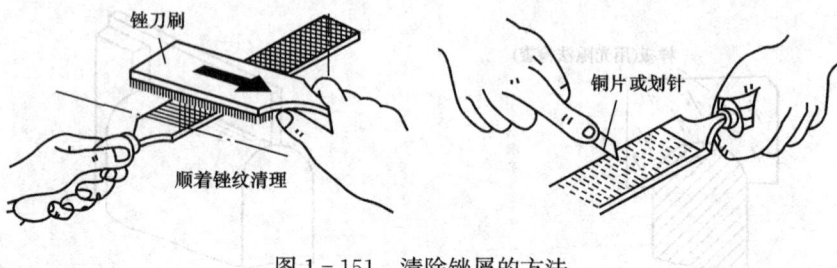

图 1－151　清除锉屑的方法

【任务准备】

1. 工件

（1）锯削后 $\phi32\times30$mm 的圆柱体（由锯削任务转来）；

（2）錾削后 $S=(27\pm0.5)$mm 的正六方体（由錾削任务转来）。

2. 工具

（1）300mm（或 350mm）粗扁锉、0～150mm 游标卡尺、125mm 刀口形直尺、直角尺等；

（2）300mm（或 350mm）粗扁锉、250mm 细扁锉、0～150mm 游标卡尺、125mm 刀口形直尺、120°角度样板、直角尺、游标高度尺、V 形铁、划线平板、划针、划规、钢直尺等。

在锉削操作前，按照工具的定位摆放要求，将所用工具摆放在钳工台面的规定位置，工件图悬挂在图夹上。

【任务实施】

1. 锉削 $\phi32\times30$mm 圆柱体为 $\phi32\times28$mm 的圆柱体

（1）将 $\phi32\times30$mm 圆柱体夹持于台虎钳，先对其一端面进行锉削，注意测量和控制好平面度≤0.5，端面与侧面的垂直度≤0.5，表面粗糙度 $Ra6.3\mu$m。

（2）锉削另一端面，注意测量和控制尺寸（28±1）mm，平面度≤0.5，端面与侧面的垂直度≤0.5，表面粗糙度 $Ra6.3\mu$m。

2. 锉削 $S=(27\pm0.5)$mm 正六方体为 $S=24\pm0.2$mm 的正六方体

（1）划线：将正六方体水平置于平板上→划出端面高度方向中心线→由中心线加上或减去 12mm，依次划出两条水平线→再将工件旋转 90°，置于 V 形铁上→划出对角线方向的中心线→划出 $S=24$mm 正六边形的外接圆并找出六个等分点→依此连接各等分点。

（2）将划好加工线的工件夹持在台虎钳上，使加工线处于水平位置，夹紧力大小要适当。

（3）依据锉削正六方体加工步骤，从基准面 A 开始，对每一表面进行锉削，详见表 1－20。

表 1-20 　　　　　　　　　　　　　锉削正六方体加工工艺过程

序号	加工简图	加工内容及要求	工、量、刃具及设备
1		将工件水平放置平板上，分别划出中心线、水平线、垂直线、外接圆，以及划各等分点连接线	划线平板、游标高度尺、直角尺、V形铁、划针、划规、样冲、钢直尺等
2		将工件夹持在钳口中间，使锉削面加工线处于水平位置，离钳口平面10mm左右，旋紧台虎钳手柄	台虎钳、钳工台
3		从基准面 A 开始锉削，锉至加工线处止，并注意测量控制尺寸25.5mm、平面度、表面粗糙度等	粗板锉、细板锉、游标卡尺、刀口形直尺、毛刷、锉刀刷、台虎钳等
4		锉削平行面 B 至加工线处止，注意测量控制尺寸（24±0.2）mm、平面度、平行度、表面粗糙度，以及对称度等	粗板锉、细板锉、游标卡尺、刀口形直尺、毛刷、锉刀刷、台虎钳等
5		锉削基准面的相邻面 C 至加工线处止，注意控制尺寸25.5mm，与基准面的夹角120°±1°，平面度，以及表面粗糙度等	粗板锉、细板锉、游标卡尺、刀口形直尺、毛刷、锉刀刷、120°角度样板、台虎钳等
6		锉削平行面 D 至加工线处止，注意测量控制尺寸（24±0.2）mm、平面度、平行度、表面粗糙度，以及对称度等	粗板锉、细板锉、游标卡尺、刀口形直尺、毛刷、锉刀刷、台虎钳等
7		锉削基准面的另一相邻面 E 至加工线处止，注意控制尺寸25.5mm，与基准面夹角120°±1°平面度，以及表面粗糙度等	粗板锉、细板锉、游标卡尺、刀口形直尺、毛刷、锉刀刷、120°角度样板、台虎钳等

续表

序号	加工简图	加工内容及要求	工、量、刃具及设备
8		锉削平行面 F 至加工线处止，注意测量控制尺寸（24±0.2）mm、平面度、平行度、表面粗糙度，以及对称度等	粗板锉、细板锉、游标卡尺、刀口形直尺、毛刷、锉刀刷、台虎钳等
9		按照锉削正六方体的质量要求及考核评分标准，逐项进行全面检查及测量。对于不符合要求的表面，根据误差情况进行必要的修整，直至达到质量要求为止	粗板锉、细板锉、游标卡尺、刀口形直尺、毛刷、锉刀刷、120°角度样板、台虎钳等

（4）锉削中要注意工具在使用过程后的定位摆放要求，做到随用随拿、用后归位。

（5）锉削结束，清扫钳工台面切屑，所用工具存放到工具柜指定位置。

【任务考核】

锉削圆柱体任务的考核内容见表1-21。

锉削正六方体任务的考核内容见表1-22。

表 1-21 **锉削圆柱体任务考核评分表**

序号	考核项目	考核要求	考核标准	配分	学生自查	教师检查	得分
1	尺寸	28±1	超差不得分	20			
2	平面度	▱ 0.5 (2处)	超差不得分	20			
3	垂直度	⊥ 0.5 A (2处)	超差不得分	20			
4	表面粗糙度	Ra6.3μm(2处)	超差不得分	10			
5		工件夹持方法正确	按现场考核	5			
6		姿势正确、动作协调	按现场考核	15			
7	操作过程	工具定位摆放整齐	按现场考核	5			
8		锉削加工步骤正确	按现场考核	5			
9		安全文明操作	酌情扣总分				
10	合计			100			

表 1-22 **锉削正六方体任务考核评分表**

序号	考核项目	考核要求	考核标准	配分	学生自查	教师检查	得分
1	尺寸	24±0.2(3处)	超差不得分	30			
2	角度	120°±1°(6处)	超差不得分	24			
3	平面度	▱ 0.1 (6处)	超差不得分	6			
4	平行度	∥ 0.2 A (3处)	超差不得分	6			

续表

序号	考核项目	考核要求	考核标准	配分	学生自查	教师检查	得分
5	垂直度	⊥ | 0.2 | A (2 处)	超差不得分	2			
6	表面粗糙度	$Ra3.2\mu m$(6 处)	超差不得分	6			
7	对称度	边长差≤0.5(3 处)	超差不得分	3			
8		工件装夹方法正确	按现场考核	2			
9		工具定位摆放整齐	按现场考核	4			
10		握锉方法正确	按现场考核	3			
11	操作过程	姿势正确、动作协调	按现场考核	8			
12		工件测量方法正确	按现场考核	3			
13		锉削加工步骤正确	按现场考核	3			
14		安全文明操作	酌情扣总分				
15	合计			100			

任务七 钻孔及锪孔

【教学目标】

熟悉钻孔及锪孔的概念、常用设备及工具；掌握钻孔及锪孔的操作方法；熟悉钻孔及锪孔产生废品的形式、原因及预防方法。熟悉钻孔安全操作知识和钻床安全操作规程；能利用钻孔机具进行钻孔及锪孔操作；能在教师指导下，进行钻头的刃磨操作。

【任务描述】

在六角螺母坯料（由锉削任务转来）的中心，加工 M12 内螺纹底孔，孔径为 $\phi10.2$。要求孔中心偏移量≤0.5mm，如图 1-152 所示。

知识学习、技能训练、工件加工等，共 6 课时。

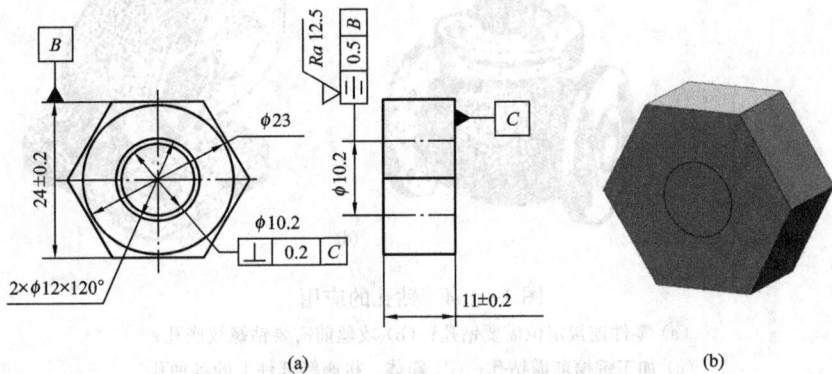

图 1-152 六角螺母坯料
(a) 工件图；(b) 实物图

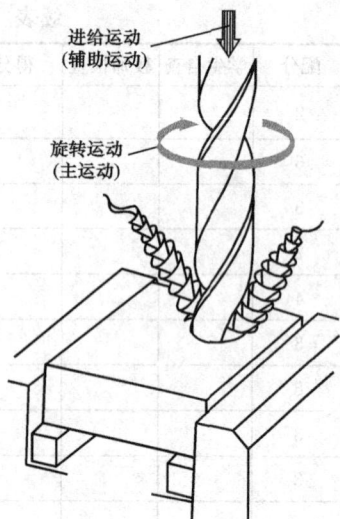

图 1-153 钻孔

【任务分析】

加工孔径为 $\phi10.2$ 的 M12 六角螺母的内螺纹底孔，通常可利用钻床，采用钳工基本操作钻孔的方法钻削底孔，再采用锪孔的方法对底孔两端孔口进行倒角。

【相关知识】

一、钻孔及应用

钻孔是用钻头在实体材料上加工孔的方法。

在钻床上钻孔时工件被装夹，固定不动，钻头同钻床主轴连接后做旋转运动（称为主运动），并通过进给装置沿主轴向工件做直线运动（称为进给运动），如图 1-153 所示。

钻孔的应用非常广泛，如零件间连接的定位孔、攻螺纹前的底孔、设备箱体及机座等部件上的各种孔，如图 1-154 所示。

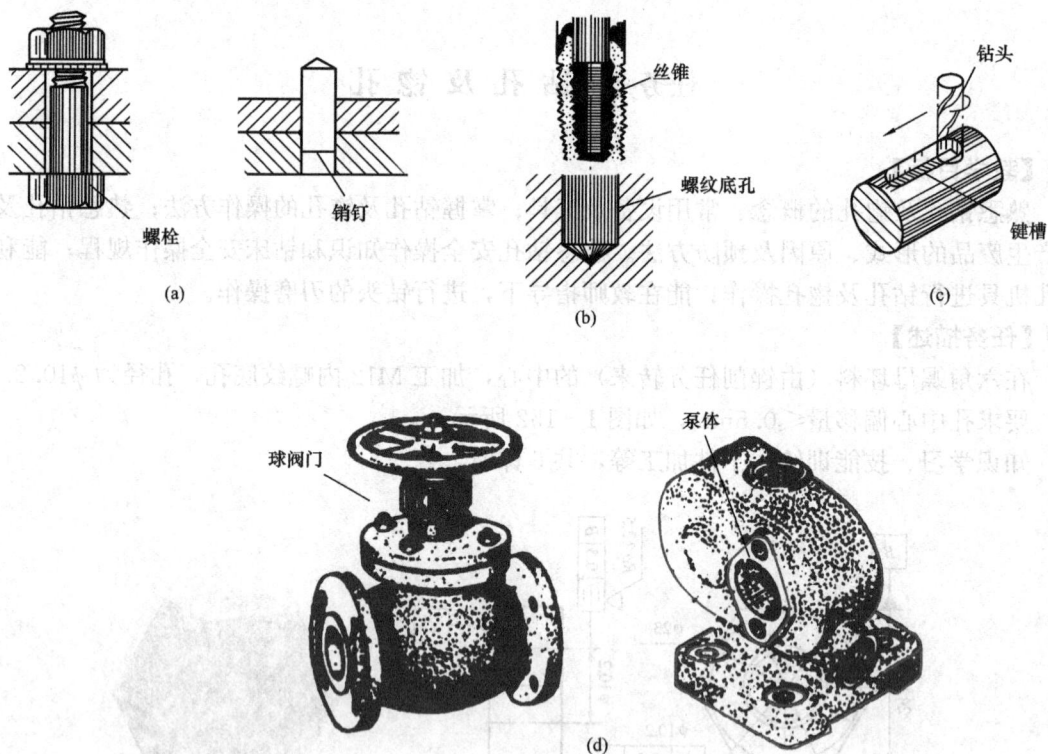

图 1-154 钻孔的应用
(a) 零件连接定位需要钻孔；(b) 攻丝前需要钻螺纹底孔；
(c) 加工键槽前需钻孔；(d) 箱体、机座等部件上的各种孔

各种机器设备上构件及零件上的孔，除一部分可由机床加工外，其中很大一部分都是由钳工利用钻床来加工完成的。

钻孔是对孔的粗加工，其尺寸精度为 IT11~IT10，表面粗糙度可达到 $Ra50~12.5\mu m$，

故只能加工精度要求不高的孔。

二、钻头

钻头是用于钻削加工的一类刀具。钻头的种类很多，如麻花钻、扁钻、中心钻、深孔钻、硬质合金钻等。其中，麻花钻应用最为普遍。

钻孔时由于钻头与孔壁的摩擦较严重，其工作环境较差，故对制造钻头金属材料的要求较高。普通麻花钻头一般采用高速钢（W18Cr4V 或 W9Cr4V2）制成，其工作部分再经热处理淬火后，硬度可达到 HRC62～65。

1. 麻花钻头的结构

麻花钻头由工作部分、柄部和颈部三部分组成，其工作部分的形状很像麻花，故称为麻花钻头，结构如图 1-155 所示。

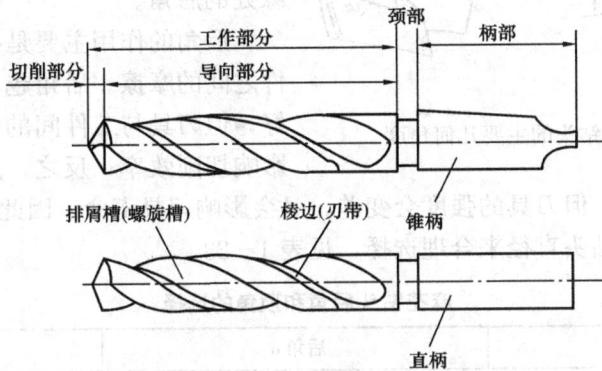

图 1-155　麻花钻头的结构

麻花钻头的各部分名称及作用如下：

（1）工作部分：是钻头的主要部分，又包括切削部分和导向部分。

切削部分位于钻头的最前端，主要由两个前刀面、两个后刀面、两条主切削刃、一条横刃及两条棱边（或副切削刃）组成，如图 1-156 所示。

切削部分担负对工件的切削任务；导向部分是由两条对称的螺旋槽（排屑槽）和棱边（副切削刃）组成。螺旋槽具有使钻头形成切削刃和前角，以及排除切屑和输入冷却润滑液的作用。棱边具有引导钻头方向及修光孔壁的作用。为减小钻头与孔壁间的摩擦，钻头导向部分的直径呈前大后小，略有倒锥，一般倒锥量为 0.03～0.12mm/100mm。

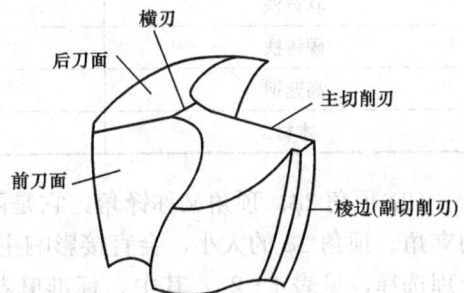

图 1-156　麻花钻头的切削部分

（2）柄部：是钻头与钻床主轴连接的装夹部位，起传递动力的作用。

柄部按结构不同，有圆柱柄（简称直柄）和圆锥柄（简称锥柄）两种。其中，直柄钻头传递的扭矩较小，一般用于直径小于 13mm 的钻头；锥柄钻头可传递较大的扭矩，用于直径大于 13mm 的钻头；直径为 13mm 的钻头，直柄和锥柄两种结构的均有。

（3）颈部：颈部位于工作部分和柄部之间，是用于制造钻头时砂轮磨削后退刀。同时，也用于标记钻头的直径、材料、商标等信息。

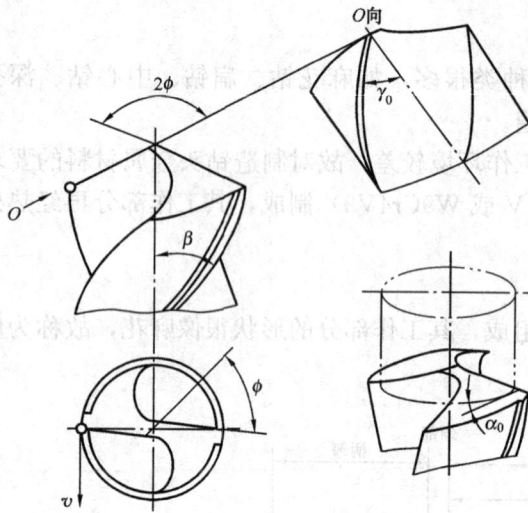

图 1-157　麻花钻头的主要几何角度

2. 麻花钻头的主要几何角度

由于其结构特点和工作需求，钻头所形成的主要几何角度有前角 γ_0、后角 α_0、顶角 2ϕ、横刃斜角 ψ 等。其中，后角 α_0、顶角 2ϕ、横刃斜角 ψ 的大小，可通过钻头的刃磨得到，如图 1-157 所示。

（1）后角 α_0。主切削刃上各点的后角，是钻头后刀面与切削平面之间的夹角。主切削刃上各点的后角大小不等，呈外小内大状。通常所说的后角是指麻花钻头直径最外缘处的后角。

后角的作用主要是控制钻头后刀面与工件之间的摩擦。后角越小，则刀具的强度越好，但刀具与工件间的摩擦力会越大，进而影响切削效率；反之，后角越大，刀具与工件间的摩擦力会减小，但刀具的强度会变差，又会影响刀具寿命。因此，后角的大小应根据被加工材料的软硬和钻头直径来合理选择，见表 1-23。

表 1-23　　　　　　　　　　　麻花钻头后角和顶角的选择

钻孔材料	后角 α_0	顶角 2ϕ
一般钢铁材料	12°～15°	116°～118°
一般韧性钢铁材料	6°～9°	116°～118°
铜和铜合金	10°～15°	110°～130°
铝合金	12°	90°～120°
软铸铁	12°～15°	90°～118°
硬铸铁	5°～7°	118°～135°
高速钢	5°～7°	135°
木材	12°	70°

（2）顶角 2ϕ。顶角又称锋角，它是两条主切削刃在与其平行且通过钻心的平面上投影间的夹角。顶角 2ϕ 的大小，会直接影响主切削刃上轴向力的大小，其可根据加工材料的软硬合理选择，见表 1-23。其中，标准麻花钻头的顶角 2ϕ 为 118°±2°，这时的主切削刃呈直线形。

（3）横刃斜角 ψ。横刃斜角是横刃与主切削刃在钻头端面内投影间的夹角。横刃斜角是在钻头刃磨时由于钻心直径的影响而自然形成，其大小与钻头后角和顶角的大小有关。后角刃磨正确，标准麻花钻头的横刃斜角 ψ 为 50°～55°。

3. 标准麻花钻头的刃磨

（1）刃磨目的。一是将用钝的钻头经过刃磨，恢复其锋利的切削性能；二是使严重磨损或折断钻头的切削部分，恢复正确的几何形状和角度；三是针对标准麻花钻头结构上的缺点，进行修磨改进。

（2）刃磨要求。

1）后角 α_0、顶角 2ϕ 和横刃斜角 ψ 的选择要合适。钻削不同硬度的材料时，后角、顶角的选择见表1-23。

2）两条主切削刃的长度要相等且对称。

3）两后刀面要圆润光滑。

（3）刃磨方法。在砂轮机上刃磨钻头时，右手握持钻头前端，大拇指在上，其余四指在下，左手捏住钻柄。将钻头主切削刃摆在与砂轮片外圆面呈1/2顶角的水平位置（接触点可略高于砂轮片轴心线），在轻加压力触及砂轮片的同时，右手进行绕钻头轴心线的转动，左手进行向下做扇形摆动，两手协调配合，直至磨完后刀面，形成后角。然后，再重复上述过程，磨好一面后，再磨另一面。也可两面交替进行，直至刃磨出符合要求的后角、顶角和横刃斜角为止，如图1-158所示。

（4）刃磨要领。钻刃水平轮面靠，钻体左斜出顶角，由刃向背磨后面，上下摆动尾别翘。

4. 刃磨注意事项

（1）刃磨时触及砂轮片的压力要适当，动作要平稳，接触位置要合适（略高于砂轮片水平中心线）。

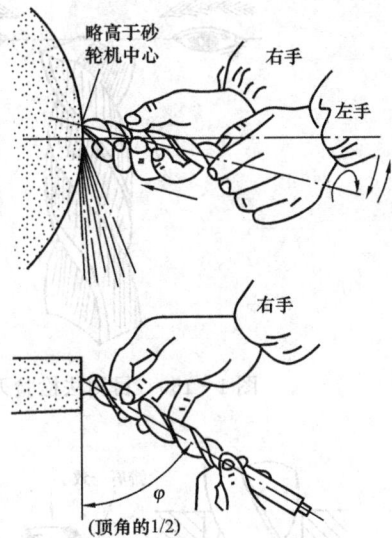

图1-158 刃磨钻头

（2）钻头转动和摆动的速度要平稳，两手动作的配合要协调。摆动幅度的大小应根据所需要的后角及钻头直径决定。

（3）刃磨时要适当蘸水冷却刃磨部位，以防钻头的切削刃过热退火。

5. 刃磨质量检验

（1）目测法。将刃磨后的钻头竖立于眼前平视，反复翻转180°，观察两条主切削刃是否对称，以消除由于两条主切削刃一前一后而产生的视觉误差（总感到左刃高、右刃低）。若每次观察的结果相同，则可判断两主切削刃是对称的；钻头外缘处的后角可由目测后刀面的倾斜情况来判断；顶角和横刃斜角均可通过目测判断正确与否。但这种方法要凭经验，准确性会因人而异，如图1-159所示。

（2）样板法。用专门制作的角度样板进行顶角、后角、横刃斜角，以及主切削刃对称性的检验，如图1-160所示。

（3）试钻法。将刃磨后的钻头安装到钻床上，找一废旧材料进行钻孔试验。根据能否正常钻削，形成与排出切屑，以及孔径的大小等情况，来判断刃磨钻头的质量，如图1-161所示。

6. 标准麻花钻头的缺点

（1）横刃较长，横刃处的前角为负值，在切削中横刃处于挤刮状态，会产生很大的轴向力，易使钻头抖动，定心不稳。

（2）主切削刃上各点前角的大小不一，导致各点的切削性能不同，靠近钻心处的切削性能是最差的。而主切削刃外缘处的前角最大，刀齿最薄弱，切削速度又最高，故此处的磨损较为严重。

图 1-159　目测法检验刃磨钻头　　图 1-160　样板法检验刃磨钻头

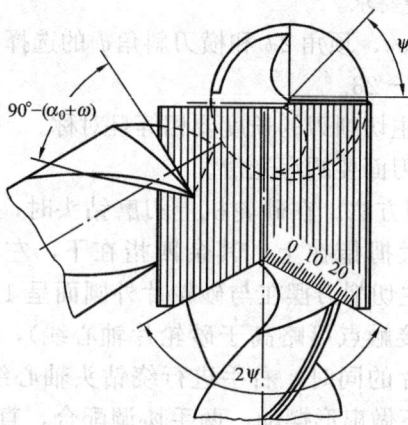

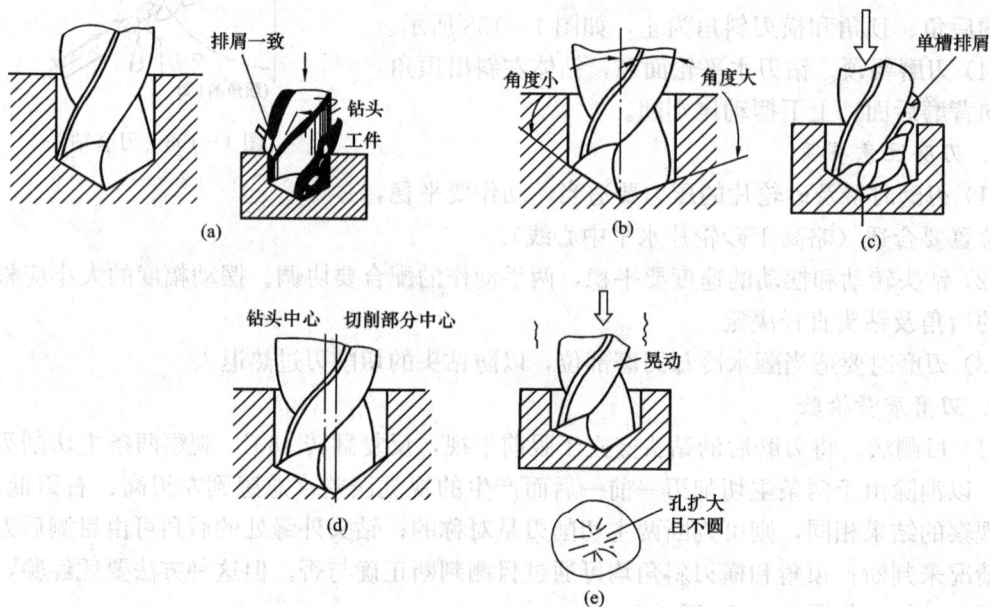

图 1-161　试钻法检验钻头的刃磨情况

(a) 刃磨正确；(b) 顶角不对称；(c) 孔径扩大；(d) 两主切削刃长度不等；(e) 晃动

(3) 钻头棱边与孔壁间的摩擦较严重，容易使钻头发热和磨损。

7. 标准麻花钻头的修磨

针对标准麻花钻头的缺点，对钻头进行适当的修磨，可大大提高切削性能。通常修磨的主要内容和方法如下：

(1) 修磨横刃。修磨横刃为提高钻头的定心作用，减小钻心处的轴向抗力和挤刮现象，改善钻心处的切削性能，一般直径在 5mm 以上的钻头都可进行横刃修磨，使横刃变短为原长的 1/5～1/3。修磨时使钻头与砂轮片侧面呈 15°角（向左偏），并与砂轮中心面呈 55°角。刃磨时钻头刃背与砂轮片圆角接触，然后转动钻头使磨削点由外缘逐渐向钻心处移动，直至磨出内刃前面。一侧磨好后，再磨另一侧，如图 1-162 所示。

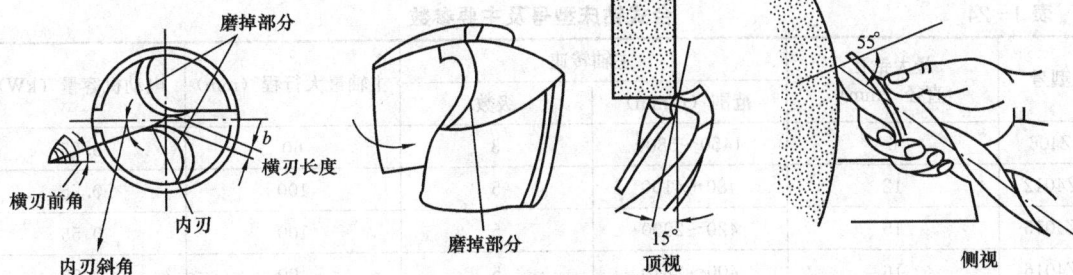

图 1-162 修磨横刃

（2）修磨前刀面。将钻头主切削刃外缘处的前刀面磨去一小块，使此处的前角变小，以提高切削刃的强度，进而延长钻头的使用寿命；对于软材料加工时，可将靠近钻心处的前角磨大，以增强此处刀口的锋利，如图 1-163 所示。

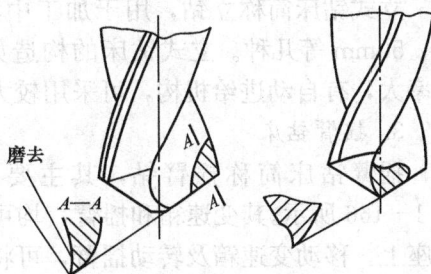

图 1-163 修磨前刀面

三、钻孔机具

钳工常用的钻孔机具有台式钻床、立式钻床、摇臂钻床、手电钻等。

钻床的型号用汉语拼音字母 Z+组、系代号+主参数表示。如 Z4016 型钻床，Z 表示钻床类，40 表示台式，16 表示最大钻孔直径为 16mm。

1. 台式钻床

台式钻床简称台钻，是放置在台案上的一种小型钻床，如图 1-164 所示。

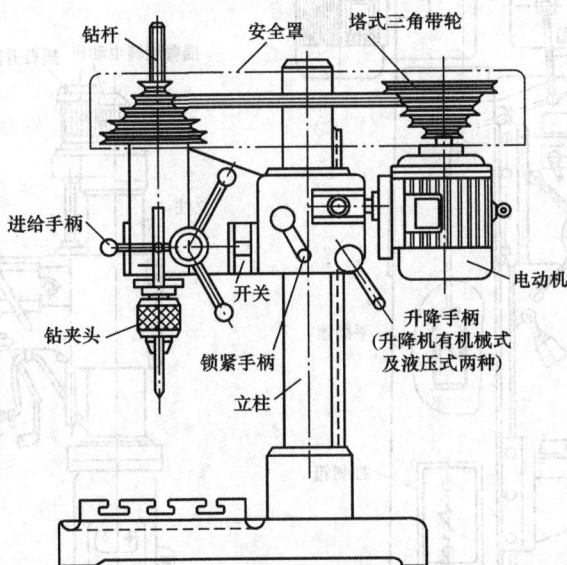

图 1-164 台式钻床

台钻主要用于加工小型工件上小尺寸的孔，其规格有 12、13、15、16、20mm 等。台钻的结构简单、操作方便，是钳工装配和修理工作中常用的设备。常见台钻型号及主要参数，见表 1-24。

表 1-24　　　　　　　　　　　台式钻床型号及主要参数

型号	最大钻孔直径（mm）	主轴转速		主轴最大行程（mm）	电动机容量（kW）
		范围（r/min）	级数		
Z406	6	1450～5800	3	60	0.25
Z4012	12	480～4100	5	100	0.55
Z4015	15	420～2900	5	100	0.55
Z4016	16	400～2340	5	100	0.55

2. 立式钻床

立式钻床简称立钻，用于加工中型工件上中等尺寸的孔，其最大钻孔直径有 25、35、40、50mm 等几种。立式钻床的构造如图 1-165 所示。立钻与台钻相比，立钻的刚性好，功率大，有自动进给机构，可采用较大的切削量，生产效率较高，加工精度也较高。

3. 摇臂钻床

摇臂钻床简称摇臂钻，其主要用于大中型工件的孔系加工。摇臂钻床的构造如图 1-166 所示。其变速箱和摇臂，均可做较大范围的移动和转动；工件可以固定在工作台或底座上。移动变速箱及转动摇臂，可将主轴中心对准孔的中心位置。因此，摇臂钻床的加工范围大，比立钻应用更方便。

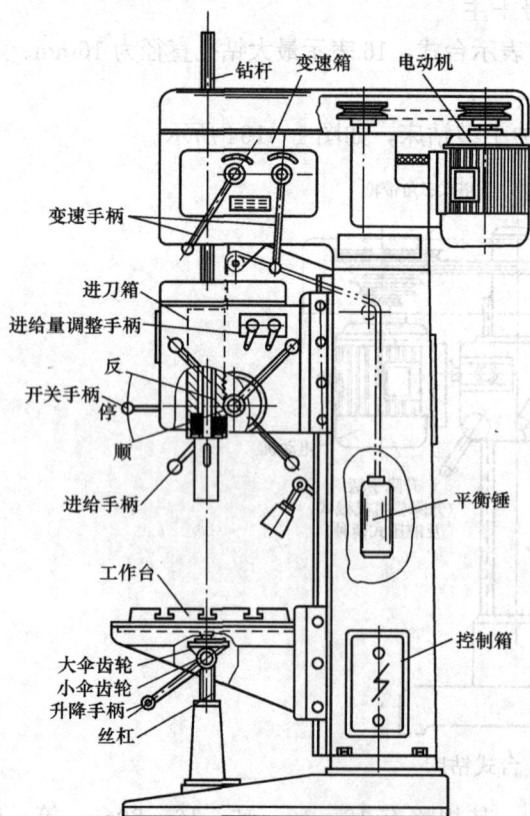

图 1-165　立式钻床　　　　　　　图 1-166　摇臂钻床

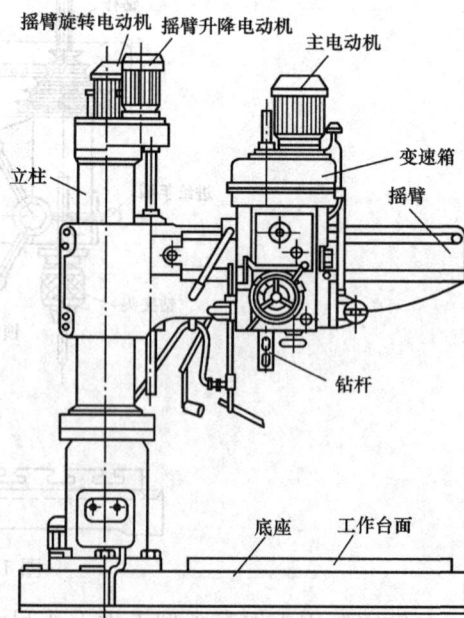

4. 手电钻

手电钻是一种用于小孔加工，并直接用手控制操作的电动工具。手电钻携带方便、操作简单、使用灵活，常用在不便于使用钻床钻孔的场合。

手电钻有 JIZ 系列单相（电压 220V，钻孔直径有 6、10、13、19mm）和 JIZ 系列三相（电压 380V，钻孔直径有 13、19、23mm），共两种，主要由电动机和两级减速器齿轮组成，如图 1-167 所示。

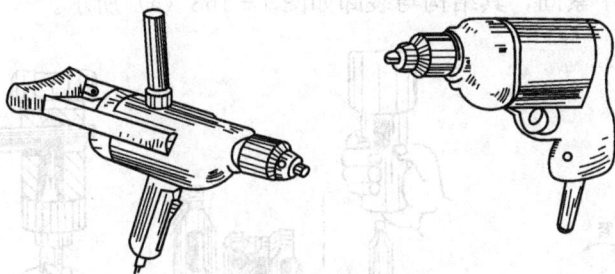

图 1-167 手电钻

手电钻使用时必须注意安全，要戴好绝缘手套，穿好绝缘鞋或站在绝缘板上。钻孔时的用力大小要适当，进给速度要平稳，操作控制要准确。

5. 台式钻床的使用

（1）钻床启停：先合上电源开关，再按下钻床电源启动（绿色）或停止（红色）按钮即可进行钻床的启动与停止操作。

（2）主轴变速：通过调整三角皮带在电机和主轴塔轮槽上的不同位置，即可获得 5 种不同的主轴转速，但每挡转速的大小，会因机型的不同各有所异。

（3）主轴进给：通过逆时针或顺时针扳转进给操作手柄，即可进行主轴向下或向上的轴向移动。

（4）头架升降：当钻头与工件间的距离过大或过小时，可进行钻床头架的升降调整。对于有升降机构的台钻，可先松开头架的锁紧装置，摇动头架升降手柄，调整到合适位置，再将锁紧装置固定即可；对于没有升降机构的，可先在钻床的工作台上放一支撑物，然后使主轴下移至支撑物，再继续扳转进给手柄，进而使头架往上抬起，达到合适高度后，再将立柱上的锁紧装置重新紧固好即可。

四、钻孔方法

钳工钻孔的方法与生产规模的大小有关。常用的钻孔方法有划线钻孔、配钻钻孔和模具钻孔。对于单件或小批量生产时，通常采用钳工划线钻孔方法来完成孔的加工。但该项操作能否保证钻孔位置的正确性，将与操作人员钻孔的技术水平有关。下面介绍利用台式钻床进行划线钻孔的方法。

1. 工件划线

（1）根据图样及工件要求，在工件上待钻孔的部位，划出孔的十字中心线，并打上中心样冲眼。

（2）按孔的直径划圆。对于孔径较大的情况，可同时划出几个直径不等的检查圆（或方框线）。

（3）检查划线的正确性。检查无误后，将中心冲眼加大。

2. 选择钻头及装夹

根据钻孔直径的大小，选择与孔径相等直径的钻头，并根据钻头直径的大小（小于或大于 13mm），再选择相应的钻头夹具。

钻头是通过专用工具钻夹头或钻套，与钻床主轴的锥孔相连接。

钻夹头用来夹持直柄钻头。安装时先将钻夹头的夹爪松开，待钻头装入夹爪后，再旋紧夹爪，并用钻夹头扳手紧固，其结构与装卸如图 1-168（a）所示。

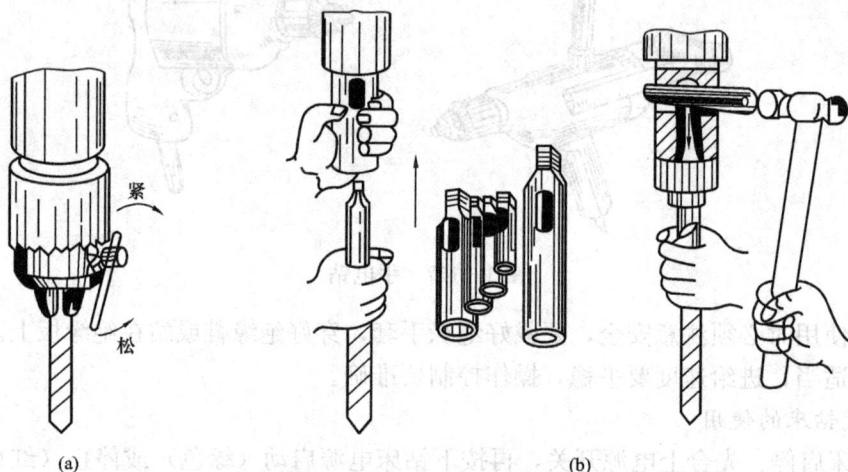

图 1-168 装卸钻头
(a) 装卸直柄钻头；(b) 装卸锥柄钻头

锥柄钻头有些可直接装夹在钻床主轴的锥孔内。但对于钻头锥柄尺寸较小，而钻床主轴锥孔较大时，可借助钻套过渡后装夹，见表 1-25。待锥柄钻头装好后，再将钻头下移至一垫块，并用力下压进给手柄将钻头紧固。锥柄钻头的装卸方法，如图 1-168 (b) 所示。

表 1-25　　　　　　　　　　　钻套规格及使用

钻套	内锥孔	外锥孔	适用钻头直径（mm）
1 号	1 号莫氏锥度	2 号莫氏锥度	15.5 及以下
2 号	2 号莫氏锥度	3 号莫氏锥度	15.6~23.5
3 号	3 号莫氏锥度	4 号莫氏锥度	23.6~32.5
4 号	4 号莫氏锥度	5 号莫氏锥度	32.6~49.5
5 号	5 号莫氏锥度	6 号莫氏锥度	49.6~65

3. 工件夹持

钻孔前应根据工件的形状、材料软硬、钻头直径大小等情况，合理选用工件的夹具，以确保钻孔质量及操作的安全。工件的装夹要牢固可靠，但又不能将工件夹得过紧而损伤工件或使工件变形影响钻孔质量。常用的工件夹具和夹持方法如图 1-169 所示。

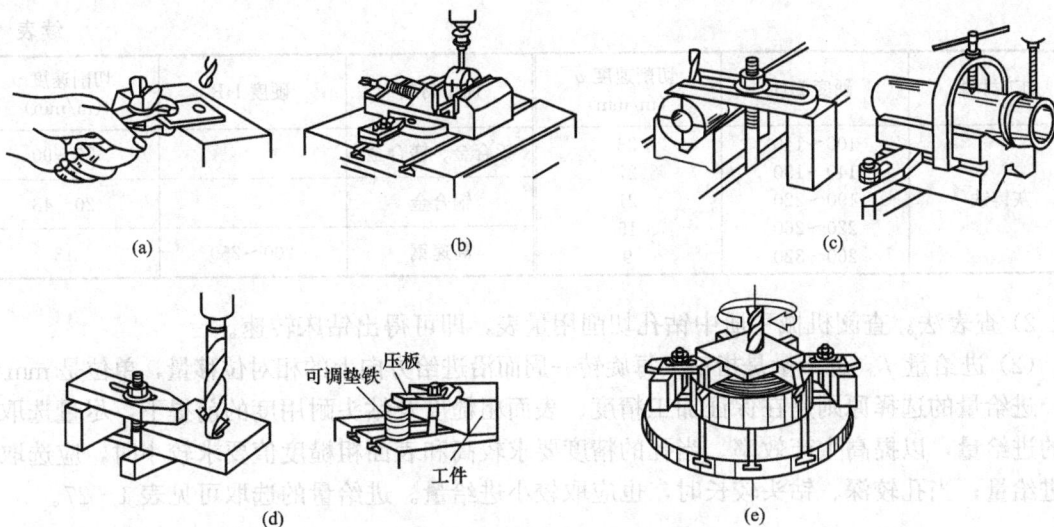

图 1-169 钻孔常用的工件夹具和夹持方法
(a) 用手握持工件；(b) 用平口钳夹持工件；
(c) 用 V 形架配压板夹持工件；(d) 用压板夹持工件；(e) 用钻床夹具夹持工件

4. 钻床转速和进给量的选择

钻床主轴转速（即钻床转速）和进给量属于切削用量范畴（切削用量包括切削速度、进给量和切削深度三要素）。

(1) 钻床转速 n。钻头每分钟绕其轴心线旋转的圈数称为钻床转速。它的确定方法如下：

1) 公式法。

$$n = \frac{1000v}{\pi D}$$

式中　　n——钻床转速，r/min；

v——切削速度（是刀具切削刃上的某一点相对于待加工表面在主运动方向上的瞬时速度），m/min，可通过查表 1-26 获得；

D——钻头直径，mm。

表 1-26　　　　　　　　　高速钢标准麻花钻头的切削速度

加工材料	硬度 HB	切削速度 v (m/min)	加工材料	硬度 HB	切削速度 v (m/min)
低碳钢	100~125 125~175 175~225	27 24 21	可锻铸铁	110~160 160~200 200~240 240~280	42 25 20 12
中、高碳钢	125~175 175~225 225~275 275~325	22 20 18 15	球墨铸铁	140~190 190~225 225~260 260~300	30 21 17 12
合金钢	175~225 225~275 275~325 325~375	18 15 12 10	铸钢	低碳 中碳 高碳	24 18~24 15

加工材料	硬度 HB	切削速度 v (m/min)	加工材料	硬度 HB	切削速度 v (m/min)
灰铸铁	100～140	33	铝合金、镁合金		75～90
	140～190	27	铜合金		20～48
	190～220	21	高速钢	200～250	13
	220～260	15			
	260～320	9			

2）查表法。查阅机械手册中钻孔切削用量表，即可得出钻床转速。

（2）进给量 f。进给量是指钻头每旋转一周而沿进给方向上的相对位移量，单位是 mm/r。

进给量的选择原则是在保证加工精度、表面粗糙度及钻头耐用度的前提下，尽量选取较大的进给量，以提高生产效率。当孔的精度要求较高和表面粗糙度值要求较小时，应选取较小进给量；当孔较深、钻头较长时，也应取较小进给量。进给量的选取可见表1-27。

表1-27　　　　　　　　　　　　高速钢标准麻花钻头的进给量

钻头直径 D（mm）	＜3	3～6	6～12	12～25	＞25
进给量（mm/r）	0.025～0.05	0.05～0.10	0.10～0.18	0.18～0.38	0.38～0.62

[例1-1]　已知在厚度为10mm的低碳钢（HB＝200）板材工件上，钻削一直径为 ϕ16 的孔，试确定 Z4016 型钻床的转速和进给量。

解　根据已知条件，钻头直径 $D＝16$mm，低碳钢板材 HB＝200，经查表得知切削速度 $v＝21$m/min，则钻床转速 $n＝\dfrac{1000v}{\pi D}＝\dfrac{1000\times 21}{3.14\times 16}＝418$r/min，故取钻床上 400r/min 转速挡。

根据钻头直径 $D＝16$mm，通过查表1-27得知进给量 $f＝0.18～0.38$mm。

5. 钻孔操作

（1）找正。先将钻头下移至工件，并使钻头顶尖（钻心尖）对准孔中心的冲眼。要前后、左右两个方向观察均对准后方可。

（2）试钻。找正无误后，启动钻床进行试钻孔。先钻一浅坑（约为孔径的1/4），然后停机抬起钻头，观察与判断所钻浅坑圆与所划孔径圆的同心度情况。若二圆同心，说明试钻成功；若二圆不同心，说明发生偏心现象，可通过下述方法进行纠正，以使二圆同心。

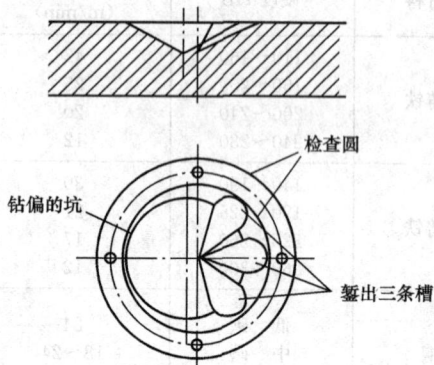

1）当试钻偏心时，可用尖錾或样冲将偏心处多余部分材料剔去或开几条小槽，按正确位置冲眼后再重新找正和试钻，如图1-170所示。

2）对于钻通孔且要求两侧同时划线的工件试钻偏心时，可将工件翻转180°从另一侧开始试钻。

3）根据试钻浅坑偏心程度的大小，可将工件适当倾斜一定角度重新夹持（或者将工件夹具的偏心侧适当垫高）后继续试钻。由于工件表面处于倾斜位置，那么钻头在继续试钻时就会向低处偏移。这样，新试钻浅坑的中心就会逐渐恢复到原来的中心

图1-170　孔钻偏时的纠正

位置。然后，在适时将工件调回到水平位置继续进行钻孔，即可达到纠正的目的。这种方法使用时，需根据试钻浅坑圆偏斜程度的大小，来适当控制工件倾斜或垫高的多少。若一次纠正不好，可继续重复上述过程。

4）若钻出的浅坑不深、且偏心度较小、同时钻头直径也较大，可用手在无进给量钻削的情况下，用适当的力将工件向纠正方向推移，以使偏心后的多余部分材料被钻掉，之后再按正确位置继续钻孔，进而达到纠正的目的。但这种方法不易掌握，如果推力控制不当的话，容易折断钻头。

上述纠正方法，可根据试钻时的具体情况，灵活采用。但无论采用哪种纠正方法，都必须在试钻的浅坑直径未达到钻孔直径前完成纠正工作，以保证孔的位置正确。

（3）进给操作。当试钻、找正及纠正均无误后，便可进行继续钻孔操作。进给操作时的注意事项如下：

1）进给量的大小，应根据钻头直径的大小和工件材料的软硬来合理控制，进给速度要平稳。否则，易造成钻头弯曲及折断、孔径歪斜、孔表面粗糙等不良现象。

2）钻小孔或深孔时，要及时退出钻头进行排屑。一般每当钻深达到孔径的3倍时，就应退出钻头排屑一次。这样可避免因切屑堵塞，而使钻孔阻力加大，以及折断钻头现象的发生。

3）当控制进给手柄的手上感觉进给阻力突然减小时，这说明孔将要钻穿。此时，要及时减小进给量，以避免在钻穿的瞬间钻头被卡住或折断，或者出现工件随夹具快速旋转而发生危险。

（4）冷却润滑液选用。钻头在切削过程中，由于高速摩擦会产生大量的切削热，同时又由于散热条件很差，会使钻头的温度迅速升高，易造成钻头切削刃的损坏及退火，从而降低或失去切削性能。所以，钻孔时应及时向钻头的工作部分输入冷却润滑液，以降低钻头温度，进而保证钻头良好的切削性能、延长使用寿命。同时，冷却润滑液还能冲走切屑、润滑孔壁、提高钻孔质量和工作效率。冷却润滑液在使用时，应根据钻孔工件材料的软硬进行合理选择，见表1-28。

表1-28	钻孔冷却润滑液选择
钻孔工件材料	冷却润滑液
各类结构钢	3%～5%乳化液或7%硫化乳化液
不锈钢、耐热钢	3%肥皂加2%亚麻油水溶液或硫化切削油
铸铁	不用或5%～8%乳化液或煤油
紫铜、黄铜、青铜	不用或5%～8%乳化液
铝及铝合金	不用或5%～8%乳化液或煤油
有机玻璃	5%～8%乳化液或煤油

6. 钻孔实例

（1）钻半圆孔。钻半圆孔时，可用两件或同样材料、厚度的物体与工件合在一起，以两件的结合面为孔的中心平面，在需要位置钻孔后，再将两件分开即可得到半圆孔，如图1-171所示。

（2）钻不通孔。不通孔也称盲孔。钻不通孔时，孔的深度可利用钻床上的深度标尺来进行控制，并通过测量来检验钻孔的深度尺寸是否正确。

（3）钻薄板孔。用标准麻花钻头在薄板上钻孔时，钻头易失去定心控制而孔呈多角形。若进给量偏大时，还会出现扎刀、工件振动、折断钻头等现象。因此，在薄板上钻孔时，应将钻头刃磨成三尖钻，即薄板钻头。工作时钻心尖先切入工件定心，而后另两个锋利的外尖再进行切削，直至把中间的圆片切离。薄板钻头的刃磨形状及使用，如图 1 - 172 所示。

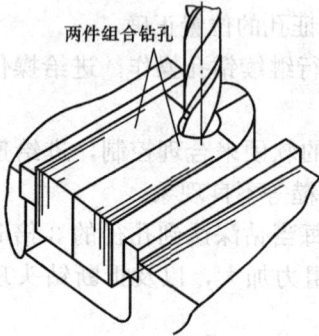

图 1 - 171　钻半圆孔

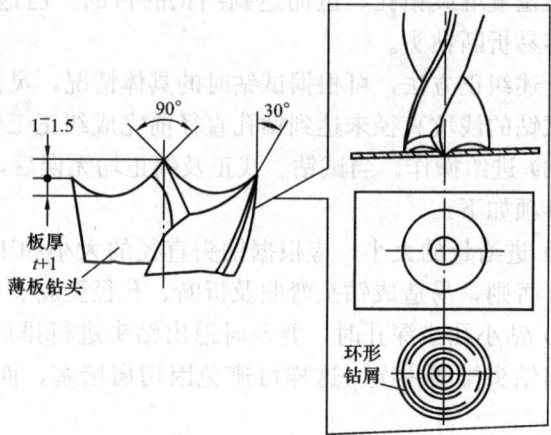

图 1 - 172　钻薄板孔

（4）在圆柱形工件上钻孔。在圆柱形工件上钻孔，尤其对精度要求较高时，可将工件放置在 V 形铁上进行。钻孔前，先将 V 形铁用定心工具找正，对好中心位置后再放置工件，并用直角尺校对孔中心的垂直情况，然后进行钻孔，如图 1 - 173 所示。

（5）钻削孔距有精度要求的平行孔。有些工件上需要钻削出孔距有精度要求的平行孔，如要钻削 d_1 和 d_2 两孔，其中心距为 L。钻孔方法：先按划线先钻出 d_1 孔，若孔距要求较高，还可用铰刀铰孔；然后，用与孔径 d_1 相配合的圆柱销插入孔中，在将另一圆柱销 d_3 安装在钻夹头上。这时，可用游标卡尺或千分尺测量控制距离 L_1（$L_1 = L + 1/2d_1 + 1/2d_3$），就能保证 L 的尺寸要求。孔距校正好后把工件压紧，再装夹上需要的钻头，钻削出 d_2 孔。此法钻削出的孔中心距精度能控制在 ±0.1mm 以内，如图 1 - 174 所示。

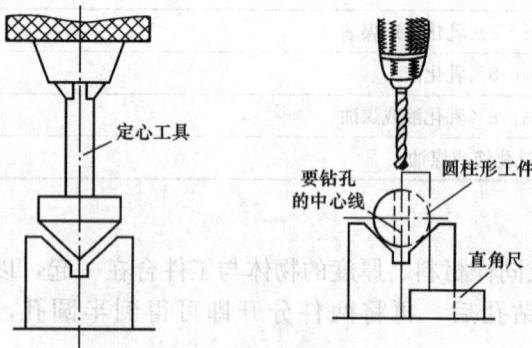

图 1 - 173　圆柱形工件钻孔方法

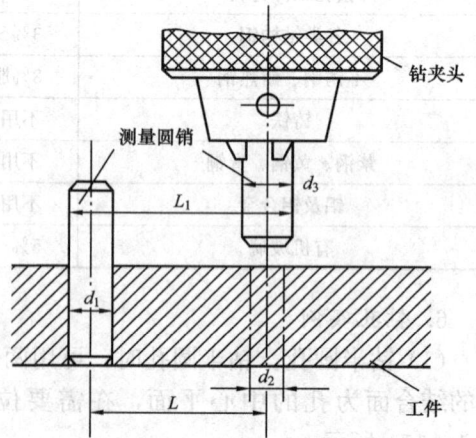

图 1 - 174　钻孔距有精度要求的平行孔

五、 钻孔产生废品的形式、原因及预防方法

钻孔时由于钻头刃磨质量不好，切削用量选择不合理，工件夹持不当等原因，常出现钻孔废品，其废品的形式、原因及预防方法见表1-29。

表1-29   钻孔产生废品的形式、原因及预防方法

废品形式	产生原因	预防方法
孔径变大	1. 钻头两主切削刃不对称； 2. 钻头摆动（钻头弯曲、主轴摆动、钻头夹具精度低）	1. 正确刃磨钻头； 2. 更换钻头、修理主轴、消除摆动、修理或更换钻头夹具
孔壁粗糙	1. 钻头不锋利或后角太大； 2. 进给量太大； 3. 冷却润滑不足、冷却润滑液性能差	1. 钻头修磨锋利或减小后角； 2. 减小进给量； 3. 及时输入并正确选择冷却润滑液
孔位偏移	1. 工件划线不正确； 2. 钻头横刃太长定心不稳； 3. 试钻偏移后，没有纠正好	1. 按图正确划线，并认真检查； 2. 修磨横刃； 3. 试钻偏移后，及时做好纠正
孔径歪斜	1. 工件钻孔端面与钻头轴线不垂直； 2. 钻床主轴与工作台面不垂直； 3. 工件装夹不稳，钻孔中工件倾斜； 4. 进给量过大，使钻头弯曲变形	1. 工件夹持时，检查与钻头的垂直度； 2. 校正钻床主轴与台面的垂直度； 3. 工件装夹要牢固可靠； 4. 合理控制进给量
孔呈多角形	1. 钻头后角太大； 2. 钻头两主切削刃不对称	1. 正确刃磨钻头后角； 2. 正确刃磨主切削刃及顶角

六、 钻头损坏的形式、 原因及预防方法

钻头损坏的形式、原因与预防方法见表1-30。

表1-30   钻头损坏的形式、原因及预防方法

损坏形式	产生原因	防止方法
工作部分折断	1. 用钝钻头工作； 2. 转速太慢、进给量太大； 3. 切屑堵住螺旋槽； 4. 孔快钻透时进刀阻力增大，转速降低，进给量突然增大； 5. 工件松动； 6. 铸件内碰到缩孔	1. 刃磨钻头，使主切削刃锋利； 2. 合理提高转速，减小进给量； 3. 钻深孔时及时进行排屑； 4. 孔快钻透时，及时减小进给量； 5. 工件夹持要牢固； 6. 控制好进给量
切削刃迅速磨损	1. 切削速度过高； 2. 切削角与工件材料硬度不匹配； 3. 未使用冷却润滑液； 4. 工件材料太硬或遇到硬杂质	1. 合理选择切削速度； 2. 按材料硬度合理选择切削角； 3. 合理使用冷却润滑液； 4. 修磨钻头或更换工件材料

七、 钻床安全操作规程

（1）使用前检查工作场地（光线要充足）和钻床各部件的情况，确认安全可靠后方能操作。

（2）操作者穿好工作服、戴好工作帽、扎紧衣袖、系好衣扣，严禁戴手套操作。

（3）钻床工作台要保持清洁、无杂物。

（4）钻孔前必须用夹具夹紧工件，薄工件应加装垫块，禁止直接用手持物钻孔。

（5）钻出的切屑应用毛刷或铁钩清理，严禁用手或棉纱之类物品清理，更不能用嘴吹。

（6）装卸钻头时，应用钻夹头扳手或楔铁，禁止用其他工具敲打。

（7）变换转速、装夹工件、装卸钻头时，必须停车后再操作。

（8）钻削中发现工件不稳、钻头松动、进刀困难时，必须立即停车，检查并消除缺陷后，方可再启动钻床。

（9）钻削脆性金属（铸铁、铸铜）时，应戴防护眼镜，以防切屑飞出伤人。

（10）钻通孔时，工件底面应放垫块，以防钻坏工件夹具或钻床工作台。

（11）孔快钻透时，应及时减小进给量，以防损坏钻头或发生人身及设备事故。

（12）钻孔时要集中精力，禁止开玩笑。不准两个人同时操作，以防配合不当发生事故。

（13）钻床用完后，应及时切断电源，做好清洁及保养工作。

八、锪孔

用锪削方法加工平底或锥形沉孔的操作，称为锪孔。锪孔的目的是为了保证孔端面与孔中心线的垂直度，以使与孔连接零件的位置正确、连接可靠。锪孔的理论、操作与钻孔相似，只是刀具上有区别。锪削使用的刀具是锪钻，锪钻是多刃刀具，刀刃数为 6～12 个。

1. 锪钻及其应用

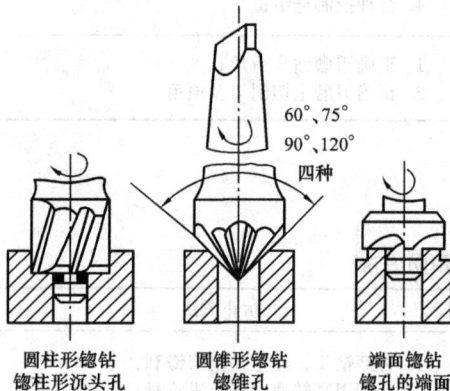

图 1-175　锪孔钻种类及应用

（1）柱形锪钻：锪削圆柱形沉头孔，用于圆柱形沉头螺钉（或铆钉）的连接。

（2）锥形锪钻：锪削圆锥形沉头孔，用于圆锥形沉头螺钉（或铆钉）的连接、孔口的倒角。这种锪钻的顶角有 60°、75°、90°和 120°四种，其中 90°和 120°较多用。

（3）端面锪钻：锪孔凸台平面，用于螺母或铆钉连接的支撑平面，如图 1-175 所示。

（4）麻花钻改制的锪钻：标准锪钻虽有多种规格，但其造价均较高。从经济角度考虑，在小批量或单件加工中，可使用麻花钻头改制的锪钻，如图 1-176 和图 1-177 所示。

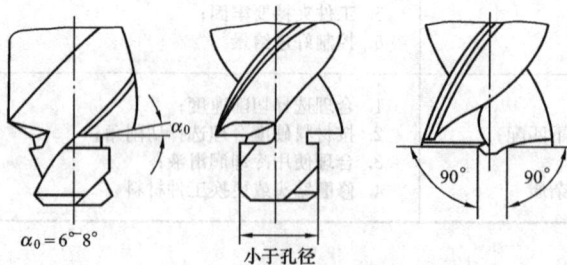

图 1-176　麻花钻改制的柱形锪钻

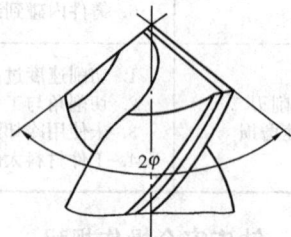

图 1-177　麻花钻改制的锥形锪钻

2. 锪孔方法及注意事项

锪孔方法及操作与钻孔基本相同，但锪孔时刀具容易发生振动，特别是使用麻花钻头改制的锪钻时，易在所锪表面产生振痕，影响锪孔质量。因此，在锪孔时应注意以下几点：

(1) 锪孔时钻床的转速应为钻孔时的 1/3～1/2，并采用手动进给操作。精锪时可利用停车后主轴的惯性锪孔，以减小振动从而获得光滑的加工表面。

(2) 使用标准锪钻锪孔时，由于锪钻的切削刃数较多，故其进给量可控制在钻孔时的 2～3 倍。

(3) 锪削钢件时，导柱与切削表面应加适量机油或黄油润滑。

(4) 尽量用较短的麻花钻头改制锪钻，刃磨钻头的后角应小些（$\alpha = 6°～9°$），以防止孔呈多角形。并注意修磨钻头的前刀面，使前角减小，以防止产生扎刀或振动现象。

(5) 工件的装夹方法要正确，要牢固可靠。

3. 锪孔时常见的缺陷、产生原因及预防方法

锪孔时，常见的缺陷、产生原因及预防方法见表 1-31。

表 1-31 锪孔时常见的缺陷、产生原因及预防方法

缺陷形式	主要原因	预防方法
锥孔、柱孔面呈波浪面	1. 前角太大； 2. 钻床转速太高； 3. 工件夹持不牢； 4. 切削刃不对称	1. 修磨前角； 2. 降低钻床转速； 3. 重新夹紧工件； 4. 正确刃磨
平面呈凸凹面	刃磨角度不正确	正确刃磨
表面粗糙度不合格	1. 刃磨角度不正确； 2. 钢件未用润滑液； 3. 钻头磨损	1. 正确刃磨； 2. 加适量润滑油； 3. 重新刃磨

【任务准备】

(1) 工件：六角螺母毛坯 2 个（由锉削任务转来）。

(2) 工具：ϕ10.2mm 麻花钻头、120°角锪孔钻或经改制的（ϕ14mm）麻花钻头、钢直尺、游标卡尺、游标高度尺、划线平板、划针、划规、样冲等。

(3) 检查：检查钻床电源、开关等部件的完好性、安全性。

【任务实施】

(1) 先根据工件图尺寸及技术要求，在六角螺母毛坯件上划出孔的 ϕ10.2mm 加工线，经检查无误后打中心样冲眼（可大些）。

(2) 检查所用台式钻床及电源开关的完好性。

(3) 将已选择好的 ϕ10.2mm 钻头，借助钻夹头安装到钻床主轴上，并用钻夹头扳手紧固。

(4) 依据工件材料（Q235）与钻头直径（ϕ10.2mm），合理确定钻床转速。

(5) 将工件水平放置，牢固的夹持在平口虎钳上。

(6) 下移钻头至工件表面进行找正，使钻头中心与孔中心重合。

(7) 启动钻床，待转速平稳后，下移钻头至工件，试钻一浅坑后停止钻床转动。

(8) 观察与判断试钻的情况。当发现所钻的浅坑圆中心偏离孔中心时，要采用适当方法进行纠正。

(9) 经试钻及纠正，确认孔中心无偏离现象后，按照 0.1～0.18mm 的进给量，进行钻孔操作。注意当孔快钻通时，要及时减小进给量，直至孔钻通为止。

(10) 六角螺母底孔钻完后，再用锪孔钻或改制的麻花钻头进行锪孔操作，对孔口倒角。

【任务考核】

钻孔及锪孔任务的考核内容见表 1-32。

表 1 - 32　　　　　　　　　　**钻孔及锪孔任务考核评分表**

序号	考核项目	考核要求	考核标准	配分	学生自查	教师检查	得分
1	孔径（2 个）	φ10.2	超差不得分	3×2			
2	孔对称度（2 个）	≡ 0.5 B	超差不得分	15×2			
3	孔垂直度（2 个）	⊥ 0.2 C	超差不得分	5×2			
4	孔表面粗糙度（2 个）	Ra12.5μm	超差不得分	2×2			
5	孔口倒角（2 个）	φ12×120°（2 处）	超差不得分	10×2			
6	操作过程	工件夹持方法正确	按现场考核	5			
7		姿势正确动作协调	按现场考核	10			
8		工具定位摆放整齐	按按现场考	5			
9		钻孔操作步骤正确	按现场考核	10			
10		安全文明操作	酌情扣总分				
11	合计			100			

任务八　攻螺纹与套螺纹

【教学目标】

了解攻螺纹与套螺纹的基本概念、应用范围；了解攻螺纹与套螺纹的工具、使用方法；掌握攻螺纹前底孔直径的确定方法，以及套螺纹前圆杆直径的确定方法；掌握攻螺纹与套螺纹的操作方法、动作要领；能利用攻螺纹与套螺纹的工具进行加工操作；了解攻螺纹、套螺纹产生废品的原因及防治方法；了解攻螺纹与套螺纹的安全操作技术。

【任务描述】

加工 2 个 M12 六角螺母的普通三角内螺纹和 1 根 M12 双头螺柱的普通三角外螺纹。

要求螺纹牙形完整，螺母与螺柱旋合后，互相垂直、松紧适当，如图 1 - 178 和图 1 - 179 所示。

知识学习、技能训练、工件加工等，共 6 课时。

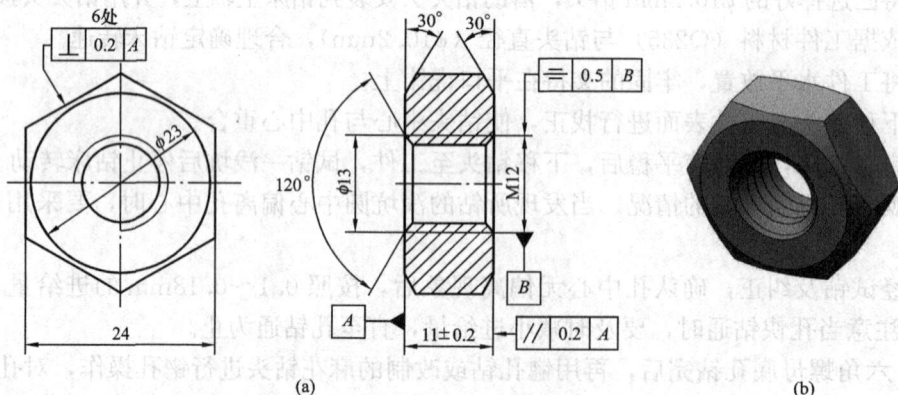

图 1 - 178　六角螺母
（a）工件图；（b）实物图

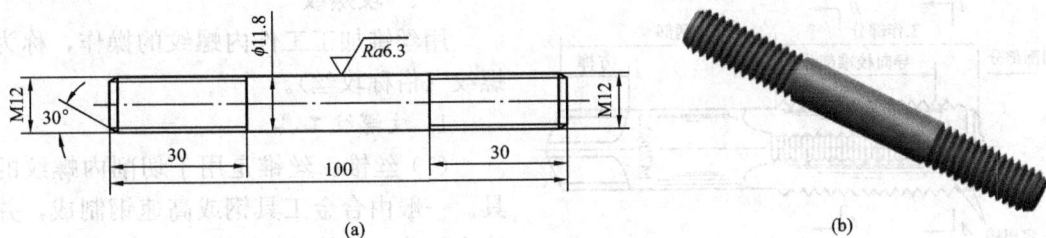

图 1-179 双头螺柱

(a) 工件图；(b) 实物图

📝【任务分析】

要完成六角螺母和双头螺柱的普通三角螺纹加工任务，首先需要了解与确定普通三角螺纹的加工方法，并熟悉工件加工的各项要求。对于普通三角螺纹的加工，在企业大批量生产中，可由机械化加工方法完成；而在单件或小批量生产中，通常采用手工加工的方法完成。

📖【相关知识】

在机械、电力、冶金、化工等行业使用的各种设备、仪器、仪表，以及生活用具中，广泛应用着螺纹连接和螺纹传动。攻螺纹与套螺纹是钳工加工螺纹常用的方法，单件小批量生产中可采用手动攻螺纹和套螺纹，大批量生产中则多采用机械攻螺纹和套螺纹。钳工加工的螺纹多为普通三角螺纹，作为连接构件使用。

螺纹的种类很多，有标准螺纹、特殊螺纹和非标准螺纹，其中标准螺纹最为常用。标准螺纹分为普通螺纹、管螺纹、梯形螺纹和锯齿形螺纹。普通螺纹又分为粗牙普通螺纹和细牙普通螺纹。

螺纹的要素有螺纹牙型、公称直径（螺纹大经 D 或 d）、螺距（P）、头数等参数。

普通螺纹代号表示方法如下：

粗牙普通螺纹用字母 M+公称直径（螺纹大径）表示，如 M20，表示公称直径为 20mm 的粗牙普通螺纹，其螺距为 2.5mm（查表 1-33 所得），可省略不标注。

细牙普通螺纹用字母 M+公称直径（螺纹大经）×螺距表示，如 M20×1.5，表示公称直径为 20mm，螺距为 1.5mm 的细牙普通螺纹。

表 1-33 普通螺纹的直径与螺距   mm

公称直径 D	螺距 P		公称直径 D	螺距 P	
	粗牙	细牙		粗牙	细牙
3	0.5	0.35	20	2.5	2.0，1.5，1.0
4	0.7	0.5	24	3.0	2.0，1.5，1.0
5	0.8	0.5	30	3.5	2.0，1.5，1.0
6	1.0	0.75	36	4.0	3.0，2.0，1.5
8	1.25	1.0，0.75	42	4.5	3.0，2.0，1.5
10	1.5	1.25，1.0，0.75	48	5.0	3.0，2.0，1.5
12	1.75	1.5，1.25，1.0	56	5.5	4.0，3.0，2.0，1.5
16	2.0	1.5，1.0	64	6.0	4.0，3.0，2.0，1.5

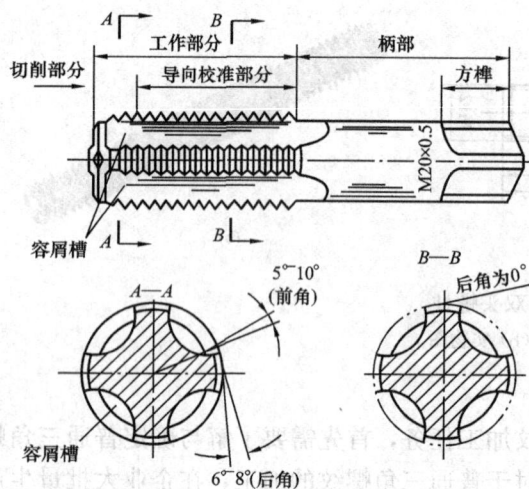

图 1-180 丝锥的构造

一、攻螺纹

用丝锥加工工件内螺纹的操作，称为攻螺纹（俗称攻丝）。

1. 攻螺纹工具

（1）丝锥。丝锥是用于切削内螺纹的工具。一般由合金工具钢或高速钢制成，并经淬火硬化，其构造如图 1-180 所示。

丝锥各部分的名称及作用如下：

1）切削部分。丝锥的切削部分呈圆锥形，丝锥沿轴向开有几条容屑槽，以形成锋利的切削刃，起主要切削作用。

2）校准部分。该部分有完整的牙型，其作用是修光和校准已切削出的螺纹，并引导丝锥沿轴向前进。

3）容屑槽。容屑槽有容纳、排除切屑和形成刀刃的作用。常用的丝锥上有 3～4 条容屑槽。

4）柄部。柄部尾端制成方榫形，用于传递力矩。

丝锥按使用方法分类有手用丝锥和机用丝锥两种。

手用丝锥有粗牙、细牙之分，由两支或三支组成一套。一般 M6～M24 的丝锥一套有两支，小于 M6 或大于 M24 以上的，一套有三支。

（2）铰杠。铰杠是用以夹持丝锥、铰刀的手动旋转工具，可分为普通铰杠和 T 形铰杠两类，每一类中又有固定式和可调式两种，如图 1-181 所示。其中，T 形铰杠适用于机体内和凸台旁的螺孔攻螺纹。

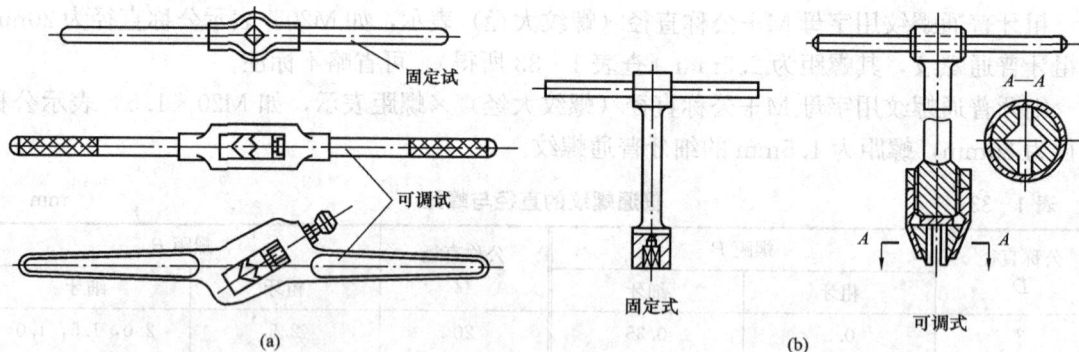

图 1-181 铰杠
(a) 普通铰杠；(b) T 形铰杠

铰杠的长度有一定的规格，应根据丝锥的大小合理选用，见表 1-34。

表 1-34 铰杠的长度选择 mm

丝锥规格	≤M6	M8～M10	M12～M14	M14～M16	≥M16
铰杠长度	150～200	200～250	250～300	300～350	350～450

2. 攻螺纹前底孔直径的确定

攻螺纹时，丝锥主要是用来切削金属，但同时也伴有对工件材料的挤压作用，使金属产生挤压变形。工件材料的塑性越好，挤压变形越显著。如果螺纹底孔直径太小，那么攻螺纹时，会因挤压变形而卡住丝锥，造成丝锥崩牙或折断；若螺纹底孔直径过大，又会造成螺纹牙型高度不够，降低强度。因此，攻螺纹前必须选择合适的螺纹底孔直径。通常可根据工件的材料性质和螺纹公称直径的大小，通过查表法或经验公式计算法来确定。

（1）查表法。常用普通螺纹钻削螺纹底孔所选择钻头的直径见表1-35。

表 1-35　　　　　　　　普通螺纹攻螺纹前钻底孔的钻头直径　　　　　　　　mm

螺纹公称直径 D	螺距 P	钻头直径 D		螺纹公称直径 D	螺距 P	钻头直径 D	
		铸铁、青铜、黄铜	钢、可锻铸铁、紫铜			铸铁、青铜、黄铜	钢、可锻铸铁、紫铜
2	0.4	1.6	1.6	14	2.0	11.8	12.0
	0.25	1.75	1.75		1.5	12.4	12.5
					1.0	12.9	13.0
2.5	0.45	2.05	2.05	16	2.0	13.8	14.0
	0.35	2.15	2.15		1.5	14.4	14.5
					1.0	14.9	15.0
3	0.5	2.5	2.5	18	2.5	15.3	15.5
	0.35	2.65	2.65		2.0	15.8	16.0
4	0.7	3.3	3.3		1.5	16.4	16.5
	0.5	3.5	3.5		1.0	16.9	17.0
5	0.8	4.1	4.2	20	2.5	17.3	17.5
	0.5	4.5	4.5		2.0	17.8	18.0
6	1.0	4.9	5.0		1.5	18.4	18.5
	0.75	5.2	5.2		1.0	18.9	19.0
8	1.25	6.6	6.7	22	2.5	19.3	19.5
	1.0	6.9	7.0		2.0	19.8	20.0
	0.75	7.1	7.2		1.5	20.4	20.5
10	1.5	8.4	8.5		1.0	20.9	21.0
	1.25	8.6	8.7	24	3.0	20.7	21.0
	1.0	8.9	9.0		2.0	21.8	22.0
	0.75	9.1	9.2		1.5	22.5	22.5
12	1.75	10.1	10.2		1.0	22.9	23.0
	1.5	10.4	10.5				
	1.25	10.6	10.7				
	1.0	10.9	11.0				

（2）经验公式计算法。

加工韧性材料　　　　　　　　　　$D_钻 = D - P$

加工脆性材料　　　　　　　$D_钻 = D - (1.05 \sim 1.1)P$

式中　$D_钻$——螺纹底孔钻头直径，mm；

　　　D——螺纹大径，mm；

　　　P——螺距，mm。

[例1-2]　分别在中碳钢和铸铁工件上攻M12的内螺纹，求攻螺纹底孔直径。

解 中碳钢属于韧性材料，经查表 1-35 知 M12 螺纹的粗牙螺距为 1.75mm，故攻 M12 内螺纹的底孔直径为 $D_{钻}=D-P=12-1.75=10.25$（mm），选择 $\phi 10.2$ 钻头钻底孔。

铸铁属于脆性材料，经查表 1-35 知 M12 螺纹的粗牙螺距为 1.75mm，故攻 M12 内螺纹的底孔直径为

$$D_{钻}=D-(1.05\sim 1.1)P=12-(1.05\sim 1.1)\times 1.75=10.16\sim 10.075（mm）$$

取平均值后，选择 $\phi 10.1$mm 钻头钻底孔。

3. 攻螺纹前底孔深度的确定

攻盲孔（不通孔）螺纹时，由于丝锥切削部分切不出完整的牙型，所以钻孔深度应超过所需要的螺孔深度。钻孔深度为

$$H_{钻}=h_{有效}+0.7D$$

式中 $H_{钻}$——钻孔深度，mm；

$h_{有效}$——螺纹孔有效深度，mm；

D——螺纹大径，mm。

[**例 1-3**] 攻 M12 盲孔（不通孔）内螺纹，需要螺纹孔有效深度为 45mm，求钻孔深度。

解 $H_{钻}=h_{有效}+0.7D=45+0.7\times 12=53.4$（mm）

故攻 M12 盲孔（不通孔）内螺纹，螺纹孔有效深度为 45mm 时的钻孔深度为 53.4mm。

4. 攻螺纹操作方法

（1）根据螺纹公称直径确定底孔直径后，选择钻头钻削底孔并对孔口倒角。

（2）根据丝锥大小选择合适的铰杠，并将丝锥（头锥）安装好。

（3）将丝锥切削部分垂直插入孔中，两手握住铰杠平稳的施加适当压力和旋转力矩进行起扣。也可一只手握住铰杠中部施加适当压力，另一只手握柄部施加旋转力矩进行起扣。起扣时其操作方法，如图 1-182（a）所示。

（4）当丝锥旋进工件内 1~2 牙时，要注意观看并检查丝锥的垂直情况，以防丝锥发生歪斜，如图 1-182（b）所示。

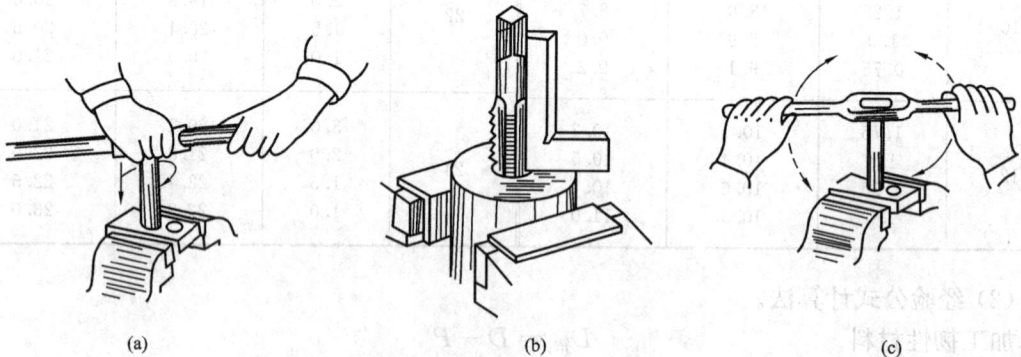

图 1-182 攻螺纹操作要领

(a) 起扣方法；(b) 起扣垂直度检查方法；(c) 攻螺纹操作方法

（5）当正确起扣结束（丝锥旋入工件 3~4 牙）后，两手不再施加压力，只用平衡均匀的旋转力扳动铰杠即可，如图 1-182（c）所示。并且每转动 1/2~1 圈后，倒转 1/4~1/2

圈，以使切屑碎断并及时排除，以防止切屑堵塞容屑槽，造成丝锥损坏及折断。尤其攻韧性材料、深孔及盲孔（不通孔）螺纹时，更要注意及时排屑。

头锥攻完后，按顺序换用二锥及三锥进行扩大及修光螺纹，如图 1-183 所示。

（6）在攻螺纹过程中，如感到很费力或发出"咯咯"的响声时，不可强行转动，应将丝锥倒转排除切屑，或用二锥攻削几圈，然后再用头锥继续攻削。

（7）为提高螺纹的表面质量，延长丝锥的使用寿命，减少孔壁与丝锥间的摩擦，在攻螺纹过程中，应该选用适当的冷却润滑液。一般在钢件上选用机油、乳化液或菜籽油；在铝合金或紫铜件上选用煤油；在铸铁件上不用或用煤油。

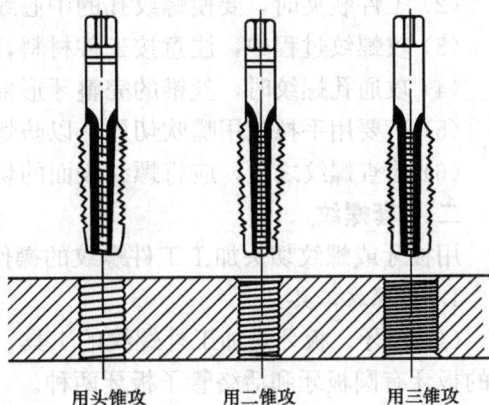

用头锥攻　　用二锥攻　　用三锥攻

图 1-183　丝锥的使用顺序

（8）攻完螺纹后，将丝锥反方向慢慢旋出即可。

5. 攻螺纹产生废品的类型、原因及预防方法

攻螺纹时常见的废品类型、产生原因及预防方法见表 1-36。

表 1-36　　　　　　　　　攻螺纹时常见的废品类型、产生原因及预防方法

废品类型	产生原因	预防方法
烂牙	1. 螺纹底孔直径太小，丝锥不易切入，孔口烂牙； 2. 换用二锥时与已切出的螺纹没有旋合好就强行再次攻螺纹； 3. 头锥攻螺纹时起扣位置不正确，用二锥时强行纠正； 4. 攻韧性材料时未加冷却润滑液或丝锥未及时倒转，而把已切出的螺纹啃伤； 5. 丝锥磨钝或刀刃粘有切屑； 6. 丝锥扳手掌握不稳发生摆动，尤其攻铜合金等强度低的材料时容易烂牙	1. 正确选择底孔钻头直径； 2. 换用二锥时，按已切出的螺纹位置正确旋合后再继续攻螺纹； 3. 注意头锥起扣的正确性，避免用二锥强行纠正； 4. 正确选择冷却润滑液并及时倒转丝锥，以切断、排除切屑； 5. 修磨、更换丝锥，清理刀刃切屑； 6. 正确掌握攻螺纹操作要领，平稳掌握攻丝扳手
滑牙	1. 攻盲孔（不通孔）螺纹时，丝锥已到底，仍继续扳转； 2. 在强度低的材料上攻较小螺纹时，丝锥起扣已完成，但仍继续施加压力	1. 根据盲孔（不通孔）深度，正确控制丝锥攻入深度； 2. 对强度低的韧性材料及小尺寸螺纹，丝锥起扣后，只加旋转力矩即可
螺孔歪斜	1. 丝锥与工件平面不垂直； 2. 攻螺纹时两手用力不均衡，倾向于一侧	1. 在起扣和攻入过程中，注意丝锥与工件的垂直度； 2. 攻螺纹过程中，注意调整好两手用力的均衡性
螺纹高度不够	1. 攻螺纹底孔直径太大； 2. 丝锥磨损	1. 正确选择底孔钻头直径； 2. 更换丝锥

6. 攻螺纹操作注意事项

（1）正确选择丝锥，先用头锥，后用二锥，不可颠倒顺序使用。

（2）工件装夹时，要使螺纹孔的中心线与钳口垂直，以防止螺纹歪斜。

（3）攻螺纹过程中，注意按工件材料，选用适当的冷却润滑液。

（4）攻通孔螺纹时，丝锥的完整牙形部分必须完全通过孔的全长，以防螺纹不完整。

（5）不要用手拉或用嘴吹切屑，以防切屑刺伤手指和飞入眼中。

（6）检查螺纹之前，应将螺纹表面的切屑及脏物擦净、去掉毛刺，以免影响螺纹质量。

二、套螺纹

用板牙或螺纹切头加工工件螺纹的操作，称为套螺纹（俗称套丝）。

1. 套螺纹工具

（1）板牙。板牙是加工外螺纹的工具，用合金工具钢或高速钢制成，并经淬火硬化。常用的板牙有圆板牙和活络管子板牙两种。

圆板牙是由切削部分、校准部分和排屑孔组成，其外形像一个圆螺母，在端面上钻有几个排屑孔（一般为 3～8 个）而形成了刀刃。圆板牙两端的锥角部分是切削部分，起主要切削作用；中间一段是校准部分，也是套螺纹时的导向部分。圆板牙外圆上有几个锥坑和一条 V 形槽，用来通过止动螺钉将板牙固定在板牙架上，如图 1 - 184 所示。

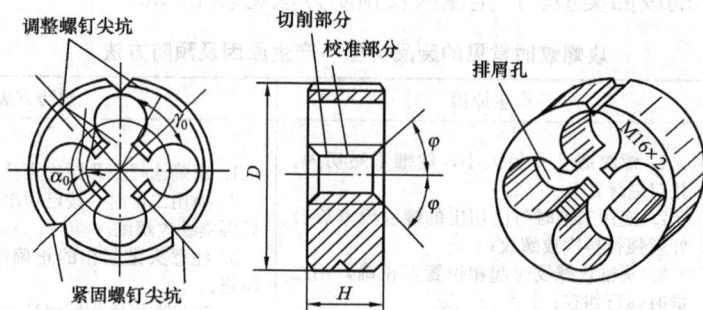

图 1 - 184　圆板牙结构

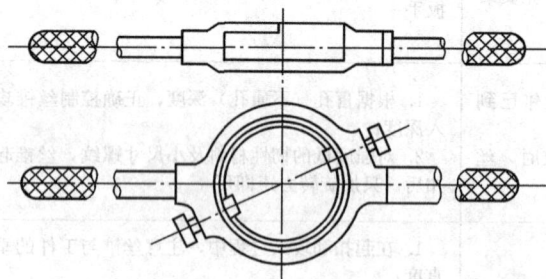

图 1 - 185　板牙架

（2）板牙架。板牙架是用以夹持圆板牙的工具，如图 1 - 185 所示。

使用时，将圆板牙装入架内，然后将板牙架上的紧固螺钉对准板牙外圆上的锥坑和 V 形槽顶紧，以达到紧固连接、传递扭矩的目的。

2. 套螺纹前圆杆直径的确定

圆杆直径在理论上应等于螺纹公称直径，但在套螺纹过程中，由于材料受到挤压产生了变形，使牙顶尺寸增高了一些。同时，也使切削阻力增大，还易损坏板牙。因此，圆杆直径应稍小于螺纹公称直径。确定圆杆直径时，可通过查表或经验公式计算得知。

（1）查表法。套普通螺纹时圆杆直径的选择见表 1 - 37。

表1-37 套普通螺纹时圆杆直径的选择 mm

螺纹公称直径	螺距	圆杆直径		螺纹公称直径	螺距	圆杆直径	
		最小直径	最大直径			最小直径	最大直径
M6	1	5.8	5.9	M16	2.0	15.75	15.85
M8	1.25	7.8	7.9	M18	2.5	17.7	17.85
M10	1.5	9.75	9.85	M20	2.5	19.7	19.85
M12	1.75	11.75	11.9	M24	3	21.7	23.8

（2）经验公式法。

经验公式为 $$d_杆 = d - 0.13P$$

式中 $d_杆$——套螺纹前圆杆直径，mm；

d——螺纹公称直径，mm；

P——螺距，mm。

[**例 1-4**] 在 Q235 材料的圆钢上加工 M12 外螺纹，确定其圆杆直径。

解 根据被加工螺纹的材料和公称直径，经查表 1-35 知 M12 螺纹的粗牙螺距为 1.75mm，故套 M12 外螺纹的圆杆直径为

$$d_杆 = d - 0.13P = 12 - 0.13 \times 1.75 = 11.77 \, (mm)$$

3. 套螺纹时圆杆端部的倒角

在套螺纹前，为使板牙容易对准和正确切入工件进行起扣，应将套螺纹圆杆的端部倒角为 15°～20°的锥体，其倒角要求如图 1-186 所示。

4. 套螺纹操作方法

（1）工件夹持。套螺纹时，由于切削力矩较大，且工件为圆柱形，因此钳口处要用 V 形垫铁或软金属板衬垫，将圆杆牢牢地夹紧。同时，圆杆套螺纹部分不要伸出钳口过长，以防弯曲变形，如图 1-187 所示。

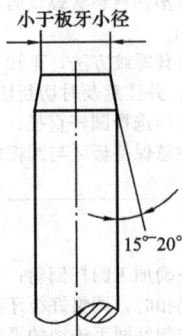

图 1-186 圆杆端部倒角 图 1-187 套螺纹圆杆夹持

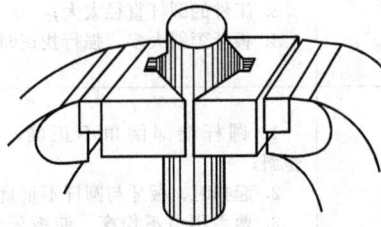

（2）操作要领。在套螺纹过程中，首先将板牙架放在与圆杆轴心线垂直的位置，在用右手握住板牙架中部，沿圆杆轴向施加压力，并与左手配合按顺时针方向旋转进行起扣；或两手握住板牙架手柄（两手应靠近中间握持），边加压力，边旋转进行起扣，如图 1-188（a）所示。

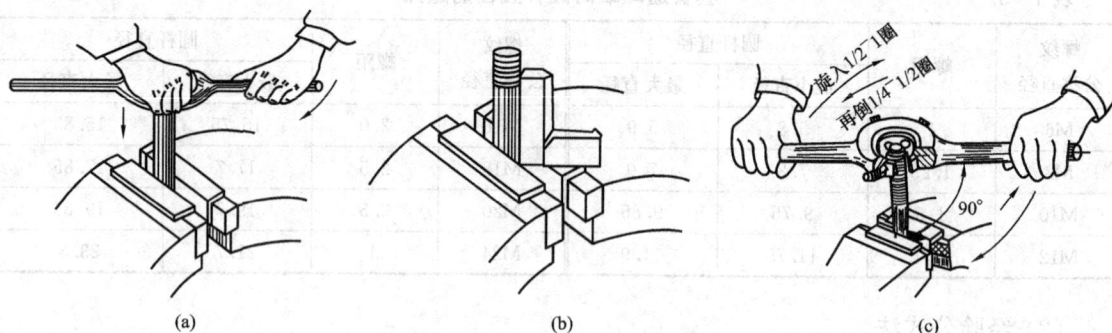

图 1-188 套螺纹操作要领

(a) 起扣方法；(b) 起扣垂直度检查方法；(c) 套螺纹操作方法

在起扣过程中，应始终注意观察或检查板牙架与圆杆的垂直度，如图 1-188（b）所示。

当板牙旋入圆杆 1～2 周切出螺纹后，起扣过程结束。此后，两手只加均衡的旋转力。为及时切断并排除切屑，在旋转 1/2～1 周后，需倒转 1/4～1/2 周，如此反复直至套完整个螺纹长度，再反转退出板牙架即可，如图 1-188（c）所示。

为了保持板牙的良好切削性能及螺纹的表面粗糙度，在套螺纹时应根据工件材料性质选用适当的冷却润滑液，其选择方法同攻螺纹类似。

5. 套螺纹产生废品的类型、原因及预防方法

套螺纹时产生废品的类型、原因及预防方法见表 1-38。

表 1-38　　　　　套螺纹时产生废品的形式、原因及预防方法

废品类型	产生原因	预防方法
烂牙（乱扣）	1. 对塑性好的材料套螺纹时，未加冷却润滑液，板牙把工件上螺纹黏掉一部分； 2. 套螺纹中板牙一直未倒转，致使切屑堵塞，把螺纹啃坏； 3. 工件的圆杆直径太大； 4. 板牙歪斜太多，强行找正时造成烂牙	1. 对塑性材料套螺纹时，一定要合理选择冷却润滑液； 2. 按套螺纹方法，正转 1/2～1 周，倒转 1/4～1/2 周，并注意及时切断切屑； 3. 正确选择圆杆直径； 4. 注意保持板牙与圆杆的垂直度
螺纹歪斜	1. 圆杆端部倒角不正确，板牙切入歪斜； 2. 起扣时，板牙与圆杆不垂直； 3. 两手用力不均衡，使板牙位置歪斜，造成螺纹一边深一边浅	1. 正确加工圆杆倒角； 2. 起扣时，调整好板牙与圆杆的垂直度； 3. 控制好两手施加的平衡力矩
螺纹齿形瘦小	1. 板牙架经常摆动，使螺纹切去过多； 2. 板牙切入后，仍继续加压力	1. 握稳板牙架，避免摆动； 2. 板牙切入后，两手只加旋转力矩
螺纹太浅	圆杆直径太小	正确选择圆杆直径大小

6. 套螺纹操作注意事项

(1) 套螺纹前，需要检查圆杆直径和倒角是否符合要求。

(2) 夹持圆杆时必须加软衬垫，以防夹伤工件。

(3) 套螺纹前，要保证圆杆中心与钳口的垂直度，以防螺纹歪斜。

(4) 工件伸出钳口部分的长度，在保证套螺纹必需的长度下，要尽量短。

(5) 套钢制螺纹，可以加少量机油润滑。

(6) 检查螺纹质量前，应将工件去掉毛刺，擦拭干净。

【任务准备】

1. 工件

(1) 螺母坯料：已钻削完成 $\phi10.2$ 的孔，并进行了锪孔的小正六方体 2 个（由钻孔及锪孔任务转来）。

(2) 双头螺柱坯料：锯削 Q235 材料，尺寸为 $\phi12\times102mm$ 圆钢一段，再锉削两端面至 $\phi12\times100mm$。

2. 工具

钢直尺，游标卡尺，直角尺，M12 手用丝锥及配套铰杠，M12 圆板牙和配套板牙架，250mm 中板锉刀，手锯，M12 标准螺栓 1 套。

【任务实施】

1. 加工六角螺母

(1) 将小正六方体端面成水平状态，牢固夹持在台虎钳上。

(2) 按攻螺纹操作方法、加工步骤及动作要领，进行起扣与攻螺纹。在操作过程中，随时注意检查、校正丝锥与工件表面的垂直度，并适时加入少量润滑油，直至丝锥的校准部分攻完整个螺孔。

(3) 头锥攻完后，再换用二锥对螺纹进行修光。

(4) 用 M12 标准螺栓检验螺纹质量。

(5) 将工具擦净，摆放整齐。

2. 加工双头螺柱

(1) 根据套螺纹前圆杆直径的确定方法，将双头螺柱坯料的直径锉削至 $\phi11.77$。

(2) 按如图 1-186 所示要求，用外曲面锉削方法，对圆杆端部进行倒角。

(3) 根据工件图所示螺纹长度要求，划出 $L=30mm$ 的螺纹长度加工线。

(4) 将圆杆衬软钳口，垂直夹持在钳口中部。

(5) 按照套螺纹的操作方法、加工步骤及动作要领，进行起扣和套螺纹操作。在操作过程中，注意保持圆板牙端面与圆杆轴线的垂直度，并适时加入少量润滑油，直至套完整个螺纹长度为止。

(6) 用 M12 标准螺母检验螺纹质量。

(7) 将工具擦净，摆放整齐。

【任务考核】

攻螺纹与套螺纹任务的考核内容见表 1-39。

表 1-39　　　　　　　　　　　　攻螺纹与套螺纹任务考核评分表

序号	考核项目	考核内容	考核标准	配分	学生自查	教师检查	得分
1	六角螺母（2个）	11±0.2	超差不得分	8×2			
2		// 0.2 A	超差不得分	2×2			
3		⊥ 0.2 A	超差不得分	2×2			
4		倒角30°（12处）	酌情扣分	6×2			
5		牙型	酌情扣分	4×2			
6	双头螺柱	30±1（2处）	超差不得分	4			
7		牙型（2处）	酌情扣分	10			
8		倒角30°（2处）	酌情扣分	2			
9	配合	旋合垂直度（2处）	酌情扣分	6			
10		旋合松紧度（2处）	酌情扣分	4			
11	操作过程	工件夹持方法正确	按现场考核	4			
12		工具使用方法正确	按现场考核	6			
13		攻螺纹方法正确	按现场考核	10			
14		套螺纹方法正确	按现场考核	10			
15		安全文明操作	酌情扣总分				
16	合计			100			

【项目总结】

　　本项目通过以 M12 普通螺纹六角螺母和双头螺柱的整体制作过程为项目载体，再以 M12 普通螺纹六角螺母和双头螺柱的分步制作过程为任务载体，分别进行了任务分析、知识学习、技能训练、工件制作、任务准备、任务实施及任务考核等过程。基本了解、熟悉与掌握了钳工入门指导、零件测量、划线、锯削、锉削、錾削、钻孔及锪孔、攻螺纹与套螺纹等钳工的基本知识与操作技能，并为钳工基本操作技能进一步深入的学习与应用，奠定了基础。同时在执行 6S 管理、遵守安全操作规程、分析和解决问题、团结协作等方面，也培养与锻炼了学生良好的文明生产习惯与职业素养。

复 习 思 考

1. 钳工的基本操作技能有哪些？
2. 简述台虎钳使用注意事项。
3. 钳工安全文明实训的要求有哪些？
4. 钳工常用的量具分为哪几类？
5. 简述游标卡尺的读数方法。
6. 简述测量误差的预防方法。
7. 简述量具的维护与保养。
8. 划线的作用有哪些？

9. 简述平面划线的步骤。

10. 简述划线的注意事项。

11. 分析錾削平面时后角大小对錾削质量的影响。

12. 简述錾削安全注意事项。

13. 锯条的安装要求有哪些?

14. 简述锯条崩齿的原因及预防方法。

15. 简述锯条折断的原因及预防方法。

16. 简述锉刀的选用原则。

17. 简述平面锉削质量检查的主要内容及方法。

18. 分析锉削平面时,出现平面中凸的原因及预防方法。

19. 简述划线钻孔的方法。

20. 分析钻孔产生孔位偏移的原因及预防方法。

21. 简述钻孔的安全操作规程。

22. 简述攻螺纹的操作方法。

23. 简述套螺纹操作的注意事项。

项目二

钳工综合技能实训

【项目描述】

　　本项目是在已学习和初步掌握钳工入门指导、零件测量、划线、锯削、锉削、錾削、钻孔及锪孔、攻螺纹与套螺纹等钳工基本知识与操作技能的基础上，再以鸭嘴锤和凹形块的制作过程为任务载体，综合利用钳工的基本操作技能，逐步完成实训任务，达到进一步熟练掌握和继续提高钳工基本操作技能的目的。

【教学目标】

　　知识目标：进一步熟悉零件测量、划线、锯削、锉削、钻孔及铰孔等钳工基本知识，熟悉钳工实训的合理组织与6S管理，养成良好的文明生产习惯和职业素养。

　　能力目标：进一步熟练掌握零件测量、划线、锯削、锉削、钻孔及铰孔等钳工基本操作技能。会利用钳工的常用工具和设备，按照工件的加工工艺、技术要求与考核标准，进行实训任务的综合操作。

　　态度目标：能主动学习、勤于思考，及时发现问题、分析问题和解决问题；能与同学和老师积极协作、互相交流、密切配合完成实训任务。

【教学环境】

　　（1）实训场地：每班每人1个工位的钳工实训室；每6～8人1个工位的钻削实训室；每10～15人1个工位的刃磨实训室。

　　（2）实训设备：钳工台、划线平台、台式钻床、砂轮机及安全防护设施等。

　　（3）教学资源：每工位配1套常用工具，钳工示范台配1套教具，优秀工件、废品工件及半成品、毛坯材料等教学用品；室内墙壁悬挂安全操作规程、实训守则、6S管理办法、宣传栏及标语等。

任务一　制作鸭嘴锤

【教学目标】

　　通过制作综合作业——鸭嘴锤的训练，进一步巩固、提高钳工基本操作技能；培养识读工件图、加工任务分析、制订加工工艺、组织任务实施等方面的综合能力；能根据工件图、技术要求及考核评分标准等，对鸭嘴锤进行加工制作；进一步提高执行 6S 管理、遵守安全操作规程、主动学习、勤于思考、分析问题和解决问题的综合能力。

💬【任务描述】

制作如图 2-1 所示的鸭嘴锤工件，并达到图样规定的尺寸精度、形状、方向及位置精度、表面粗糙度等各项要求。

知识学习、技能训练、工件制作等，共 24 课时。

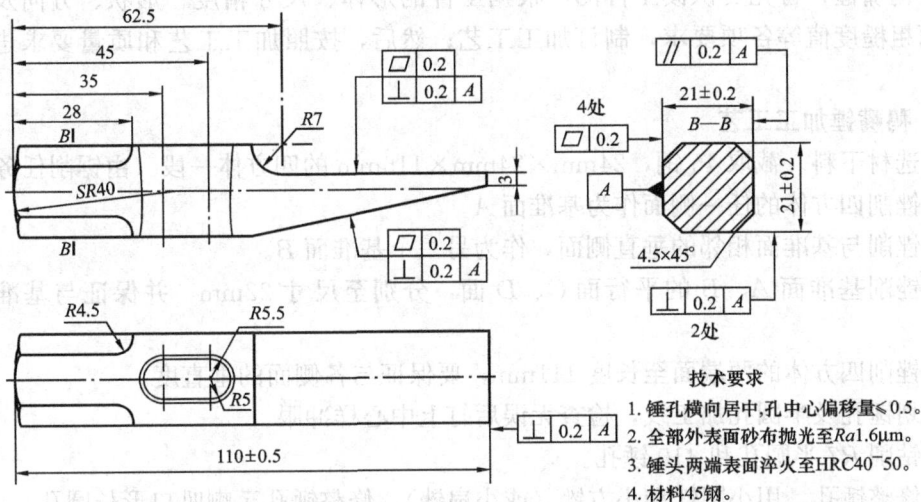

(a)

(b)

图 2-1 鸭嘴锤

(a) 工件图；(b) 实物图

✏️【任务分析】

要完成该工件的制作任务，需综合利用已学习与训练过的钳工基本操作技能。首先应根据鸭嘴锤的工件图，进行识读与了解工件的形体，各部分尺寸及精度，形状，方向，位置精度、表面粗糙度等各项要求，再制订出加工工艺。选择毛坯材料为 45 钢，尺寸为 24mm×24mm×115mm 的四方体（由锯削任务转来）。

从工件图可知其外形尺寸 21±0.2，以及垂直度、平行度、表面粗糙度等要求，可由锉削加工完成；鸭嘴部分形状、尺寸、平面度、垂直度等要求，可由划线、钻半圆孔、锯削、锉削等完成；喇叭口形长圆锤孔的尺寸、对称度、形状等，可由划线、钻孔、锉削完成；锤头倒角及球面的尺寸、形状，可由划线、锉削完成；最后，精锉整个工件外形并用砂布抛光外表面，达到 $Ra1.6\mu m$ 的要求。

【相关知识】

在已经学习和初步掌握钳工基本知识与操作技能的基础上，通过制作鸭嘴锤进行钳工基本操作技能的综合应用。

制作鸭嘴锤，首先要识读工件图，根据工件的形体、尺寸精度、形状、方向及位置精度、表面粗糙度值等各项要求，制订加工工艺；然后，按照加工工艺和质量要求进行分步制作。

一、鸭嘴锤加工工艺

(1) 选材下料。截取 45 钢，24mm×24mm×115mm 的四方体一段（由锯削任务转来）。

(2) 锉削四方体的任一侧面作为基准面 A。

(3) 锉削与基准面相邻的垂直侧面，作为另一个基准面 B。

(4) 锉削基准面 A、B 的平行面 C、D 面，分别至尺寸 22mm，并保证与基准面的平行度。

(5) 锉削四方体的两端面至长度 111mm，要保证与各侧面的垂直度。

(6) 划锤孔及半圆孔加工线，检查无误后打上中心样冲眼。

(7) 钻削 $R7$ 半圆孔和 $\phi10$ 锤孔。

(8) 修整锤孔，用小圆锉和小方锉（或小扁锉），修整锤孔至喇叭口形长圆孔。

(9) 锉削四方体外形尺寸至 21.2mm×21.2mm×111mm。注意锤孔的对称度，尽量使锤孔居中。

(10) 加工鸭嘴部分，先划加工线，再锯削和锉削至形状、尺寸、垂直度、平面度等要求。

(11) 加工锤头倒角，先划加工线，再分别用小圆锉和扁锉，锉削出四个倒角。

(12) 加工锤顶球面，先划加工线，再利用球面锉削方法，锉削出球面。

(13) 外形精加工，用细锉刀修整所有尺寸至图样要求，并理顺纵向锉刀纹、去除锐边毛刺，最后用砂布抛光至表面粗糙度要求。

二、鸭嘴锤加工注意事项

(1) 加工时要认真识图，了解尺寸、几何公差及控制方法，按照加工工艺进行。

(2) 划线前，一定要先保证基准面的几何公差要求，以保证所划线的准确性。

(3) 测量工件时，要注意测量方法的正确，以保证测量精度。

(4) 钻孔时，工件夹持一定要牢固，且要与主轴中心垂直，进给力大小的控制要适当。

(5) 锯削时用力要均衡，合理控制锯削余量。

(6) 认真了解与熟悉评分标准，对于重要尺寸要重点保证。

(7) 遵守安全操作规程，注意人身设备安全。

【任务准备】

(1) 工件：45 钢材料，尺寸为 24mm×24mm×115mm 的四方体一段（由锯削任务转来）。

(2) 工具：划针，划规，样冲，手锤，手锯，350mm 粗板锉，250mm 细板锉，油光锉，小方锉，小圆锉，$\phi14$、$\phi10$ 钻头，游标卡尺，游标高度尺，划线平板，直角尺，刀口形直尺等。

（3）检查：检查台式钻床的操作手柄、电源开关等是否灵活，安全可靠。

【任务实施】

根据已制订的鸭嘴锤加工工艺和准备好的工具、设备等，进行鸭嘴锤的分步制作，见表2-1。

表2-1 鸭嘴锤的加工工艺过程

序号	工序简图	加工内容及要求	工量刃具
1	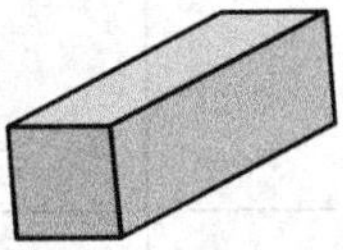	选材下料：锯削45钢材料，尺寸为24mm×24mm×115mm的四方体一段	手锯、钢直尺、划针、台虎钳
2	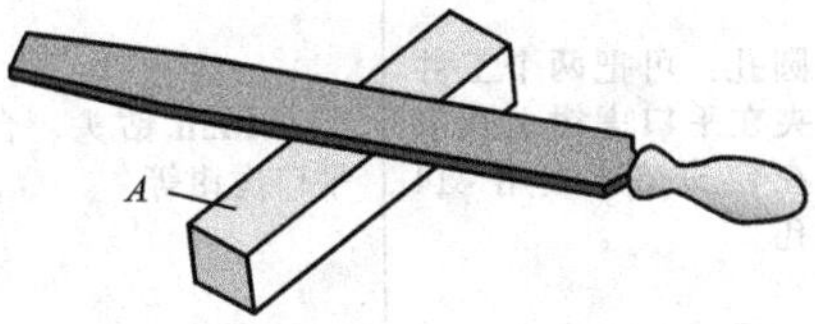	锉削基准面A：锉削基准面A至平整，且与邻面垂直，平面度要符合要求	350mm粗板锉、250mm细板锉、直角尺、刀口形直尺、游标卡尺、台虎钳
3	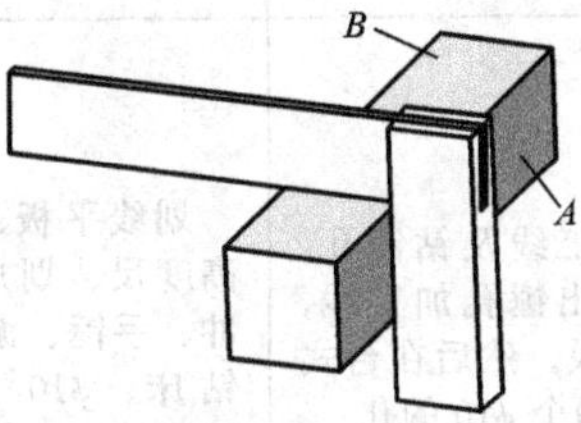	锉削基准面B：锉削基准面A相邻的另一基准面B至平整，要保证与基准面A的垂直度及平面度要求	350mm粗板锉、250mm细板锉、直角尺、刀口形直尺、游标卡尺、台虎钳等
4	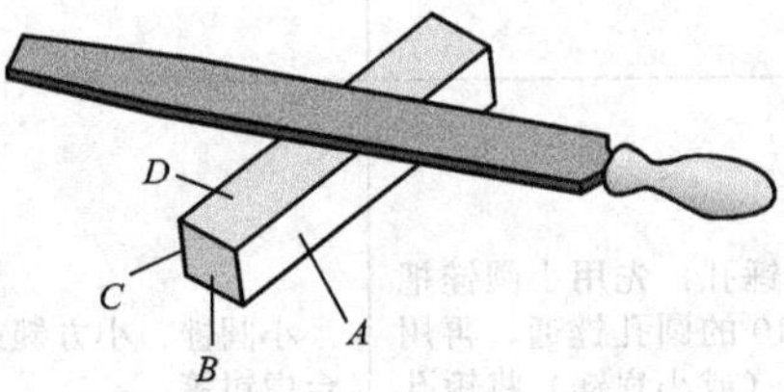	锉削平行面C、D：锉削基准面A、B的平行面C、D至平整，且与基准面平行，分别达到尺寸22mm及平面度等要求	350mm粗板锉、250mm细板锉、直角尺、刀口形直尺、游标卡尺、台虎钳
5	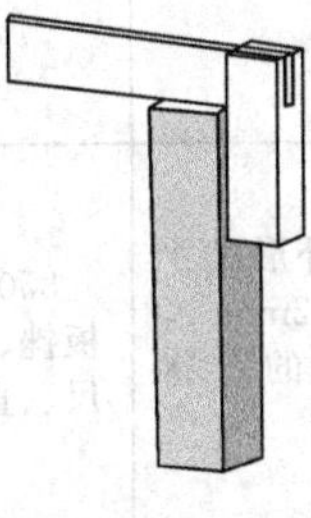	锉削端面：锉削两个端面至长度111mm，并与各侧面垂直，使四方体外形尺寸为22mm×22mm×111mm	350mm粗板锉、250mm细板锉、游标卡尺、刀口形直尺、直角尺、台虎钳

序号	工序简图	加工内容及要求	工量刃具
6		划半圆孔加工线：按图样把两个工件合并在一起划出R7半圆孔的中心线和圆周线，并在孔中心打上样冲眼	划线平板、V形铁、游标高度尺、划规、钢直尺、样冲、手锤等
7		钻半圆孔：可把两个工件对齐，夹在平口虎钳上找平夹紧。在台式钻床上用 φ14 钻头钻孔	φ14mm 钻头、台式钻床、平口虎钳等
8		划锤孔加工线及钻锤孔：按图样先划出锤孔加工线，并打上样冲眼。然后在台式钻床上钻出两个 φ10 的孔	划线平板、V形铁、游标高度尺、划规、钢直尺、样冲、手锤、游标卡尺、台式钻床、φ10 钻头、平口虎钳等
9		修整锤孔：先用小圆锉把两个 φ10 的圆孔锉通，再用小方锉（或小扁锉）将锤孔锉削至喇叭口形长圆孔	小圆锉、小方锉或小扁锉、台虎钳等
10		修整外形：锉削外形尺寸至 21.2mm × 21.2mm × 111mm，注意锤孔的对称度，尽量使锤孔居中	350mm 粗板锉、250mm 细板锉、游标卡尺、刀口形直尺、直角尺、台虎钳等

续表

序号	工序简图	加工内容及要求	工量刃具
11		加工鸭嘴部分：按图样先划出鸭嘴部分加工线，再锯削和锉削至鸭嘴部分的形状要求；注意锯削时要留出 0.5～1mm 的锉削余量；注意各表面的平面度、垂直度要求	划线平板、V 形铁、游标高度尺、划针、钢直尺、手锯、350mm 粗板锉、250mm 细板锉、游标卡尺、刀口形直尺、直角尺、台虎钳等
12		划锤头倒角加工线：按图样划出鸭嘴锤头部位的四个倒角的加工线	划线平板、V 形铁、游标高度尺、划规、钢直尺、样冲等
13		锉削锤头倒角圆弧：用小圆锉锉出倒角部位的 $R4.5$ 小圆弧，此处一定要控制好锉削力，不要锉过加工线	小圆锉、台虎钳等
14		锉削锤头倒角平面：把倒角部分的小圆弧锉削好后，再用板锉锉削倒角平面部分至尺寸和形状的要求，注意小圆弧与平面的连接要圆滑	游标卡尺、刀口形直尺、300mm 粗板锉、250mm 细板锉、台虎钳等
15		加工锤顶球面：采用锉削球面的方法，把鸭嘴锤头部分的 $SR40$ 球面圆弧锉削至形状要求	R 规（或样板）、300mm 粗板锉、250mm 细板锉、台虎钳等

续表

序号	工序简图	加工内容及要求	工量刃具
16		外形精加工：先用细锉刀修整所有尺寸至图样要求，然后理顺纵向锉刀纹，去除锐边毛刺，最后用砂布抛光全部外表面至表面粗糙度要求	250mm 细板锉、油光锉，游标卡尺，直角尺，刀口形直尺，R 规，砂布，台虎钳等

【任务考核】

制作鸭嘴锤任务的考核内容及评分表见表 2-2。

表 2-2　　　　　　　　　　　制作鸭嘴锤任务考核评分表

序号	考核项目	考核内容及要求	考核标准	配分	学生自查	教师检查	得分
1	尺寸	21±0.2（2 处）	超差不得分	20			
2		110±0.5	超差不得分	3			
3		3±0.5	超差不得分	3			
4		62.5±0.5	超差不得分	3			
5		28±0.5（4 处）	超差不得分	4			
6		35±0.5	超差不得分	3			
7	球面	SR40	超差不得分	3			
8	倒角	4.5×45°（4 处）	超差不得分	4			
9	平面度	▱ 0.2 （6 处）	超差不得分	12			
10	平行度	∥ 0.2 A	超差不得分	3			
11	垂直度	⊥ 0.2 A （5 处）	超差不得分	5			
12	锤孔对称度	锤孔中心偏移量≤0.5mm	超差不得分	5			
13	长圆锤孔	内 $\phi10×20$mm，外口 $\phi11×21$mm	超差不得分	4			
14	表面粗糙度	$Ra1.6\mu$m（外表面全部）	超差不得分	4			
15	整体外形	形状完整、无缺陷	酌情扣分	2			
16	操作过程	工件装夹方法正确	按现场考核	2			
17		工具定位摆放整齐	按现场考核	4			
18		工具使用方法正确	按现场考核	3			
19		姿势正确、动作协调	按现场考核	5			
20		工件测量方法正确	按现场考核	3			
21		加工步骤正确	按现场考核	5			
22		安全文明操作	酌情扣总分				
23	合计			100			

任务二 制作凹形块

◁【教学目标】

通过制作凹形块，继续强化识读工件图与综合运用钳工基本操作技能的能力，熟练掌握直角尺、刀口形直尺、游标卡尺、游标高度尺、内径千分尺及常用工具和设备的正确使用方法；培养锻炼制订简单工件加工工艺，熟悉制作工艺方法及质量评定标准等综合能力；了解铰孔知识，初步掌握铰孔操作技能；继续提高执行 6S 管理、遵守安全操作规程，主动学习、勤于思考、分析问题和解决问题的能力。

◎【任务描述】

制作如图 2-2 所示 Q235 材料的凹形块工件，并达到图样规定的尺寸精度、形状、方向及位置精度、表面粗糙度等各项要求。

知识学习、技能训练、工件制作等，共 12 课时。

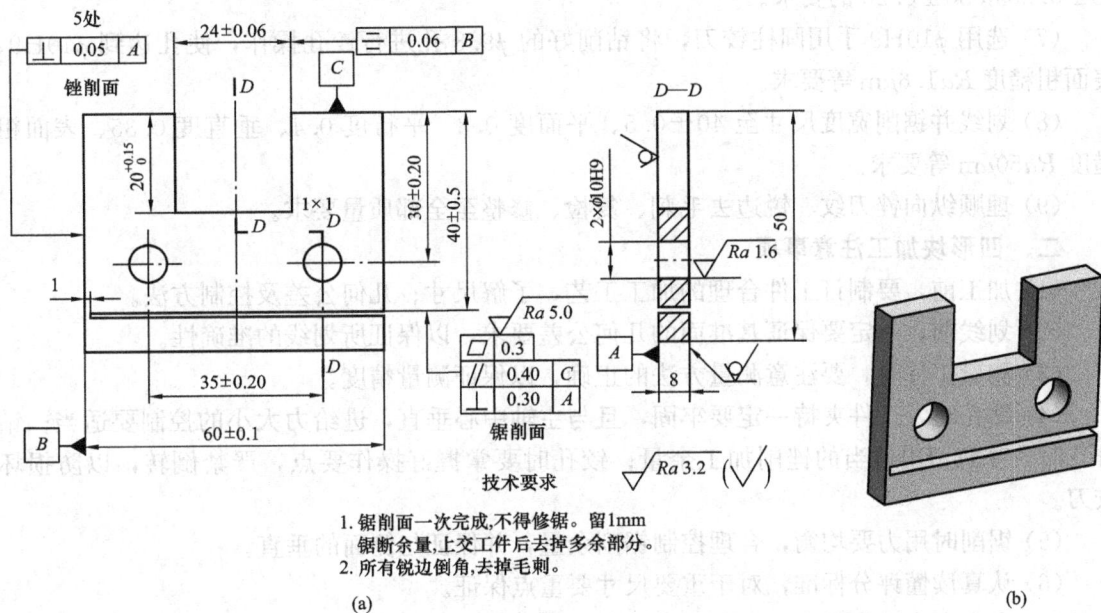

图 2-2 凹形块

(a) 工件图；(b) 实物图

✎【任务分析】

要完成凹形块工件的制作任务，需综合利用已初步学习与训练过的钳工基本操作技能，并根据工件图了解工件的形体，各部分尺寸及精度，形状，方向，位置精度和表面粗糙度等各项要求，制订出凹形块加工工艺。

从工件图可知，其外形尺寸 60 ± 0.1、垂直度、表面粗糙度等要求，可由锉削加工完成；凹槽宽度 24 ± 0.06、深度 $20^{+0.15}_{0}$、对称度 0.06、垂直度、表面粗糙度等要求，可通过划线、钻排孔、锯削和锉削完成；$2\times\phi10H9$ 孔、中心距 35 ± 0.20、30 ± 0.20 等要求，可通过划线、钻孔和铰孔完成；40 ± 0.5 尺寸、平面度、平行度、垂直度、表面粗糙度、锯削面等要求，可通过锯削一次完成。

为更好地综合利用钳工基本操作技能完成任务，需学习和掌握以下相关知识。

【相关知识】

一、凹形块加工工艺

（1）选材下料。截取 Q235 材料，尺寸为 62mm×52mm×8mm 的扁钢一段（可由锯削任务转来）。

（2）锉削其中较长的一边为基准面 A。

（3）锉削与基准边 A 相邻的垂直面作为另一基准面 B。

（4）划线并锉削基准面 B 的平行面 C 面，锉削至尺寸 60 ± 0.1、垂直度 0.05、表面粗糙度 $Ra3.2\mu m$ 等要求。

（5）划凹槽加工线 24mm×20mm，然后采用钻排孔、锯削、锉削等方法，加工凹槽至宽度尺寸 24 ± 0.06、深度 $20^{+0.15}_{0}$、对称度 0.06、垂直度 0.05、表面粗糙度 $Ra3.2\mu m$ 等要求。

（6）划 $2\times\phi10H9$ 孔的加工线，选择 $\phi9.8$ 麻花钻头进行钻孔，并注意保持孔中心距 35 ± 0.20 和 30 ± 0.20 的要求。

（7）选用 $\phi10H9$ 手用圆柱铰刀，将钻削好的 $\phi9.8$ 孔进行铰孔操作，使孔达到 $\phi10H9$、表面粗糙度 $Ra1.6\mu m$ 等要求。

（8）划线并锯削宽度尺寸至 40 ± 0.5、平面度 0.3、平行度 0.4、垂直度 0.35、表面粗糙度 $Ra50\mu m$ 等要求。

（9）理顺纵向锉刀纹、锐边去毛刺、复检、修整至全部质量要求。

二、凹形块加工注意事项

（1）加工前，要制订工件合理的加工工艺，了解尺寸、几何公差及控制方法。

（2）划线前，一定要保证基准面的几何公差要求，以保证所划线的准确性。

（3）测量工件时，要注意测量方法的正确，以保证测量精度。

（4）钻孔时，工件夹持一定要牢固，且与主轴中心垂直，进给力大小的控制要适当；钻排孔时，注意留出适当的锉削加工余量；铰孔时要掌握好操作要点，严禁倒转，以防损坏铰刀。

（5）锯削时用力要均衡，合理控制锯削余量，并保证与侧面的垂直。

（6）认真读懂评分标准，对于重要尺寸要重点保证。

（7）遵守安全操作规程，注意人身设备安全。

三、铰孔知识

1. 铰孔概念

铰孔是用铰刀从工件孔壁上切除微量金属层的加工方法，是对已经粗加工的孔，再进行精加工的操作过程。

通过铰孔可以提高孔的尺寸精度，降低孔壁的表面粗糙度（$Ra<3.2\mu m$）。故在生产过程中对一些精度要求高的孔，如机床设备上定位销孔（圆柱销孔和圆锥销孔），均需进行铰孔精加工。

2. 铰孔工具

（1）铰刀。铰刀是用于铰削加工的一类刀具，是一种多刃切削刀具。其特点是导向性好，切削阻力小，尺寸精度高。铰刀常用高速钢（手铰刀及机铰刀）或高碳钢（手铰刀）制成。

铰刀的种类很多，钳工常用的铰刀有以下几种：

1) 整体圆柱铰刀：用来铰削标准系列的孔，可分为手用和机用两种，容屑槽为直槽。它的构造主要有工作部分、颈部和柄部，其中工作部分又分切削部分和校准部分，如图 2-3 所示。

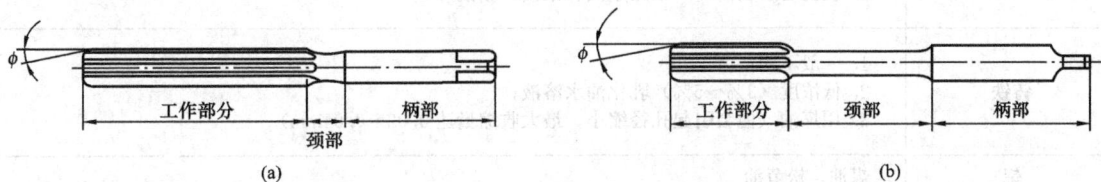

图 2-3 整体圆柱铰刀
(a) 手用铰刀；(b) 机用铰刀

2) 圆锥铰刀：也称锥铰刀，用来铰削圆锥孔，如图 2-4 所示。根据锥孔的种类不同，常用的锥铰刀有 1∶10 锥铰刀、1∶30 锥铰刀、1∶50 锥铰刀和莫氏锥铰刀。

(2) 铰杠。铰杠是用以夹持铰刀的手工旋转工具。常用的铰杠是普通铰杠，如图 2-5 所示。

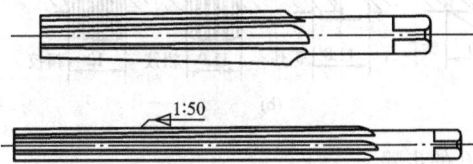

图 2-4 圆锥铰刀

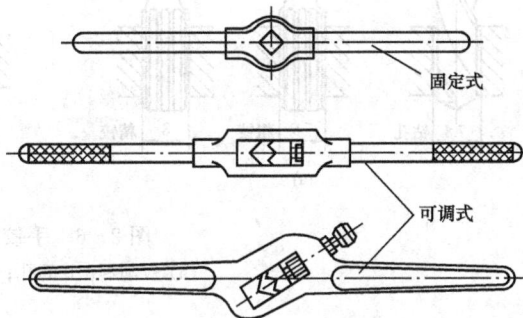

图 2-5 铰杠

3. 铰孔操作

(1) 铰削余量的确定。铰孔是对孔进行精加工，前道工序留下的铰削余量应适当。若铰削余量过大，会使每个刀齿切削负荷增大，变形增大，切削热增加，铰刀直径胀大，被加工孔表面呈撕裂状态，孔壁不光滑，尺寸精度降低，并加速铰刀磨损；若铰削余量过小，则上道工序残留的变形难以纠正，原有刀痕不能去除，铰削质量也达不到要求。

选择铰削余量时，应考虑到孔径大小、材料性质、尺寸精度、表面粗糙度要求，以及铰刀的类型等因素的综合影响。用普通标准高速钢铰刀铰孔时，可参见表 2-3 选择铰削余量。

表 2-3		铰 削 余 量 的 选 择			mm
铰孔直径	<8	8~20	21~32	33~50	51~70
铰削余量	0.1~0.2	0.15~0.25	0.2~0.3	0.3~0.5	0.5~0.8

(2) 冷却润滑液的选择。铰孔时可适当加入冷却润滑液，以减少切削热，减小变形，延长刀具的使用寿命和提高铰孔质量。冷却润滑液的选择见表 2-4。

表 2-4　　　　　　　　　　　　铰孔时冷却润滑液的选用

加工材料	冷 却 润 滑 液
钢	1. 10%～20% 乳化液； 2. 铰孔要求高时，采用 30% 的菜油＋70% 的肥皂水； 3. 铰孔要求更高时，采用茶油、柴油、猪油等
铸铁	1. 一般不用； 2. 低浓度（3%～5%）乳化油水溶液； 3. 用煤油（但会引起孔径缩小，最大收缩量达 0.02～0.04mm）
铝	煤油、松节油
铜	5%～8% 乳化油水溶液

（3）铰孔方法。

1）铰削圆柱孔：手铰圆柱孔时，对 $\phi10$ 以下的孔，可直接进行铰孔，如图 2-6（a）所示；对 $\phi12$ 及以上的孔，其铰孔的步骤是钻孔—扩孔—粗铰—精铰，如图 2-6（b）所示。

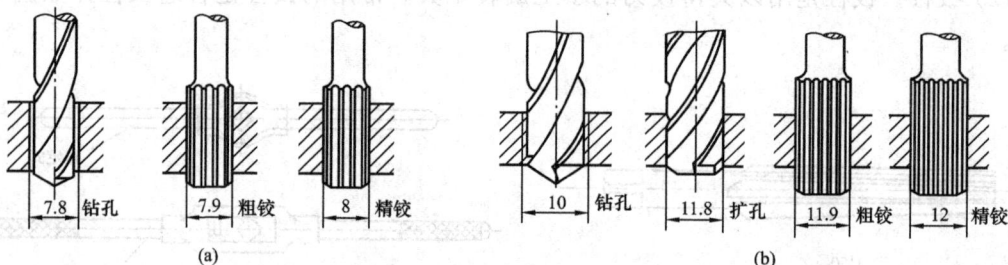

7.8 钻孔　　7.9 粗铰　　8 精铰　　　　　　10 钻孔　　11.8 扩孔　　11.9 粗铰　　12 精铰

(a)　　　　　　　　　　　　　　　　　　　(b)

图 2-6　手铰圆柱孔的步骤
（a）铰削≤$\phi10$ 的孔；（b）铰削≥$\phi12$ 的孔

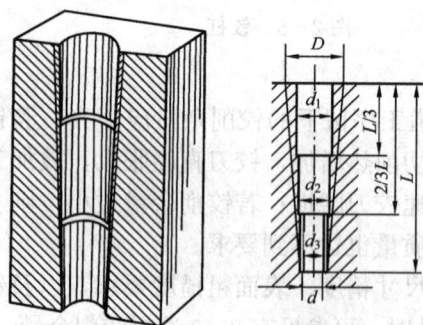

图 2-7　铰圆锥孔

2）铰削圆锥孔：手铰尺寸较小的圆锥孔时，应按圆锥孔小端直径钻孔后铰孔；手铰尺寸较大或较深的圆锥孔时，应先钻出阶梯孔后，再进行铰孔。并且在铰孔过程中，应经常用与锥孔相配的锥销进行检查，一般塞入的长度为孔深的 80%～85% 即可，如图 2-7 所示。

（4）铰孔操作要点及注意事项。

1）铰孔前，工件要夹正、夹牢，夹紧力的大小要适当，防止工件变形。

2）铰削过程中，要注意保持铰刀与孔端面的垂直度，可用直角尺校对。

3）扳转铰杠时，两手用力要均衡，铰刀不得晃动与摇摆，以避免出现孔口喇叭状或孔径扩大。

4）铰刀的旋转速度要均匀，且要变换每次停顿的位置，以消除铰刀常在同一处停歇而产生振痕。

5）扳转铰杠时，两手要随铰刀的旋转轻轻地施加适当压力，以使铰刀均匀进给。

6）在铰削的进刀或退刀过程中，始终要顺时针旋转铰杠，严禁反转，以防拉毛孔壁、崩损刀刃。

7）若发生铰不动时，不要硬铰，应小心地抽出铰刀，检查铰刀是否被切屑卡住或遇到硬点，清除障碍后再铰。

8）铰削钢料时，应经常清除刀刃上的切屑。铰削通孔时，不能让铰刀的校准部分全部露出。

9）铰削过程中，应按工件材料，铰孔精度等要求，合理选用冷却润滑液。

10）铰孔结束后，应将铰刀清理干净，涂油后放入专用盒内。

4. 铰孔质量分析

因铰孔的精度、表面粗糙度等质量要求是很高的，若铰孔操作不当将会产生废品。其常见的废品形式及产生原因见表2-5。

表 2 - 5 　　　　　　　　　　　　　铰 孔 质 量 分 析

废品形式	产生原因
孔壁表面粗糙	1. 铰削余量选择不当； 2. 铰刀切削刃不够锋利，刃口崩裂或有缺口； 3. 没用或采用不适当的冷却润滑液； 4. 手铰时铰刀旋转不平稳，或铰刀退出时反转； 5. 切削速度太高产生刀瘤，或刀刃上黏有切屑； 6. 容屑槽内有切屑堵塞，铰刀偏摆过大
孔呈多角形	1. 铰削余量太大和铰刀不锋利，使铰削时发生啃咬现象，发生振动而出现多棱形； 2. 铰孔前钻孔不圆，铰刀发生弹跳现象
孔径缩小	1. 铰刀超过磨损标准，尺寸变小后仍继续使用； 2. 铰铸铁时加煤油当冷却润滑液，未考虑收缩量； 3. 铰钢料时加工余量太大，铰好后内孔弹性复原致孔径缩小
孔径扩大	1. 铰孔时两手用力不均匀，铰刀晃动； 2. 铰削钢件时没加润滑油； 3. 进给量与铰削余量过大； 4. 切削速度太高，铰刀热膨胀，冷却不充分； 5. 铰锥孔时未及时用锥销试配、检查，铰孔过深

⚓ 【任务准备】

（1）工件：Q235材料，尺寸为62mm×50mm×8mm的扁钢一段（可由锯削任务转来）；

（2）工具：划线平板，V形铁，划针，划规，样冲，手锤，手锯，350mm粗板锉，250mm细板锉，250mm三角锉，150mm三角锉，$\phi10$、$\phi9.8$钻头，$\phi10H9$手用圆柱铰刀，铰杠及锯条等。

（3）量具：游标卡尺、游标高度尺、游标深度尺、5～25mm普通内径千分尺、钢直尺、刀口形直尺、直角尺等。

〰 【任务实施】

根据已制订的凹形块加工工艺和准备好的工量刃具，进行凹形块的分步制作，见

表 2 - 6。

表 2 - 6　　　　　　　　　　　凹形块加工工艺过程

序号	工序简图	加工内容及要求	工量刃具
1		选材下料：在宽 62mm，厚 8mm 的扁钢上，截取（锯削）长为 52mm 的毛坯料	手锯、锯条、300mm 钢直尺、直角尺、划针等
2		锉削基准面：锉削基准面 C，并以相邻垂直面为粗基准，达到平面度及垂直度要求，作为划线基准	350mm 粗板锉、250mm 细板锉、直角尺、刀口形直尺
3		锉削另一基准面：锉削基准面 D，并以基准面 C 为基准，达到平面度及垂直度要求，作为另一划线基准	350mm 粗板锉、250mm 细板锉、直角尺、刀口形直尺
4		锉削外形尺寸：锉削基准面 D 的平行面 E，并达到对面尺寸（60±0.1）mm 及平面度、平行度要求	350mm 粗板锉、250mm 细板锉、游标卡尺、刀口形直尺

序号	工序简图	加工内容及要求	工量刃具
5		划凹槽及钻排孔加工线：划凹槽 24mm×20mm 尺寸线至要求；并划 2×ϕ10 钻排孔的位置加工线，注意凹槽各边留有 0.5~1mm 的锉削余量	划线平板、V形铁、游标高度尺、划规、样冲、手锤
6		钻排孔：用 ϕ10 钻头在排孔加工线位置钻出排孔	台式钻床、平口虎钳、ϕ10 钻头
7		去掉余料：沿凹槽内侧 1mm 处起锯，与排孔外侧锯通，再用尖錾錾掉余料	手锯、锯条、台虎钳
8		锉削凹槽：锉削凹槽各面至尺寸要求；并保证槽宽 24±0.06、槽深 $20^{+0.15}_{0}$、对称度0.06、平面度与垂直度等，凹槽内直角可用磨边锉刀清角或沿对角线锯削 1mm×1mm 凹槽	350mm 粗板锉、250mm 细板锉、250mm 三角锉、游标卡尺、普通内径千分尺、游标深度尺、直角尺、手锯、刀口形直尺、台虎钳

序号	工序简图	加工内容及要求	工量刃具
9		划孔加工线：按图样尺寸要求，划出 2×ϕ10H9 孔的加工线，注意校对孔中心距 35 和 30 的正确性	划线平板、V 形铁、游标高度尺、划规、样冲、手锤、钢直尺
10		钻孔及铰孔：用 ϕ9.8 钻头钻出 2×ϕ10 底孔，注意控制好孔中心距 35±0.2 和 30±0.2；再用 ϕ10H9 手用圆柱铰刀进行铰孔，并用 ϕ10mm 圆柱销校验	台式钻床、平口虎钳、ϕ9.8 钻头、游标卡尺、台虎钳、铰杠、ϕ10H9 手用圆柱铰刀、ϕ10 圆柱销等
11		划锯削加工线：按图样尺寸要求，划出 40mm 处的锯削加工线。	划线平板、V 形铁、游标高度尺、样冲、手锤、钢直尺
12		锯削：锯削 40mm 至尺寸要求，注意（40±0.5）mm 尺寸精度，平面度 0.3、平行度 0.4、垂直度 0.3 等各项要求。锯削面要一次完成，并留 1mm 锯断余量。最后，将所有锐边倒角，去掉毛刺	手锯、锯条、台虎钳、游标卡尺、250mm 细板锉

【任务考核】

制作凹形块任务的考核内容见表 2-7。

表 2-7   制作凹形块任务考核评分表

序号	项目	考核内容	考核标准	配分	学生自查	教师检查	得分
1	锉削	24 ± 0.06	超差不得分	8			
2		$20^{+0.15}_{0}$	超差不得分	6			
3		60 ± 0.1	超差不得分	8			
4		$Ra3.2\mu m$ (5处)	超差不得分	5			
5		⊟ 0.06 B	超差不得分	8			
6		⊥ 0.05 A (5处)	超差不得分	5			
7	钻孔 铰孔	$2\times\phi10H9$	超差不得分	4			
8		$Ra1.6\mu m$ (2处)	超差不得分	2			
9		35 ± 0.20	超差不得分	10			
10		30 ± 0.20 (2处)	超差不得分	6			
11	锯削	40 ± 0.5	超差不得分	10			
12		$Ra50\mu m$	超差不得分	2			
13		▱ 0.3	超差不得分	3			
14		⊥ 0.3 A	超差不得分	3			
15		∥ 0.4 A	超差不得分	4			
16	操作 过程	工量具使用方法正确合理	按现场考核	3			
17		工量具定位摆放整齐合理	按现场考核	4			
18		钳工基本操作规范安全	按现场考核	5			
19		工件装夹方法正确牢固	按现场考核	4			
20	合计			100			

【项目总结】

本项目以鸭嘴锤和凹形块的制作过程为任务载体，综合利用零件测量、划线、锯削、锉削、钻孔、铰孔等钳工基本操作技能，分别进行了任务分析、知识学习、技能训练、工件制作、任务准备、任务实施、任务考核等过程，逐步完成实训任务，达到了进一步熟练掌握和继续提高钳工基本操作技能的目的。同时在遵守安全操作规程、执行 6S 管理、积极思考、分析和解决问题、团结协作等方面，也培养与锻炼了学生良好的文明生产习惯与职业素养。

复 习 思 考

1. 简述尺寸超差的原因及预防方法。
2. 简述铰孔的操作要点及注意事项。
3. 简述铰孔孔壁表面粗糙的原因。
4. 简述钻削孔距有精度要求平行孔的方法。
5. 简述平面与内曲面连接的锉削方法。

项目三

机 械 加 工 技 能 实 训

【项目描述】

本项目主要学习和掌握车削、铣削、刨削、磨削等机械加工的基本知识与操作技能；了解车床、铣床、刨床和磨床的基本结构及加工内容，并能利用车床、铣床、刨床和磨床进行简单工件的加工操作；以定位小轴和四方体工件的加工过程为任务载体，利用车削、铣削、刨削、磨削的基本操作技能，逐步完成各阶段的实训任务；结合对机床的安全使用与维护，了解与熟悉机床的安全操作规程。

【教学目标】

知识目标：熟悉车削、铣削、刨削、磨削等机械加工的基本知识；熟悉机械加工技能实训的合理组织与 6S 管理办法，养成良好的文明生产习惯和职业素养。

能力目标：初步掌握车削、铣削、刨削、磨削的基本操作技能，会利用车床、铣床、刨床及磨床，按照工件的加工工艺、技术要求与考核标准，进行简单工件的加工操作；能按照机械加工实训的合理组织、6S 管理办法及安全文明实训要求等，进行操作过程的合理组织，以及工具、材料等实训物品的定位摆放，做到安全文明实训。

态度目标：能主动学习、勤于思考，及时发现问题、分析问题和解决问题；能与同学和老师积极协作、互相交流、密切配合完成实训任务。

【教学环境】

(1) 实训场地：宽敞明亮、规范整洁的机械加工实训室，每 4～6 人 1 个工位。

(2) 实训设备：车床、铣床、刨床、磨床、砂轮机、安全防护及消防设施等。

(3) 教学资源：每工位配 1 套常用工量具、刀具、毛坯材料等教学用品；室内墙壁悬挂安全操作规程、实训守则、6S 管理办法、宣传标语等。

任务一　车　　削

【教学目标】

熟悉车削概念及应用，了解车床的结构、车刀、切削原理等知识；初步掌握车削外圆面、端面及切断的操作方法；熟悉车床的使用与维护方法，熟悉车床安全操作规程；能在教师的指导下，进行简单工件（外圆面、端面及切断）的车削操作。

💬 **【任务描述】**

加工如图 3-1 所示，材料为 45 钢，外形尺寸为 $\phi 30 \times 35$mm 的定位小轴。

要求：达到图样规定的尺寸精度及表面粗糙度等。

知识学习、技能训练、工件加工等，共 6 课时。

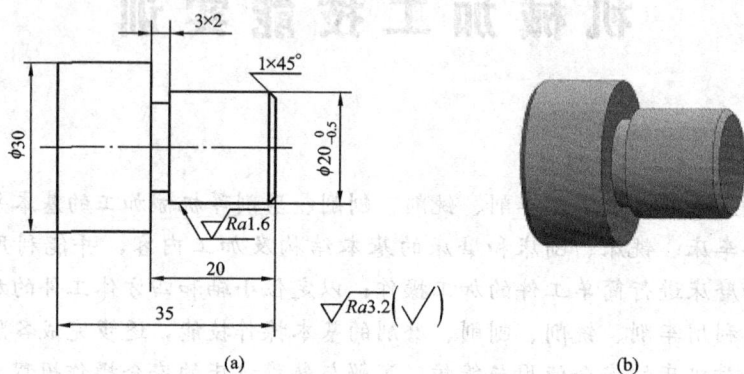

图 3-1　定位小轴

(a) 工件图；(b) 实物图

✏️ **【任务分析】**

要完成如图 3-1 所示定位小轴的加工，并达到图样规定的尺寸精度、表面粗糙度等要求。根据其加工内容（有外圆、端面、沟槽、倒角）和结构特点，宜选用机械加工中的车削方法。

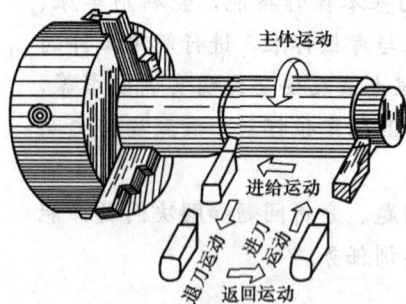

📖 **【相关知识】**

车削是工件旋转做主运动，车刀做进给运动的切削加工方法如图 3-2 所示。

凡有回转体表面的工件，均可在车床上进行切削加工。普通车床的尺寸加工精度一般为 IT10～IT8，表面粗糙度值为 $Ra 3.2 \sim 1.6 \mu m$。

车床在机械加工中的应用很广，主要的加工内容见表 3-1。

图 3-2　车削运动

表 3-1　　　　　　　　　　　车床的加工内容

加工内容	示例图	加工内容	示例图
车外圆		车端面	

续表

加工内容	示例图	加工内容	示例图
切槽切断		钻孔	钻头
镗孔		铰孔	
车锥体		车螺纹	
车特形面	圆头刀	滚花	

一、普通车床的组成

普通车床主要由主轴变速箱，进给变速箱，溜板箱，刀架与拖板，尾座，丝杠和光杠，以及床身等部件组成。CA6140 型车床是目前应用很广的普通车床，其结构如图 3-3 所示。

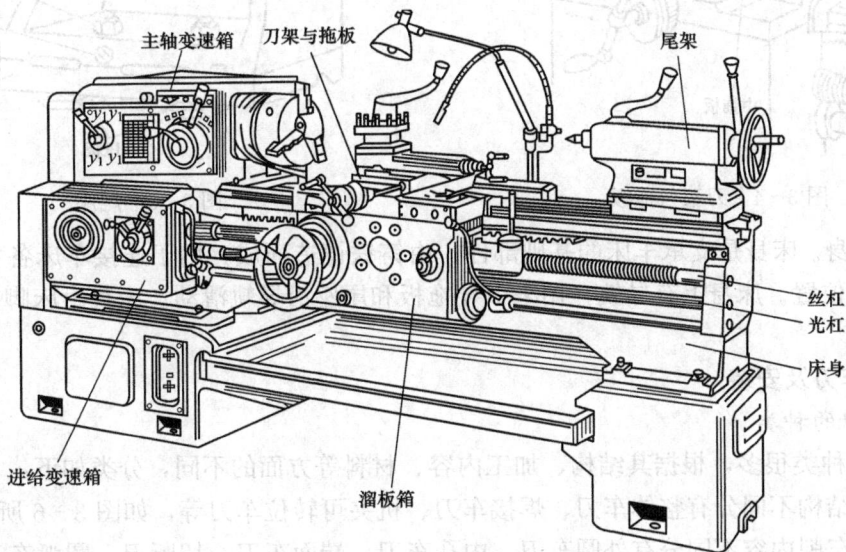

图 3-3 CA6140 型车床结构

（1）主轴变速箱。又称床头箱，内装主轴及变速机构。主轴变速箱的作用是把电动机的转动传递到主轴，通过主轴上的工件夹紧装置带动工件做旋转运动。通过调整箱体外部的变速手柄就可以变换箱体内的齿轮位置，从而可使主轴得到不同的主轴转速。主轴是空心的，以便装夹、加工较长的工件。

（2）进给变速箱。又称走刀箱，内装进给运动的变速机构。进给变速箱的作用是让车刀获得不同的进给速度，通过调整箱体外面手柄的位置，可使车刀得到所需的进给量或螺距。

（3）溜板箱。又称拖板箱，它是进给运动的分向机构。溜板箱的作用是把光杠传来的运动转换为机动纵向或横向走刀运动；或将丝杠传来的运动转换为螺纹走刀运动。箱体上有相应的手柄，可以实现车刀的机动进给。

（4）刀架与拖板。刀架与拖板的结构如图 3-4 所示。刀架用来装夹固定车刀，刀架可以转动，以便加工中更换不同的车刀。刀架的移动可由几个拖板来控制，分别是大拖板、中拖板和小拖板。大拖板可摇动大手轮做纵向进给运动，也可以通过溜板箱上的相应手柄自动纵向进给；中拖板可转动手柄做横向手动进给，也可以通过溜板箱上的相应手柄横向自动进给；小拖板可用手动进给实现短距离的纵向进给运动，还可以松开固定螺钉使其旋转一定的角度，进行锥体加工。

（5）尾座。也称尾架，其作用是用来安装后顶尖，可以支承较长的工件；或安装钻头、铰刀等，进行孔的加工；偏移尾座还可以切削锥度不大的长圆锥体。尾座可根据工作的需要来调整它在床身上的位置，如图 3-5 所示。

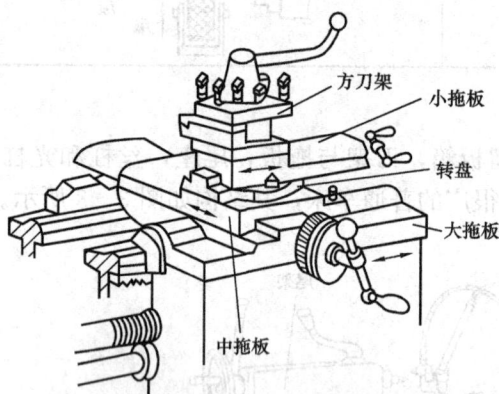

图 3-4 刀架与拖板

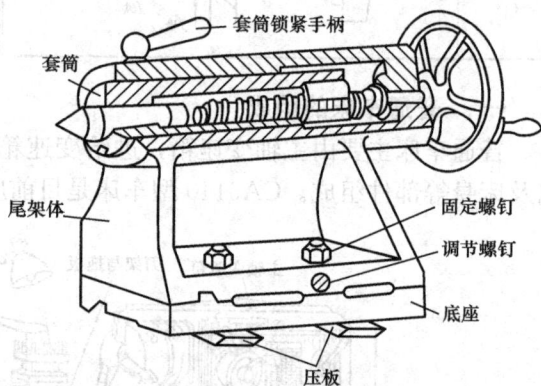

图 3-5 尾座

（6）床身。床身是支承车床的基础部件，由铸铁铸造而成，用于连接车床各主要部件并保证其相对位置。床身上有导轨，用来引导拖板和尾座沿导轨滑动。床身由床脚支承固定在地基上。

二、车刀及安装

1. 车刀的种类

车刀的种类很多，根据其结构、加工内容、材料等方面的不同，分类如下：

（1）按结构不同分有整体车刀、焊接车刀、机夹可转位车刀等，如图 3-6 所示。

（2）按车削内容不同分有外圆车刀、内孔车刀、端面车刀、切断刀、圆弧车刀、螺纹车刀等，如图 3-7 所示。

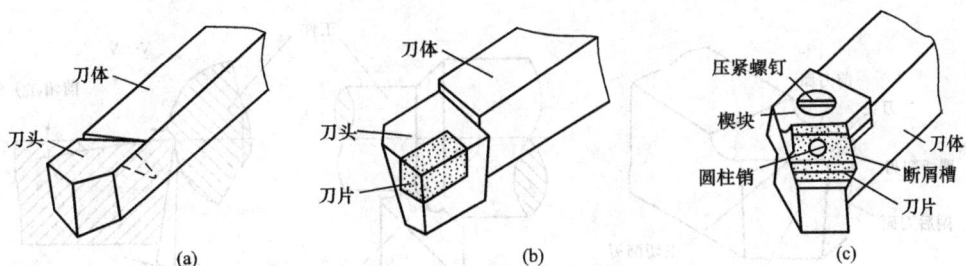

图 3-6 结构不同的车刀

(a) 整体车刀；(b) 焊接车刀；(c) 机夹可转位车刀

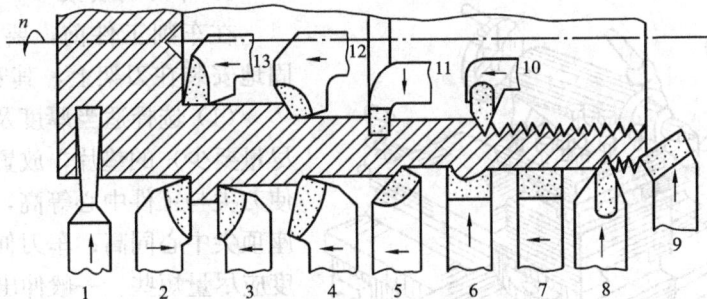

图 3-7 车削内容不同的车刀

1—切刀；2—左偏刀；3—右偏刀；4—75°右偏刀；5—45°右偏刀；6—圆弧成型刀；

7—外圆修光刀；8—外螺纹车刀；9—45°弯头车刀；10—内螺纹车刀；

11—内孔切刀；12—通孔车刀；13—不通孔车刀

（3）按材料不同分有高速钢车刀、硬质合金车刀等。

高速钢也称为白钢，是一种合金钢。高速钢刀具制造简单，刃磨方便，容易磨得锋利，且坚韧性较好，刀具能承受较大的冲击力，初学者宜选用高速钢车刀，因为这种材料不易崩刃且易刃磨。

硬质合金是用高硬度的粉末合金，经高压压制后再高温烧结而成，具有较高的硬度，良好的耐热性；缺点是韧性较差、性脆、不耐冲击，但这些不利因素可以采用合理的刃磨角度来弥补。因为采用硬质合金车刀，加工效率较高，所以硬质合金车刀是目前工厂中应用较为广泛的一种刀具材料。

2. 车刀的切削部分及其主要角度

车刀由刀头和刀杆组成，刀头是切削部分，刀杆是夹持部分。

（1）刀头结构：车刀刀头由前刀面、主后刀面、副后刀面、主切削刃、副切削刃、刀尖等组成，如图 3-8 所示。

（2）切削部分主要角度：刀头上切削部分主要角度有前角 γ_0 和后角 α_0，如图 3-9 所示。

前角的作用是使切削刃锋利，切削省力，切屑变形小容易排出。用高速钢车刀车削钢料时，前角一般为 $5°\sim8°$；车削铸铁件时，前角一般为 $4°\sim8°$。后角的作用是车削时减小刀具与工件间的摩擦，后角一般为 $6°\sim10°$。

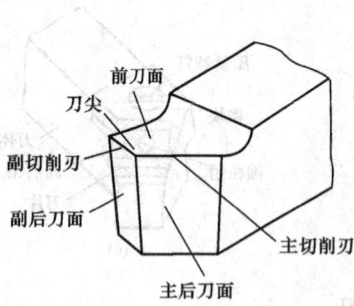

图 3-8 刀头结构

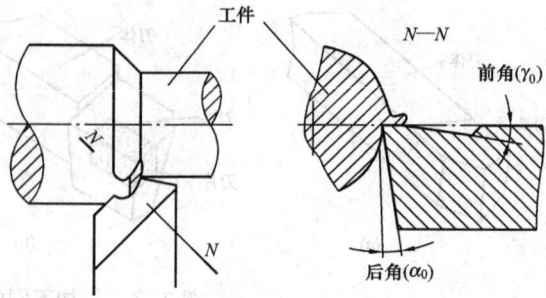

图 3-9 切削部分主要角度

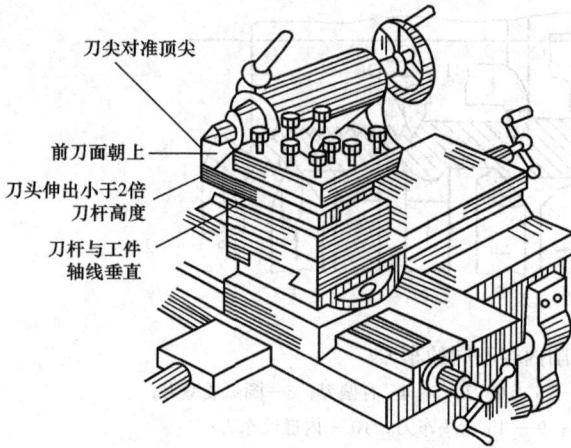

图 3-10 调整刀尖高度

3. 车刀的安装

在车削工件前，要先将车刀正确牢固地安装在刀架上，其安装方法如下：

（1）选择适当厚度及片数（垫片数量尽量要少）的垫片，放置在车刀下面，且使刀尖与工件中心等高，也可使刀尖与尾座顶尖中心同高；车刀伸出刀架部分的长度应尽量短些。一般伸出的长度不大于刀杆厚度的 2 倍，如图 3-10 所示。

（2）拧紧压刀螺栓。拧紧时要先拧紧中间螺栓，再紧其他螺栓，压力要均匀；车刀刀杆不能偏斜，以免影响车刀的切削角度，如图 3-11 所示。

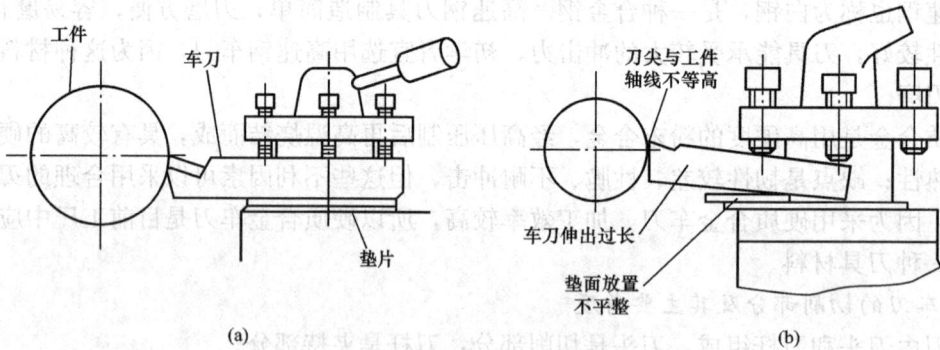

(a)   (b)

图 3-11 车刀的安装
(a) 正确安装；(b) 错误安装

4. 装夹工件

装夹工件的基本要求是定位准确、夹紧可靠。工件在装夹时，工件的回转中心应该与车床主轴的中心重合。夹紧可靠就是工件夹紧后能承受切削力，不改变位置并保证安全，且夹紧力适度以防止工件变形，从而保证工件加工质量。

在车床上常用三爪卡盘和四爪卡盘来装夹工件。三爪卡盘又称自动定心卡盘，它是车床上应用最广泛的一个车床附件。三爪自动定心卡盘的结构如图 3-12（a）所示，当用卡盘扳手转动小锥齿轮时，大锥齿轮随之转动，在大锥齿轮背面平面螺纹的带动下，使三个卡爪同时收缩或松开，这样就可以夹紧或松开工件。三爪自动定心卡盘定心精度不太高，一般误差为 0.05～0.15mm。当装夹直径较小的轴类零件时可采用正爪，如图 3-12（b）所示；当装夹较大直径的工件时，可采用反爪。

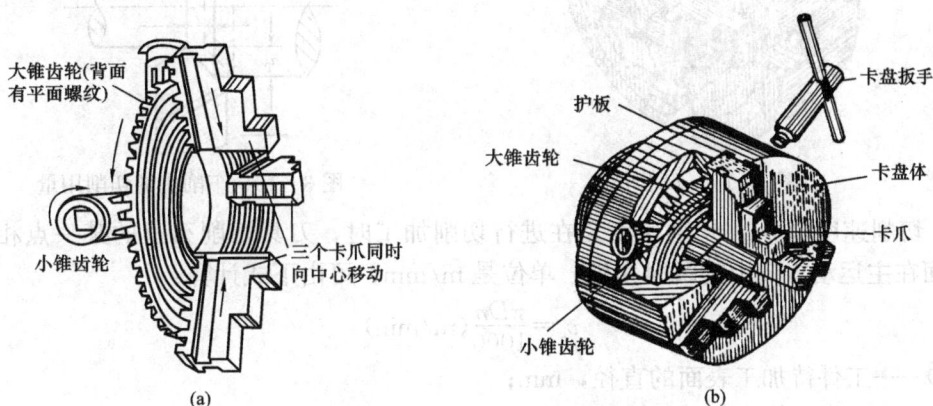

图 3-12 三爪卡盘的构造
（a）内部结构；（b）外部结构

工件在三爪卡盘上装夹时伸出长度要合适，在保证加工的前提下，伸出长度要尽量短些，以保证工件的刚性。如果伸出过长，在加工时工件容易发生颤动，如图 3-13 所示。工件初装后，要校对与主轴的同心性，如图 3-14 所示。

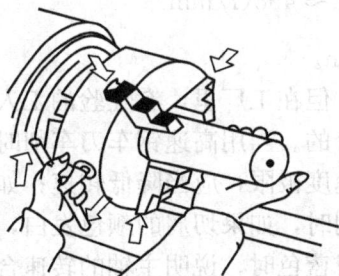

图 3-13 工件的装夹　　　　　图 3-14 工件的校正

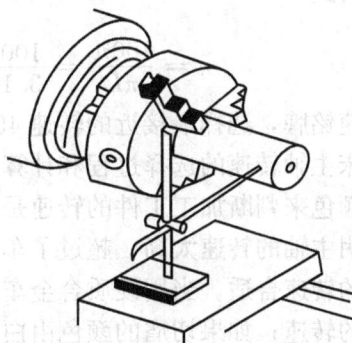

对于方形、椭圆形、形状不规则的异形工件，可采用四爪卡盘装夹。四爪卡盘也称四爪单动卡盘，如图 3-15 所示。四爪卡盘的四个爪是用扳手分别调整的，其夹紧力较大。

5.切削用量的选择

切削用量是在切削加工过程中切削速度、进给量和切削深度的总称。要发挥车床和车刀在切削过程中的最佳效果，正确选择切削用量是非常重要的。车削时的切削用量如图 3-16 所示。

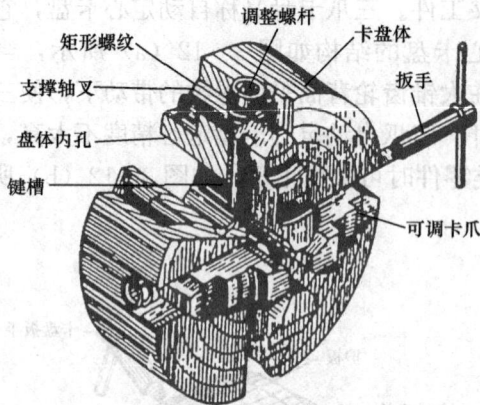

图 3-15 四爪卡盘

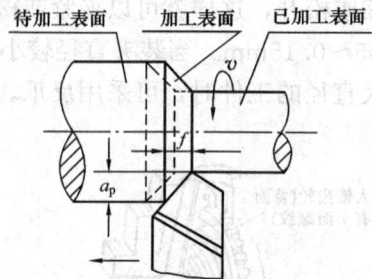

图 3-16 车削中的切削用量

（1）切削速度（v_c）。切削速度是在进行切削加工时，刀具切削刃上的某一点相对于待加工表面在主运动方向上的瞬时速度，单位是 m/min，可由下式计算：

$$v_c = \frac{\pi D n}{1000} (\text{m/min})$$

式中　D——工件待加工表面的直径，mm；

　　　n——车床主轴每分钟的转数，r/min。

切削速度一般取决于车刀的材料、工件的材料及加工精度要求。

对于高速钢车刀，切削速度一般取 30～50m/min；对于硬质合金车刀，切削速度一般取 120～250m/min。

[例 3-1]　对于要车削加工的定位小轴，可选用高速钢车刀，取切削速度 $v_c=50$m/min，工件直径取 $D=32$mm，计算车床主轴的转速 n。

解　根据公式　　　　　　　　$v_c = \frac{\pi D n}{1000}$

得　　　　　　　　$n = \frac{100 v_c}{\pi D} = \frac{1000 \times 50}{3.14 \times 32} \approx 498 (\text{r/min})$

由车床主轴转速铭牌，选择最接近的转速 450r/min。

上述是车床主轴转速的选择过程和计算方法。但在工厂里，有经验的工人一般是通过车刀切下的铁屑颜色来判断加工工件的转速是否适合的。当用高速钢车刀车削时，如果切屑的颜色发蓝，说明主轴的转速太高，超过了车刀的速度极限，应当降低转速；如果切屑颜色发白，说明主轴的转速合适。当用硬质合金车刀车削时，如果切屑的颜色发白，说明还可以进一步提高主轴的转速；如果切屑的颜色由白色变成蓝色时，说明主轴的转速合适。

上述判断方法的前提是刀具必须保持锋利，否则判断就不准确了。

（2）进给量（f）。进给量是指工件刀具每转一圈，或往复一次，或刀具每转过一齿时，工件与刀具在进给运动方向上的相对位移。进给量也称走刀量，它表示车刀进给速度的快慢，单位是 mm/r。

进给量的选择原则：粗车时为了提高加工效率，一般选大一点；精车时为了保证表面加工质量，一般选小一点。

（3）切削深度（a_p）。切削深度是指工件待加工表面和已加工表面间的垂直距离。切削深度一般也称作吃刀深度，或称背吃刀量，单位是 mm，其计算公式为

$$a_p = \frac{D-d}{2}$$

式中　D——工件待加工表面的直径，mm；

　　　d——工件已加工表面的直径，mm。

[**例3-2**] 已知毛坯直径32mm，要求一次走刀把外圆直径车到28mm，求切削深度。

解　$$a_p = \frac{D-d}{2} = \frac{32-28}{2} = 2 \text{（mm）}$$

切削深度的选择原则：一般在粗车时，大一些；精车时，小一些。

6. 车床的操作

（1）主轴变速操作。车床在启动前，先根据工件的直径大小及车刀材料，选择确定主轴转速。可通过变换主轴箱1、2变速手柄位置来调整主轴转速，如图3-17所示。

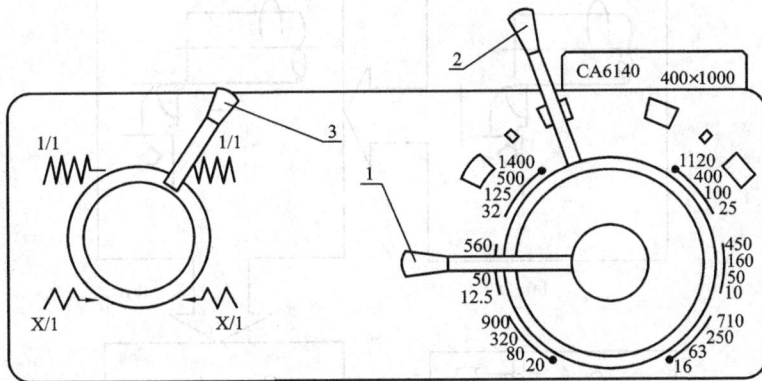

图3-17　主轴变速操作手柄调节
1—变速操作手柄；2—变速操作手柄；3—正常和加大螺距手柄

（2）车床的启动、停止操作。主轴转速调好后，按下启动按钮，电机旋转；再把离合器操纵杆向上提，主轴就会旋转。主轴旋转平稳后，就可进行车削工件。车床停车时，先把车刀退出加工状态，让车刀离开工件；再把离合器操纵杆下压到中间位置，使主轴停止转动。

离合器操纵杆有三个工作位置，向上是主轴正传，中间位置是停车，向下是反转，如图3-18所示。停车时注意离合器操纵杆，在向下压时不要超过中间的停车位置，以免造成主轴的反转。等主轴停稳后，再按下电机的停止按钮。

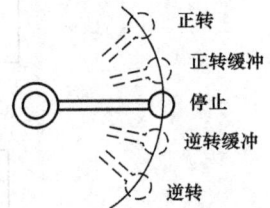

图3-18　主轴启停手柄

7. 车削外圆、端面及切断操作

（1）车削外圆。车削外圆是用车削方法来加工工件的外圆表面。

圆柱形表面是构成机器零件的基本表面之一，如轴、套筒等都是由大小不同的圆柱表面组成。车削外圆是车削工作中最常见的、最普遍的一种加工方法。车削外圆的几种情况如图3-19所示。

车削外圆时为了保证尺寸精度，一般采用试切的方法。试切法是通过试切—测量—调整—再试切，反复进行到被加工尺寸达到要求为止的加工方法。图3-20所示为车削外圆工件时的试切方法和步骤。

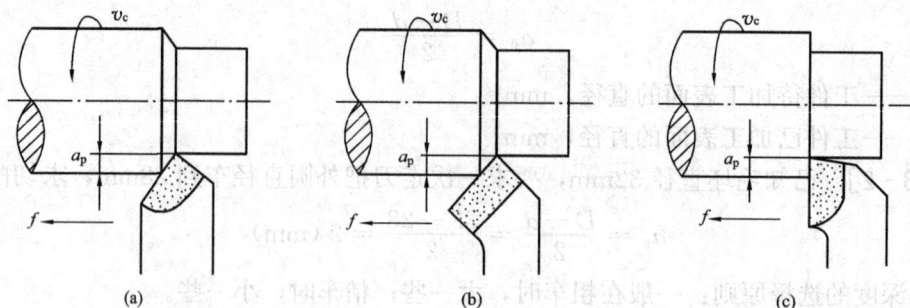

图 3-19　外圆车削

(a) 尖刀车外圆；(b) 45°弯头车刀车外圆；(c) 90°偏刀车外圆

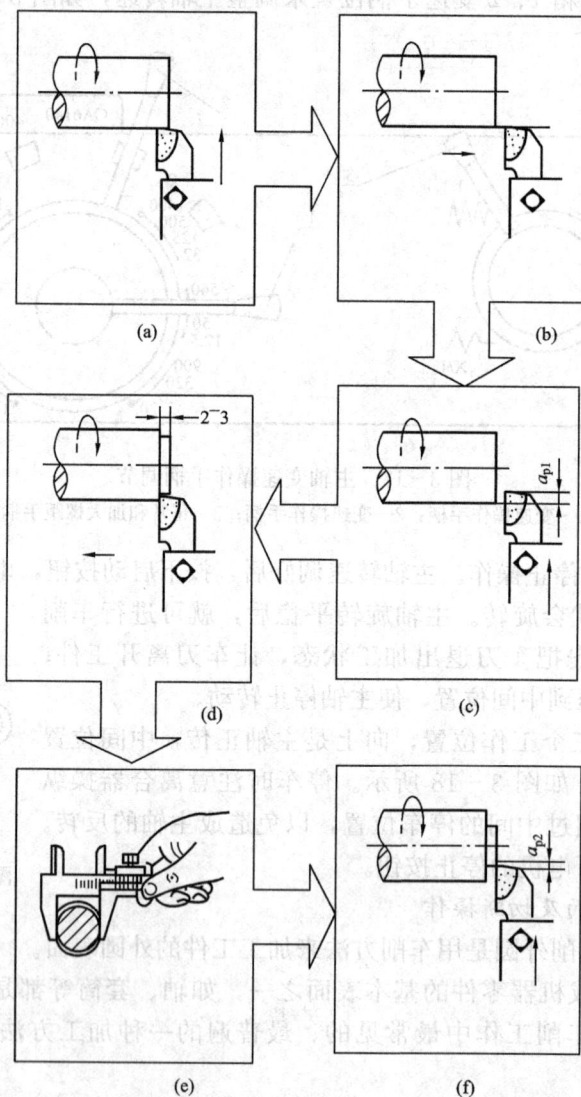

图 3-20　外圆试切方法和步骤

(a) 开车对刀；(b) 向右退出车刀；(c) 横向进刀 a_{p1}；(d) 切削 2~3mm；

(e) 停车进行测量；(f) 如果未到尺寸，再吃刀 a_{p2}

[**例 3－3**] 将 $\phi 50$ 的圆钢毛坯件，在车床上一次走刀车至 $\phi(48\pm 0.2)$mm。

车削步骤如下：

1）开车对刀。对刀是调整刀具切削刃相对工件或夹具正确位置的过程。对刀的目的是让车刀的刀尖找到一个尺寸的参考基准。摇动大拖板手轮和中拖板手轮，使刀尖轻轻地接触到工件的外圆表面，此时车刀刀尖所在的位置就是 $\phi 50$。对刀时一定要在工件旋转时对刀，不能在工件停止时对刀，这样损坏刀尖。

2）向右退刀。对好刀后，中拖板手轮不动，摇动大拖板手轮，使车刀向右沿轴向退出，离开工件外圆表面适当距离，这是为下一步的径向进刀做准备。

3）根据工件要求计算出车刀的切削深度是 1mm。由于 CA6140 普通车床的中拖板刻度盘每转过 1 小格，车刀前进的距离是 0.05mm，因此需要把中拖板刻度盘转过 1÷0.05＝20（格）。

4）调整好中拖板的刻度值以后，转动大拖板手轮，车削工件外圆 2～3mm 后，中拖板快速向右退出车刀。

5）停车测量。根据测量的结果，再一次调整中拖板刻度盘，然后操纵车床把工件加工到图纸要求的尺寸。

在转动中拖板刻度盘时要注意，由于丝杠和螺母之间有间隙，刻度盘转动时若不小心转过了要求调整的刻度位置处，此时不能简单地退回到要求调整的刻度位置处。而应该多回转一圈后，再转回到所要求的刻度位置处。操作方法如图 3－21 所示。

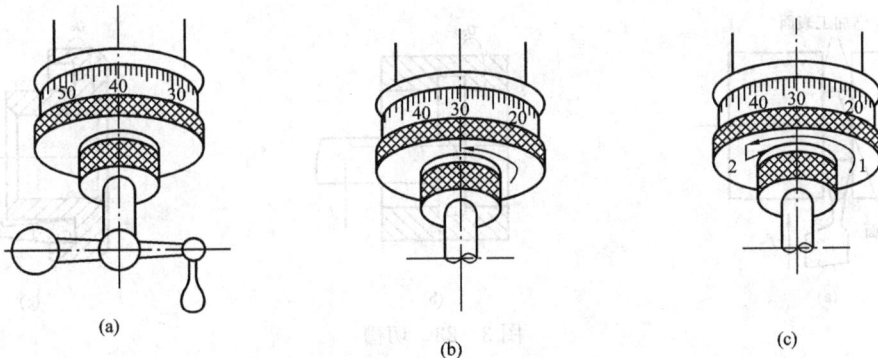

图 3－21 刻度盘的使用

(a) 要求转到刻度 30 位置处结果转到 40 位置处；(b) 错误：直接转回
刻度 30 位置处；(c) 正确：先反转一圈后再转回 30 位置处

（2）车削端面和台阶。车削端面是用车削方法加工工件的平面。机器上很多零件都有端面和台阶，如车床主轴上的卡盘就有很大的端面，主轴上还有很多台阶，要车削的定位小轴也有端面和台阶。

车削端面和台阶常用的车刀有两种，45°弯头车刀和 90°偏刀，如图 3－22 所示。

右偏刀主要用来车削外圆、车削右台阶；如果端面的加工余量很大，可用左偏刀来车削端面，也可以反向进给车削外圆的左台阶；弯头车刀也称为 45°弯头车刀，既可以车削端面也可以车削外圆，还可以用来倒角。

车削端面中的注意事项：

1）端面车刀在安装时刀尖一定要对准工件的中心，以免车削出的端面中心留有凸台。

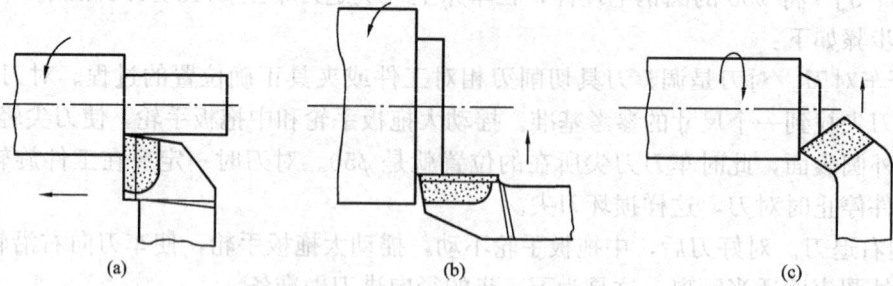

图 3-22 端面车刀的运用

(a) 右偏刀车台阶；(b) 左偏刀车端面；(c) 弯头刀车端面

2) 端面车刀对刀时，刀尖不能越过圆心的位置，否则刀尖容易损坏。

3) 车削较大的端面时，若出现凹心或凸肚时，应检查车刀和刀架，以及大拖板是否锁紧。

(3) 切槽与切断。切槽是用车削方法在工件上加工沟槽的方法，是车削加工常见的加工方法。在很多轴类零件外表面、盘类零件圆孔内表面、台阶表面等处均需车削沟槽，如图 3-23 所示。切断是把坯料或工件切成两段或数段的加工方法。往往用于较长棒料的切割下料，或将已经车削好的零件从毛坯材料上切割下来，如图 3-24 所示。

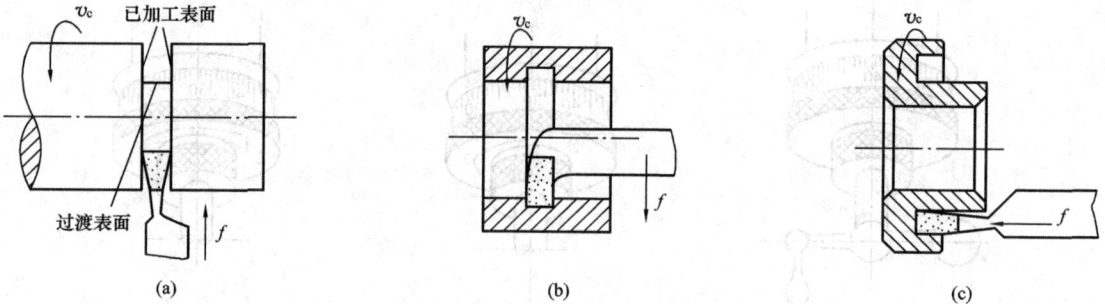

图 3-23 切槽

(a) 切外槽；(b) 切内槽；(c) 切端面槽

切槽与切断使用的刀具，统称为切刀。其中，切外槽与切端面使用的刀具与切断刀很相似，一般可通用。切断刀的形状及切削角度如图 3-25 所示。

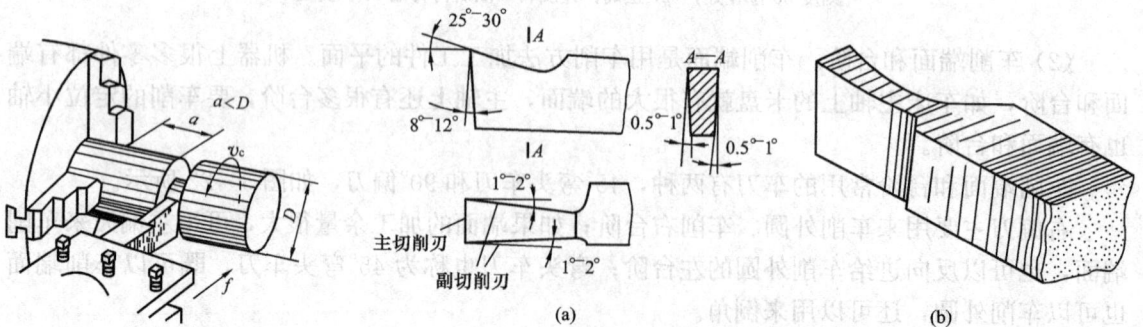

图 3-24 切断

图 3-25 切断刀

(a) 几何角度；(b) 形状

切刀的特点是前宽后窄、上宽下窄，切刀磨成这个角度是为了减小切刀侧面和工件的摩擦。

切刀在安装时要保证刀杆轴心线和工件垂直，以保证切刀角度的准确对称，同时还要保证切刀的主切削刃和工件中心等高。

1) 切槽的操作方法。根据槽的宽窄，切槽有切宽槽和切窄槽两种。一般在 5mm 以下的为窄槽，可以采用刀头宽度等于槽宽的切刀，用直进法一次完成；5mm 以上的为宽槽，可以采用左右借刀法来完成，如图 3-26 所示。

2) 切断的操作方法。切断与切槽的方法相似，也分为直进法和左右借刀法两种。直进法常用于脆性材料和直径比较小的工件，左右借刀法常用于塑性材料和直径比较大的工件，如图 3-26 所示。

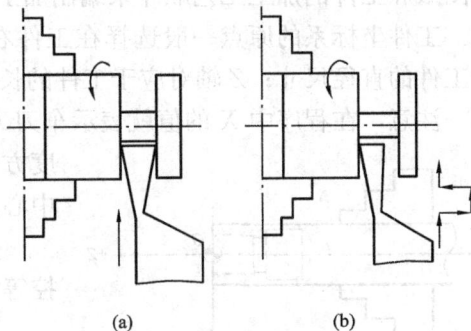

图 3-26 切槽（切断）方法
(a) 直进法；(b) 左右借刀法

切断时，工件的切断处应尽力靠近卡盘，如果切口远离卡盘容易引起振动。

切槽与切断时，如果采用手动进给，一定要稳住中拖板手轮，进给均匀。即将切断时，需要放慢进给速度，以免扎刀或折断刀头。

8. 车床的安全操作规程

（1）工作时应穿工作服，把衣袖扎紧。女同学应戴工作帽，头发或辫子应塞入帽内。

（2）工作时戴上防护眼镜，以防切屑飞入眼中。在车床上工作时，严禁戴手套操作。

（3）不能用手去刹住转动的卡盘。工件没有停止转动时，不能测量工件。

（4）工件装夹时，一定要关闭电机，以免误碰离合器使车床突然旋转造成事故。

（5）工件装夹好后，要及时把卡盘扳手取下；卸下工件时，也必须要取下卡盘扳手。

（6）开车前应检查车床各部分机构是否完好，各传动手柄是否放在空挡位置。

（7）车床工作中不能扳动车床变速手柄，以免把箱内齿轮打坏。

（8）车削加工出来的切屑，应用铁钩及毛刷清理，严禁用手去清除。

9. 数控车床知识简介

数控车床是按加工要求预先编制程序，由控制系统发出数字信息，对工件进行加工的机床。

随着生产科学技术的飞速发展，机械制造技术发生了很大的变化，如今数控车床在各机械加工企业得到了大量普及和应用。在此，下面以前面所学到的普通车床为基础，简要介绍一下数控车床的基本编程方法和数控加工过程。

数控车床就是在普通机床的基础上发展起来的。如今有很多企业，为了节约成本，在普通机床的基础上，叠加一套数控系统，就可以把一台普通的车床改造成数控车床。它的基本原理就是把车床的纵向进给和横向进给由原来的人工看管刻度盘控制，变换成了由微机控制的伺服电机来代替人工操作。即把工件的加工工艺步骤和工艺路线编写成数控加工程序，输入微机控制系统，这样数控系统根据人工编制的程序，控制伺服电动机按照程序的加工步骤把工件加工好。

在数控车床上，是通过坐标来定义刀尖位置和工件尺寸。因为车床的加工过程只需要刀尖在通过工件回转中心的一个平面内移动，所以数控车床只需要两个坐标就可控制刀尖的位置和工件的尺寸大小。

数控车床编程时一般都是根据工件坐标系来编制程序，这样编程人员就可以直接根据工件图纸和工件的加工工艺顺序来编制加工的程序。

工件坐标系的原点一般选择在工件右端面的中心位置，这样设置便于对刀；X 轴对应于工件的直径尺寸；Z 轴对应于工件的长度尺寸。

注意，在程序中 X 的值就表示车刀刀尖所处工件的直径位置，Z 就表示刀尖所处的长度方向的位置，工件坐标原点就是图纸上工件右端面的中心点。

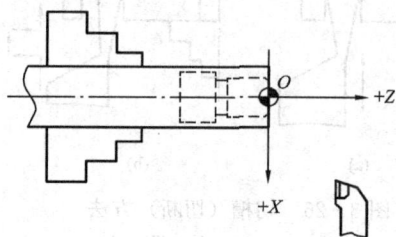

数控车床的操作系统有法那科、西门子、广州数控等。

下面以使用广州数控系统加工定位小轴为例，来了解一下数控车床的程序编制和加工过程。

(1) 数控车床的坐标设定如图 3-27 所示。

(2) 定位小轴的加工程序如下：

图 3-27 数控车床的工件坐标系

N10 G00 X100 Z100;	// G00 是快速定位，让车刀先快速运动到相应的坐标点
N20 M03 S800 T0101;	// M03主轴正传(M04 主轴反传)，S800 是主轴转速为 800r/min，T0101 是自动选择刀架上的 01 号车刀
N30 G00 X40 Z0;	// 车刀快速运动到工件的端面附近，准备车削端面
N40 G01 X-2 F0.2;	// 车刀以 0.2mm/r 的工作速度车削端面，刀尖前进到 X-2 位置 G01 是正常加工直线进给的意思，速度由 F 后面的数组指定
N60 G00 Z1;	// 端面车好，车刀快速右移 1mm，刀尖离开端面
N70 G00 X30;	// 车刀快速后退到 X30 位置处
N80 G01 Z-36;	// 工作速度车削 φ30 外圆，长度 36mm
N90 G00 X35;	// 刀尖到达长度 Z-36 位置，开始快速 X 向退刀
N100 G00 Z1;	// 快速 Z 向退刀，到 Z1 处停止
N110 G00 X25;	// 刀尖快速前进到 X25 位置处，准备继续车削外圆
N120 G01 Z-20 F0.2;	// 工作速度车削外圆直径到，长度 20mm
N130 G00 X32;	// φ25 外圆加工完快速后退到 X32
N140 G00 Z1;	// 快速后退到 Z1
N150 G00 X20;	// 快速进刀到 X20 位置，准备继续车台阶外圆
N160 G01 Z-20 F0.2;	// 工作速度车削外圆直径到 φ20，长度 20mm，进给量 0.2mm/r
N170 G00 X100;	// φ20 外圆加工完 快速后退到 X100
N180 G00 Z100;	// 快速后退到 Z100。这两次后退比较远，目的是准备换刀，防止在刀架转动时碰到工件损坏机床
N190 T0202;	// 自动旋转刀架换刀，选择 02 号切断刀
N200 G00 X35 Z-20;	// 快速定位，准备切槽
N210 G01 X16 F0.2;	// 切刀 X 向前进到 φ20 处，进给的工作速度是 0.2mm/r
N220 G00 X32;	// 快速 X 向退出车刀
N230 G00 Z-35;	// 快速 Z 向进刀到 Z-35 位置处，准备切断
N240 G01 X0 F0.2;	// 工作速度进给切断工件，刀尖一直前进到中心位置

N250 G00 X35;	// 快速后退到 X35
N260 G00 X100 Z100;	// 快速后退的车刀的起始点位置(为下次换刀做准备)
N270 M05;	// 车床主轴停止旋转
N280 M30;	// 程序停止并返回开始处

以上程序只是选择了最简单的几个功能语句,真正的编程还可以用更简洁的语句来实现,限于篇幅在此只是简单介绍,以对数控加工程序有个初步的认识和了解。

【任务准备】

(1)材料:截取 45 钢,$\phi 32 \times 300$mm 的圆钢一段(可由锯削任务转来)。

(2)工具:90°左偏外圆车刀、45°弯头端面车刀、3mm 宽切槽刀、游标卡尺。

(3)检查:检查车床各运转部分是否运转灵活,检查电器部分是否安全,卡盘安装是否牢固,导轨面润滑是否良好等。

【任务实施】

(1)工件装夹。棒料伸出卡盘的长度为 45~50mm,把工件用力夹紧,然后取下卡盘扳手,并放置在安稳之处。

(2)调整主轴的转速。对于定位小轴工件,当用硬质合金车刀时,可选择转速为 800r/min 左右;选用高速钢车刀时,主轴转速可选择在 500r/min 左右。

(3)定位小轴零件的车削加工工艺过程见表 3-2。

表 3-2　　　　　　　　　　定位小轴零件的车削加工工艺过程

序号	工序简图	工序内容	注意事项
1	45~50	工件装夹	原料伸出长度 45~50mm
2		车端面	1. 双手操纵刀架,让刀尖轻触工件端面对刀; 2. 根据工件端面情况,控制断面切削深度为 1~2mm
3	36 $\phi 30$	车外圆	车削 $\phi 30$ 外圆,仔细对刀,认真计算好切削深度
4	20 $\phi 20^{0}_{-0.1}$	车外圆	车削 $\phi 20$ 外圆,建议分四次进刀完成,切削深度分别是 2、1.5、1、0.5。当然最后一次调整进刀前,一定要仔细测量计算,以保证尺寸精度

序号	工序简图	工序内容	注意事项
5		倒角	用弯头车刀倒角
6		切槽	切槽时要计算好中拖板的进给量，看清刻度盘数值，以免切深超差
7		切断	切断时控制总长留1mm的端面加工余量
8		调头车端面	车端面，控制工件总长35mm

（4）定位小轴工件的加工要点。

1）车削中尺寸公差的控制技巧。以第四工序的 $\phi 20_{-0.1}^{0}$ 外圆车削为例，在车完第三刀后，用游标卡尺测量外圆的尺寸，如果测得的尺寸为 21.16，图纸要求尺寸是 $\phi 20_{-0.1}^{0}$，也就是工件直径最大极限尺寸是 20mm，最小极限尺寸是 19.9mm。那么，经过计算可以得知：按最大极限尺寸切除余量是 1.16mm，中拖板应该进刀 11.6 格；按最小极限尺寸切除余量是 1.26mm，中拖板应该进刀 12.6 格。那么在这里选择中拖板，进刀 12 格，这样可以把工件尺寸控制在公差的中间范围内。当然也可以根据具体情况在 11.6 和 12.6 格之间灵活选择，如果担心工件车削出来尺寸小，也可以进刀 11.6 格稍多一点。

2）在切槽和切断时，双手要紧握中拖板手柄，稳定均匀地进给。进给速度不可过小，进给速度越慢越容易引起工件振动。

【任务考核】

定位小轴车削任务的考核内容见表 3-3。

表 3-3 定位小轴车削任务的考核评分表

序号	考核项目	考核要求	考核标准	配分	学生自查	教师检查	得分
1	尺寸	$\phi30\pm0.1$	超差不得分	8			
2		$\phi20_{-0.1}^{0}$	超差不得分	8			
3		$20_{-0.5}^{0}$	超差不得分	8			
4		35 ± 0.5	超差不得分	5			
5		槽 3×2	超差不得分	5			
6		$1\times45°$	超差不得分	5			
7	表面粗糙度	$Ra3.2\mu m$	超差不得分	4			
8		$Ra1.6\mu m$	超差不得分	4			
9	操作过程	工件装夹方法正确	按现场考核	5			
10		姿势正确动作协调	按现场考核	5			
11		主轴转速调整正确	按现场考核	3			
12		对刀方法正确	按现场考核	8			
13		车端面操作步骤正确	按现场考核	10			
14		车外圆操作步骤正确	按现场考核	10			
15		切槽切断操作步骤正确	按现场考核	10			
16		工具定位摆放整齐	按现场考核	2			
17		安全文明操作	违章酌情扣总分				
18	合计			100			

任务二 铣 削

【教学目标】

了解铣削的概念、应用、铣床结构、铣刀等知识；初步掌握铣削平面的操作方法；熟悉铣床的使用、维护方法与安全操作规程；能对铣床进行基本的操作和对简单工件的铣削平面加工。

【任务描述】

加工材料为 45 钢，外形尺寸为 24mm×24mm×115mm 四方体（由锯削任务转来）的相邻两个侧面。

要求：其达到图样规定的尺寸精度、方向精度、表面粗糙度等要求，如图 3-28 所示。

知识学习、技能训练、工件加工等，共 2 课时。

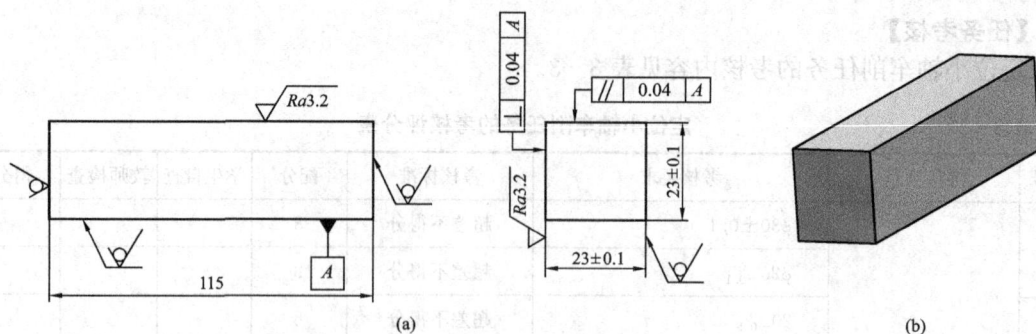

图 3-28 四方体

(a) 工件图；(b) 实物图

【任务分析】

要完成如图 3-28 所示加工四方体相邻两个侧面的任务，并达到图样规定的尺寸精度、方向精度和表面粗糙度等要求，根据加工内容和结构特点，可采用机械加工中的铣削方法。

【相关知识】

一、铣削概述

铣削是铣刀旋转的主运动，工件或铣刀做进给运动的切削加工方法。

铣削是机械加工中非常重要的一种加工方法，其所占的比重仅次于车削加工。在铣削加工中，铣刀由主轴带动旋转做主运动，工件固定装夹在工作台上做进给运动。

铣削加工的主要特点是用多刃来进行切削，故其加工效率较高，加工范围很广，可以加工多种形状复杂的零件。

铣削的加工精度为 IT9～IT8，表面粗糙度值为 $Ra6.3～1.6\mu m$。

铣削使用的设备是铣床，铣床的加工内容见表 3-4。

表 3-4　　　　　　　　　　铣床的加工内容

加工内容	示例图	加工内容	示例图
立铣平面		卧铣平面	
铣沟槽		铣直键槽	
铣 V 形槽		铣凹形槽	

加工内容	示例图	加工内容	示例图
铣螺旋槽	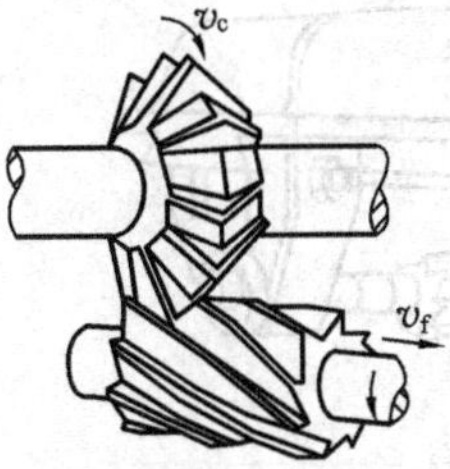	铣齿轮	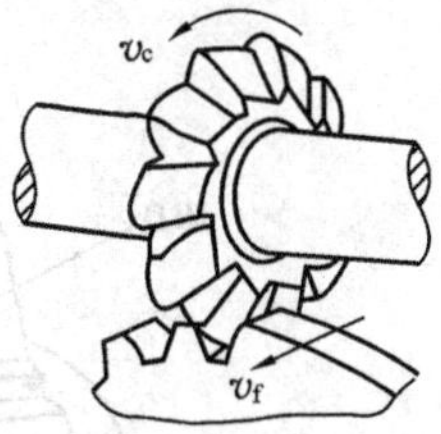
铣 T 形槽	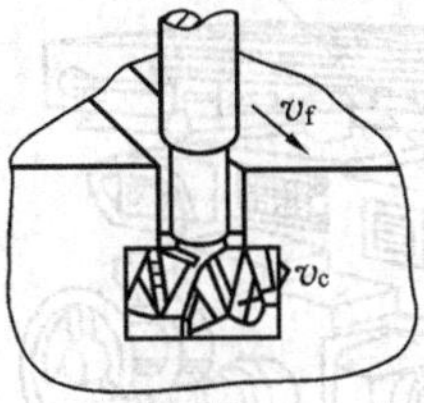	铣燕尾槽	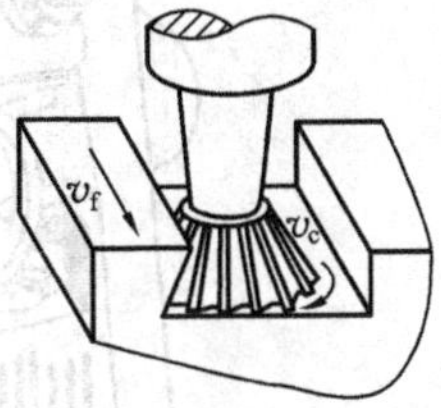
铣凸形槽	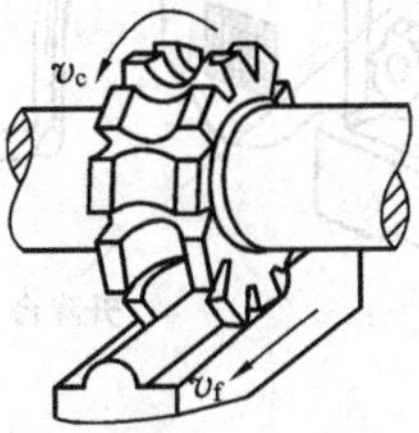	铣半圆键槽	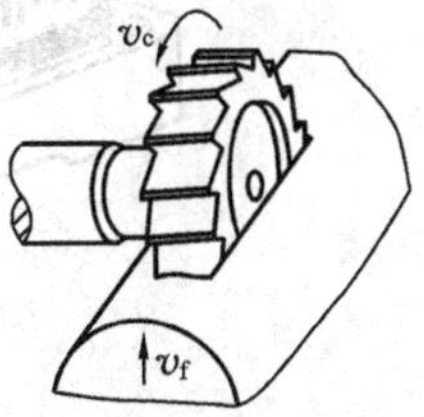
铣台阶	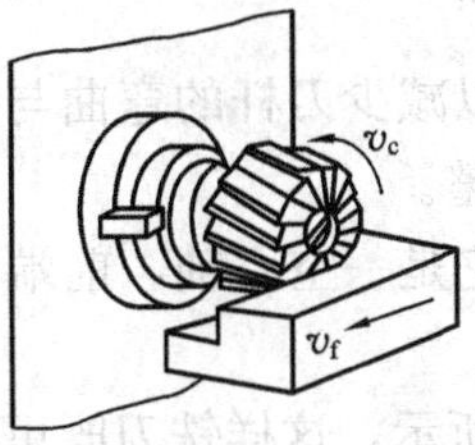	切断	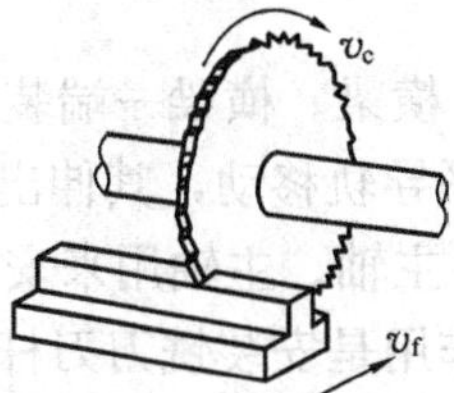

二、铣床及附件

铣床的种类很多，常用的主要有升降台式铣床、万能工具铣床和龙门铣床三种。在升降台式铣床中又分为卧式铣床和立式铣床。

1. 卧式铣床

卧式铣床也称为卧式万能铣床，卧式铣床的结构如图 3-29 所示。主轴锥孔可直接或者通过附件安装各种圆柱铣刀、圆片铣刀、成形铣刀、端面铣刀等刀具，适于加工各种中小型零件的平面、斜面、沟槽、孔、齿轮等，是机械制造、模具、仪器、仪表、汽车、摩托车等行业的理想加工设备。

卧式铣床的主要组成部分有床身、横梁、主轴、升降台、横滑板、工作台等。

（1）床身。床身用来固定和支承铣床各部件，顶面上有供横梁移动用的水平导轨；前壁有燕尾形的垂直导轨，供升降台上下移动；内部装有主电动机、主轴变速机构、主轴、润滑油泵等部件。

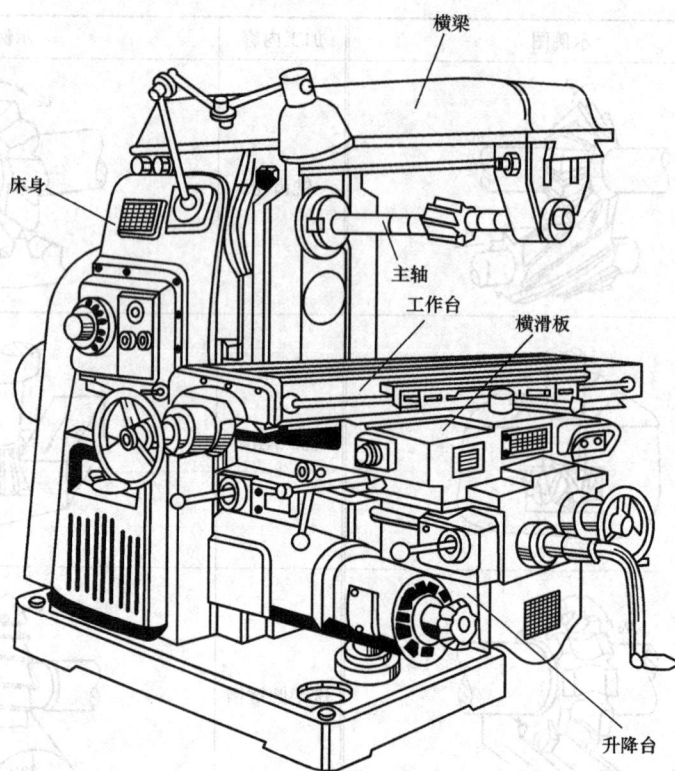

图 3 - 29 卧式铣床

（2）横梁。横梁一端装有吊架，用以支承刀杆，以减少刀杆的弯曲与振动。横梁可沿床身的水平导轨移动，其伸出长度由刀杆长度来进行调整。

（3）主轴。主轴用来安装刀杆并带动铣刀旋转。它是一空心轴，前端有 7：24 的精密锥孔，其作用是安装铣刀刀杆的锥柄。

卧式铣床的主轴还可以安装立铣头，如图 3 - 30 所示，这样铣刀既可以直立，也可以偏转角度，用来铣削各种角度的斜面。

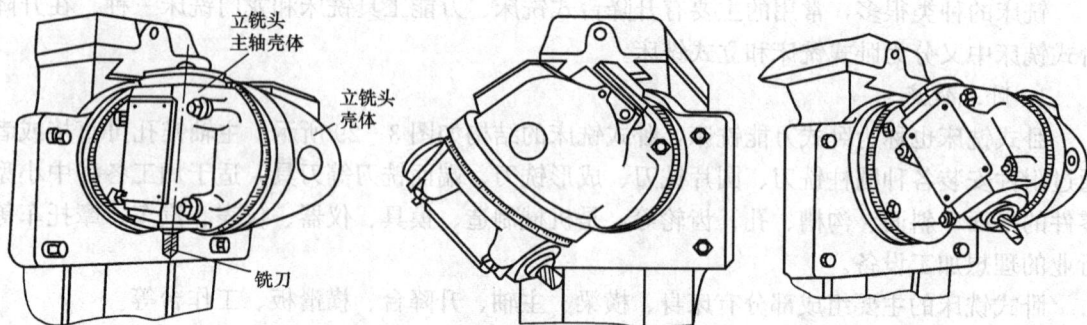

图 3 - 30 立铣头及工作状态

（4）纵向工作台。用来安装工件或夹具，并带动工件做纵向进给运动。台面上有三条 T 形槽，用以安装夹具或固定工件。

（5）横向工作台。横向工作台位于升降台上面的水平导轨上，可带动纵向工作台一起做横向进给。

（6）转台。转台可将纵向工作台在水平面内扳转一定的角度（正、反均为 0°~45°），以便铣削螺旋槽等。具有转台的卧式铣床称为卧式万能铣床。

（7）升降台。升降台可以带动整个工作台沿床身的垂直导轨上下移动，以调整工件与铣刀的距离和垂直进给。

（8）底座。底座用以支承床身和升降台，其箱内可盛装切削液。

2. 立式铣床

立式铣床的结构和卧式铣床的主要区别是立式铣床没有横梁，主轴孔结构是垂直的。立式铣床的结构如图 3-31 所示。

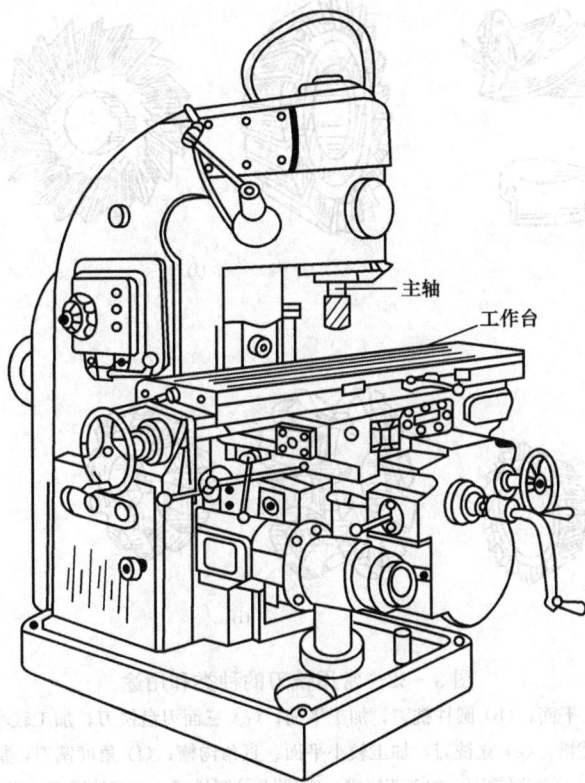

图 3-31　立式铣床

3. 卧式铣床和立式铣床的加工特点

卧式铣床由于主轴水平布置，所以多用于齿轮、花键、开槽、切割等加工，也可以安装立铣头实现立式铣床的功能。

立式铣床多用于平面加工，还可以加工平面上有高低曲直几何形状的工件，如模具类、凸轮等。

4. 铣刀

铣刀一般是由多个刀齿组成的旋转刀具，工作时各个刀齿依次间歇的切削工件。铣刀的刀头材料主要有两大类——硬质合金材质类和高速钢材质类。

（1）铣刀的种类。铣刀的种类很多，按其用途主要分为三类，如图 3-32 所示。

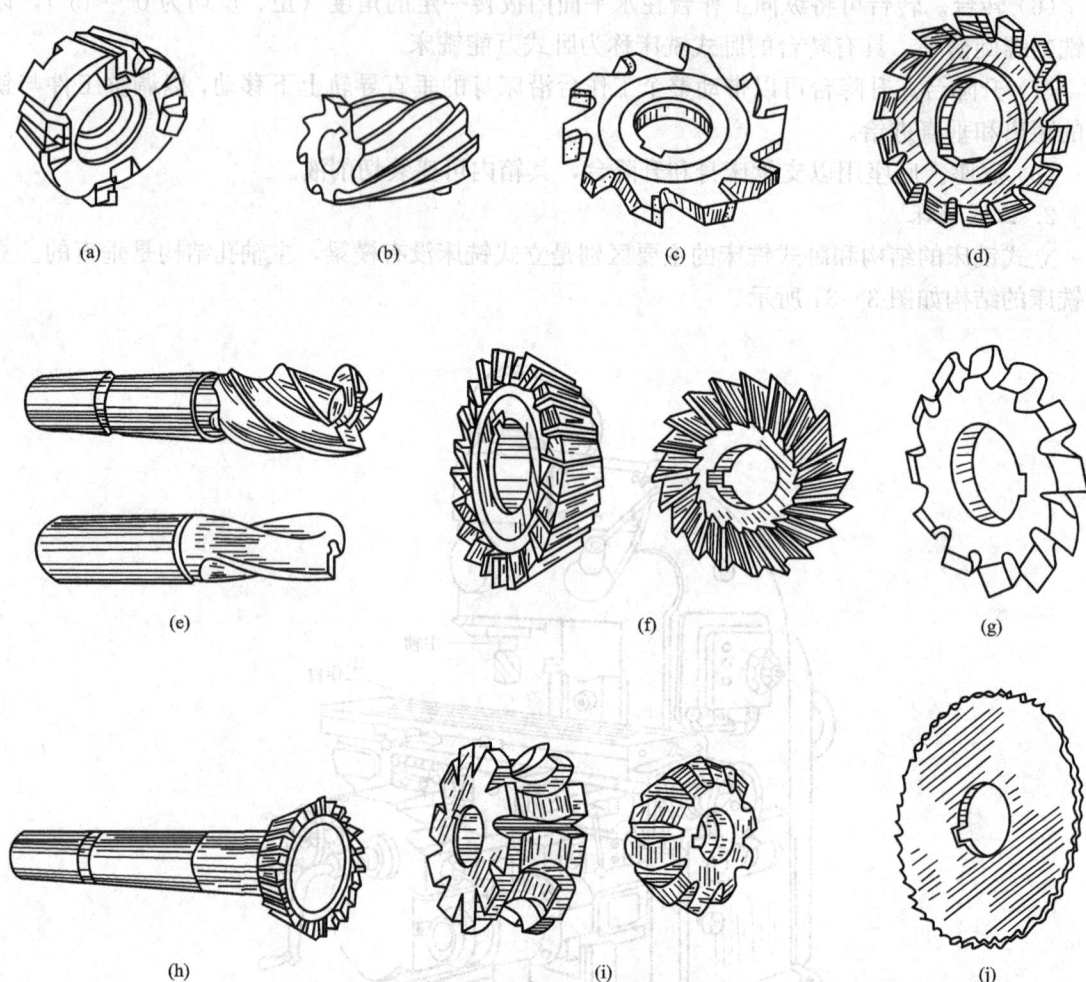

图 3-32　常用铣刀的种类和用途

（a）端面铣刀，加工平面；（b）圆柱铣刀，加工平面；（c）三面刃盘铣刀，加工较小平面、直角沟槽；
（d）专用盘形铣刀，加工键槽；（e）立铣刀，加工较小平面、直角沟槽；（f）角度铣刀，加工特种沟槽、燕尾槽等；
（g）齿轮铣刀，加工齿轮；（h）燕尾铣刀，加工燕尾槽；（i）凹凸圆弧铣刀，加工特形面；（j）锯片铣刀，锯切金属材料

1）加工平面类铣刀：有端面铣刀、圆柱铣刀。

2）加工沟槽类铣刀：有三面刃铣刀、专用盘形铣刀立铣刀、角度铣刀、齿轮铣刀、燕尾铣刀等。

3）加工特型面铣刀：有凹凸圆弧铣刀及其他专用成形铣刀。

（2）铣刀的选用。选择铣刀时，首先要根据工件的表面形状和加工要求来选择。如加工平面首选端面铣刀，因其加工效率高，加工质量也比用圆柱铣刀和立铣刀好；加工键

槽可以根据键槽的形状选择键槽铣刀、立铣刀、三面刃铣刀等；加工立体曲面外形时，常采用球头铣刀、鼓形铣刀、锥形铣刀等。其次，要根据加工工件的尺寸大小和加工精度来选择铣刀。

5. 万能分度头及使用方法

万能分度头是铣床上的重要附件，在铣床上可以用万能分度头来加工有分度要求的工件，如铣削齿轮，铣削四方、六方、齿槽和花键槽等等分零件。在加工中可利用万能分度头对工件分度，即铣过工件的一个面（或一个槽）之后，将工件转过所需的角度，再铣第二个面（或第二个槽），直至铣完所有的面（或槽）。万能分度头结构如图 3-33（a）所示。

（1）万能分度头的分度原理。万能分度头的传动原理如图 3-33（b）所示，图中 2 是安装在主轴上 40 齿的蜗轮，3 是单头蜗杆且与蜗轮啮合，B1、B2 为齿数相等的圆柱齿轮。分度时，将工件装夹在卡盘 1 上，当拔出分度手柄插销 7 时，转动分度手柄 8 绕心轴 4 旋转一周，通过 B1、B2 直齿轮即可带动蜗杆旋转一周，从而使蜗轮转动 1/40 周（即工件旋转 1/40 周）。分度盘 6、套筒 5 及圆锥齿轮 A1 与 A2 啮合，套筒 5 装在心轴 4 上。分度盘 6 上有多圈不同数目地等分小孔，利用这些小孔，可以根据算出的工件等分数值，选择合适的等分数小孔，将手柄 8 依次转过一定的转数和孔数，也就是将工件转过了相应的角度，从而对工件完成分度工作。

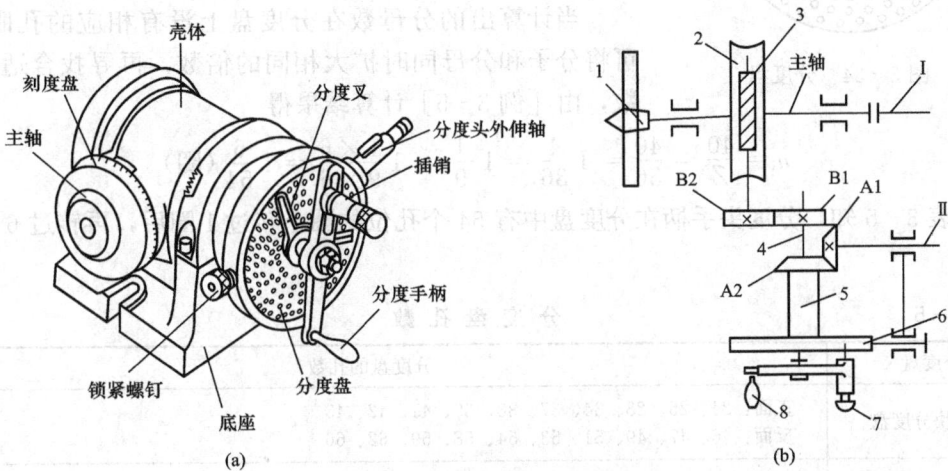

图 3-33 万能分度头

（a）万能分度头结构；（b）万能分度头传动原理

1—卡盘；2—蜗轮；3—单头蜗杆；4—心轴；5—套筒；6—分度盘；7—手柄插销；8—手柄

（2）简单分度法。简单分度法是最基本的分度方法。根据分度头的分度原理可知，蜗轮与蜗杆的传动比为 1：40，由此可知在完成每一等分时，分度头手柄 8 应转过的圈数可由下列公式计算得出，即

$$n = \frac{40}{Z}$$

式中 n——工件每一等分手柄所转过的圈数；

Z——工件所需等分数。

下面通过两个示例来说明分度头的简单分度方法。

[**例3-4**] 要把一个圆柱体的外圆面铣削成八方棱柱体。试计算每加工完一个面后，分度头手柄上的插销 7 应转过多少圈？

解 根据题意知，工件所需等分数是 8 份，那么 $Z=8$，则手柄应转过的圈数可由公式计算得出 $n=\dfrac{40}{Z}=\dfrac{40}{8}=5$（圈）

由此例可以看出，工件等分数若能整除 40，则可以拔出手柄上的固定插销，转过应转的整圈数即可。

[**例3-5**] 铣削齿数为 36 的齿轮时，当铣好一个齿后，分度手柄应转过几圈再铣第 2 齿？

解 根据题意知，工件所需的等分数是 36 份，那么 $Z=36$，则手柄应转过的圈数为

图 3-34　分度盘

$$n=\frac{40}{Z}=\frac{40}{36}=1\frac{4}{36}=1\frac{1}{9}（圈）$$

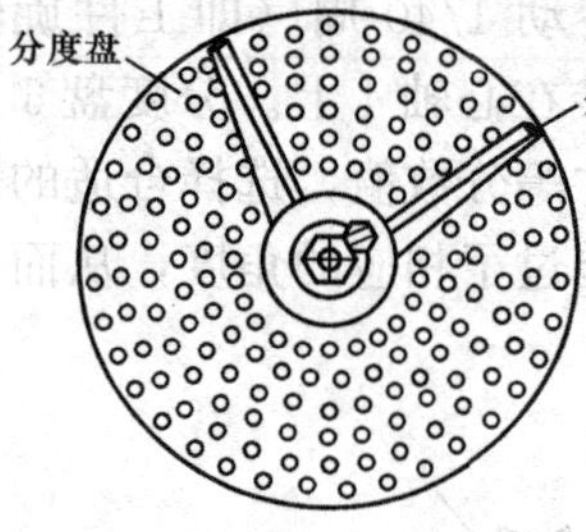

由计算结果可知，手柄要转过的圈数不是整数，而是一个分数。在此情况下，就要利用分度盘（分度头上一般带有一块或两块分度盘），如图 3-34 所示，并通过查表确定孔眼数。

当计算出的分母数在分度盘上没有相应的孔眼数时，可将分子和分母同时扩大相同的倍数，再寻找合适的孔眼数，由 [例 3-5] 计算结果得

$$n=\frac{40}{Z}=\frac{40}{36}=1\frac{4}{36}=1\frac{1}{9}=1\frac{1\times6}{9\times6}=1\frac{6}{54}（圈）$$

查表 3-5 知，分度头手柄在分度盘中有 54 个孔位的圈上转过 1 圈后，再转过 6 个孔距即可。

表 3-5　　　　　　　　　　　　　　　**分 度 盘 孔 数**

分度盘	分度盘的孔数
带一块分度盘	正面：24、25、28、34、37、38、39、41、42、43 反面：46、47、49、51、53、54、58、59、62、66
带两块分度盘	第一块正面：24、25、28、30、34、37 　　　　反面：38、39、41、42、43 第二块正面：46、47、49、51、53、54 　　　　反面：57、58、59、62、66

三、铣床的操作

以 X6132 型万能卧式铣床为例来说明铣床的操作方法，它的操作系统及其结构，如图 3-35 所示。

1. 主轴变速

铣床的主轴变速要在停车的状态下进行。当需要变速时，先把主轴变速转盘 3 下面的手柄 4 压下并向外扳动一下，这时就会碰撞触动开关，使主电机瞬时启动一下（这样可以便于齿轮箱内的齿轮啮合），然后再转动变速转盘 3 的位置，可以使主轴获得 18 种转速。

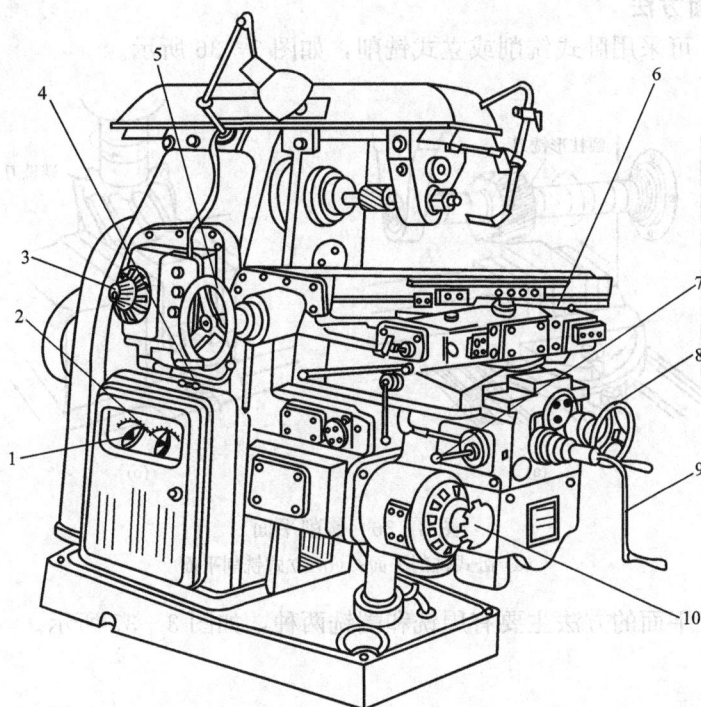

图 3-35 X6132 万能卧式铣床的操纵系统及结构

1—总电源开关；2—冷却泵开关；3—主轴变速转盘；4—主轴变速手柄；
5—纵向进给手轮；6—纵向机动进给手柄；7—横向和升降机动进给手柄；
8—横向手动进给手柄；9—升降手动进给手柄；10—进给变速转盘手柄

2. 进给量调整

通过调整升降台左下侧的转盘手柄 10 来实现进给量的调整。调整时向外拉出转盘手柄 10，再转动手柄，选择确定所需要的进给量，然后再把转盘手柄 10 推回原位，即可得到不同的进给量。

3. 低速空载开车练习

首先要检查铣床工作台的手柄是否放在空挡位置，工作台面上的虎钳等是否远离铣刀，是否在安全的位置；然后启动主电机，主轴带动铣刀旋转。

（1）工作台机动纵向进给操纵练习。左右扳动纵向机动进给手柄 6 就可以实现工作台的纵向机动进给。手柄 6 共有三个位置：手柄 6 向左，工作台向左运动；手柄向右，工作台向右运动；手柄在中间位置，工作台不动。

（2）工作台机动横向或升降进给。通过操纵机床左侧面的球形十字手柄 7，即可控制工作台的横向或升降进给。手柄 7 共有 5 个工作位置：向上扳，升降台上升；向下扳，工作台下降；向前扳，工作台往前移动；向后扳，工作台往后移动；中间位置，横向或升降机动停止进给。

（3）快速进给。在机动进给手柄处于工作位置状态时，当按下快速机动进给按钮时，升降台变速箱里面的快速电磁离合器合上，进给离合器脱开，于是机动进给运动不经过进给变速机构而直接由进给电机带动，实现铣床工作台的快速移动。

四、铣削平面方法

铣削平面时，可采用卧式铣削或立式铣削，如图 3 - 36 所示。

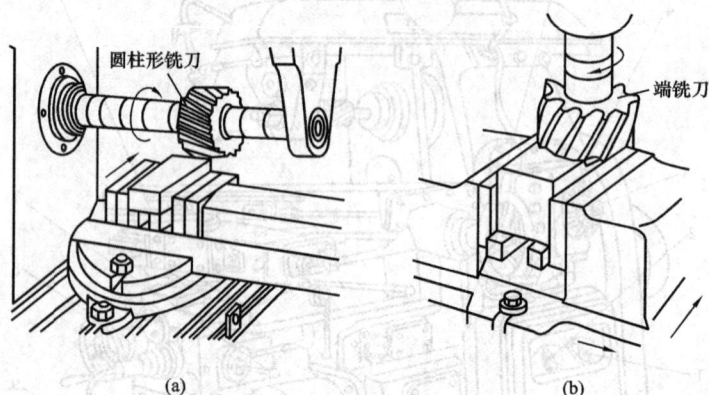

图 3 - 36　铣削平面
(a) 卧式铣削平面；(b) 立式铣削平面

在铣床上加工平面的方法主要有周铣和端铣两种，如图 3 - 37 所示。

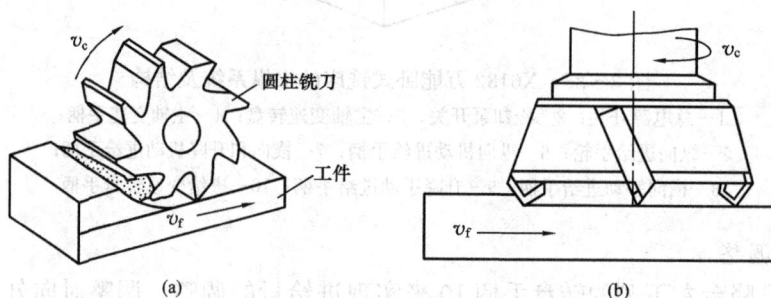

图 3 - 37　铣削平面
(a) 周铣；(b) 端铣

周铣是在卧式铣床上用圆柱铣刀，在立式铣床上用立铣刀，用铣刀圆周上的刀刃来铣削平面的方法。这种加工方法效率较低，而且刀具成本较高，在工厂的应用较少。

端铣是用端面铣刀的端面刀齿来铣削平面的方法。因为端铣刀刚性好、平均切削厚度大，且大多采用机夹式硬质合金不重磨刀头，故其加工效率较高。

1. 工件的装夹

铣削平面时一般选择机用平口虎钳装夹工件。在工件安装前，一定要检查平口虎钳的安装精度，即要求虎钳的固定钳口要和铣床的工作台轴线垂直或平行，同时还要和铣床的主轴平行。工件在虎钳上安装并找正后才能加工，检查方法如图 3 - 38 所示。

2. 切削用量的选择

铣削时的切削用量，要根据工件的加工余量、表面粗糙度和铣刀盘的大小来选择。铣削平面一般应采用粗铣和精铣的步骤来完成，但加工余量较小时，可采用一次铣削完成。当采用硬质合金铣刀时，铣削用量的选择范围如下：

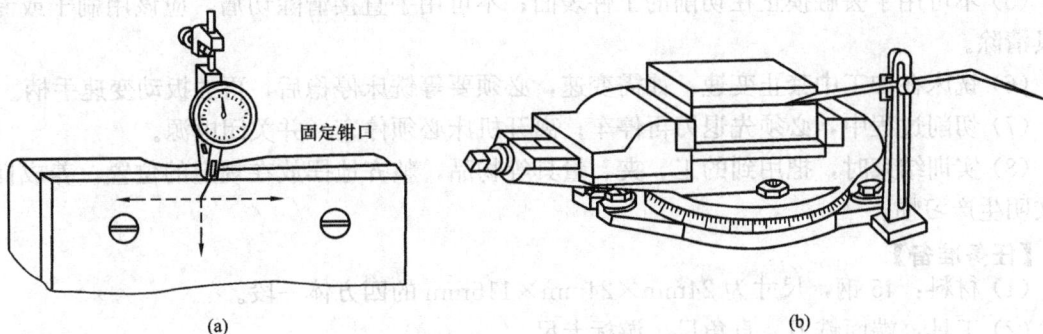

图 3-38 机用平口虎钳使用

（a）百分表校正平口虎钳；（b）按划线找正工件

粗铣 切削深度 $a_p = 2 \sim 6\text{mm}$，每齿进给量 $f_z = 0.15 \sim 0.4\text{mm/z}$

铣削速度 $v_c = 54 \sim 80\text{m/min}$

精铣 切削深度 $a_p = 1 \sim 2\text{mm}$，每齿进给量 $f_z = 0.03 \sim 0.1\text{mm/z}$

铣削速度 $v_c = 60 \sim 120\text{mm/min}$

铣削时的进给量，有每齿进给量和每分钟进给量两种表示方法。铣床的进给变速铭牌只是提供了每分钟进给量，因此选择好每齿进给量后，还要计算出每分钟进给量，才能根据变速铭牌选择。

它们之间的关系计算公式为

$$v_f = nZf_z \ (\text{mm/min})$$

式中　　v_f——每分钟进给量，mm/min；

n——铣刀的转速，r/min；

Z——铣刀的刀齿数；

f_z——每齿进给量，mm。

3. 端铣刀铣削平面的步骤

（1）开车前调整铣刀和工件的位置，使铣刀离开工件一定的距离。

（2）开车对刀。摇动升降台和纵向工作台手柄，使铣刀和工件最高点轻轻接触。

（3）摇动纵向工作台，使工件纵向退出，离开铣刀。

（4）根据切削深度要求，按刻度摇动升降台上升。

（5）手动或机动进给，进行平面铣削。

（6）退刀停车，测量工件尺寸。

五、铣床安全操作规程

（1）操纵铣床时必须遵守操作规程，实训室内禁止大声喧哗、嬉戏追逐。

（2）工作前，必须穿好工作服，扎紧衣袖，严禁戴手套，不准穿拖鞋、短裤。女生要将长发盘起压入安全帽内。

（3）因为铣削时有飞屑甩出，在工作时必须戴上护目眼镜，以防止切屑打伤眼睛。

（4）装夹、测量工件时一定要停车方可进行。禁止将工件和工具放在铣床的工作台面上，尤其不能放在运动部件附近。

（5）不可用手去触摸正在切削的工件表面；不可用手直接清除切屑，应该用刷子或专用工具清除。

（6）铣床在加工中禁止变速，如需变速，必须要等铣床停稳后，再去扳动变速手柄。

（7）切削过程中，必须先退刀再停车；离开机床必须停车，并关闭电源。

（8）实训结束时，把用到的工、夹、量具等物品，整齐地摆放在规定的位置，养成良好的文明生产习惯。

【任务准备】

（1）材料：45 钢，尺寸为 24mm×24mm×115mm 的四方体一段。

（2）工具：端面铣刀、直角尺、游标卡尺。

（3）检查：检查铣床各运动部位是否运转灵活，检查机床电气线路是否安全，导轨面的润滑是否良好等。

【任务实施】

1. 铣床与铣刀的选用

铣床：可选用 X6132 型卧式铣床，安装立铣头；也可选用立式铣床。

铣刀：根据实训任务的特点，选择 φ100mm，刀齿为 6 齿的硬质合金端铣刀。

铣刀安装时要把铣刀的锥柄和主轴的内孔用棉丝擦拭干净，铣刀安装到主轴孔后再用拉杆把铣刀拉紧固定。

2. 切削用量及其选择

切削速度选择：$v_c = 80$mm/min。

根据公式 $v_c = \dfrac{\pi D n}{1000}$，得

主轴转速 $n = \dfrac{1000 \times 80}{3.14 \times 100} \approx 255$（r/min）

因为毛坯尺寸是 24mm，加工后要求的尺寸是 23mm，所以切削深度 $a_p = 1$mm。

进给量的选择：每齿进给量 $f_z = 0.1$（mm/z）。

根据公式计算出每分钟进给量 $v_f = nZf_z = 255 \times 6 \times 0.1 = 153$mm/min。

3. 铣床的调整与准备

首先根据计算得出的主轴转速 n 为 255r/min，在铭牌上选择最接近的转速，将主轴转速调好；再根据得出的每分钟进给量 v_f 为 153mm/min，调整好进给速度；最后将平口虎钳在工作台上装好并压紧。

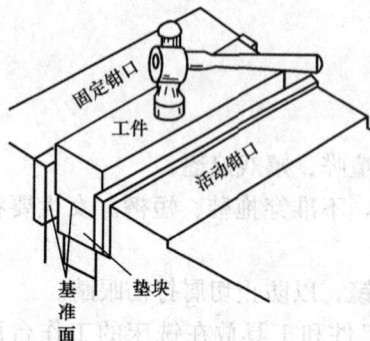

图 3-39　平口虎钳装夹工件

4. 工件装夹

把四方体工件装夹在平口虎钳上，装夹前可在工件下面垫一块两面平行，厚度合适的垫铁，以保证铣出的工件平面和底面平行。

在装夹时，可对工件轻微夹紧，然后用手锤或铜棒轻轻敲击，使工件和下面的垫板接触紧密，如图 3-39 所示。

5. 铣削第一面 A 面

启动铣床主轴，手动操纵铣床工作台上升进行对刀，对好刀后水平退出工件。摇动工作台上升一个切削深度即

$a_p=1$mm，然后机动进给加工。加工好 A 面后，控制工作台稍稍下降，然后再后退工件。

6. 铣削第二面 B 面

把第一面（A 面）靠紧平口虎钳的固定钳口，以此面为基准夹紧工件，同时要在活动钳口处放一根小圆钢，这样的装夹措施可以保证 A 面和 B 面垂直，同时要让四方体和下面的垫铁紧密接触，如图 3-40 所示。重复上述第一面的加工步骤，即可加工完成第二面。

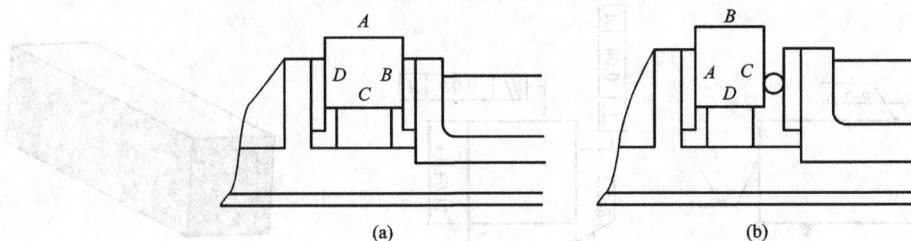

图 3-40　铣削四方体步骤
(a) 铣削 A 面；(b) 铣削 B 面

【任务考核】

铣削四方体任务的考核内容见表 3-6。

表 3-6　　　　　　　　　　　　铣削四方体考核评分表

序号	考核项目	考核要求	考核标准	配分	学生自查	教师检查	得分
1	尺寸	23±0.1（2处）	超差不得分	20			
2	垂直度	⊥ 0.04 A	超差不得分	15			
3	表面粗糙度	Ra3.2μm（2处）	超差不得分	10			
4		工件装夹方法正确	按现场考核	10			
5		姿势正确、动作协调	按现场考核	5			
6		主轴转速调整正确	按现场考核	5			
7	操作过程	进给变速调整正确	按现场考核	5			
8		对刀方法正确	按现场考核	10			
9		铣削平面操作步骤正确	按现场考核	15			
10		工具定位摆放整齐	按现场考核	5			
11		安全文明操作	违章酌情扣总分				
12	合计			100			

任务三　刨　　削

【教学目标】

了解刨削的概念、应用、刨床结构、刨刀等知识；初步掌握刨削平面的操作方法；熟悉刨床的使用与维护方法，熟悉刨床安全操作规程；能对刨床进行基本的操作和对简单工件的刨削加工。

【任务描述】

对铣削加工后，材料为 45 钢，外形尺寸为 23mm×23mm×115mm 的四方体（由铣削任务转来）的另外两个相邻侧面进行再加工。

要求：使其达到图样规定的尺寸精度、方向精度、表面粗糙度等，如图 3-41 所示。

知识学习、技能训练、工件加工等，共 2 学时。

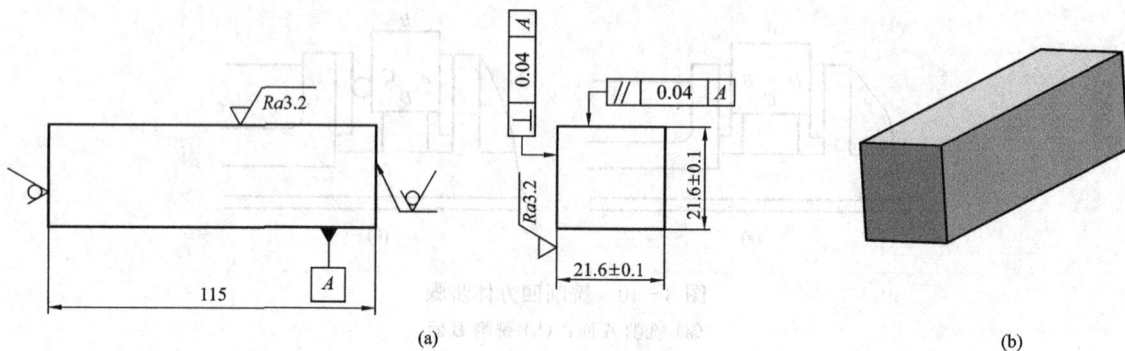

图 3-41　四方体
(a) 工件图；(b) 实物图

【任务分析】

要完成如图 3-41 所示已铣削加工完成相邻两个侧面，需再加工另外两个相邻侧面的任务，并达到图样规定的尺寸精度、方向精度、表面粗糙度等要求。根据其加工内容和结构特点，可选用机械加工中的刨削方法。

【相关知识】

一、刨削概述

刨削是用刨刀对工件做水平相对直线往复运动的切削加工方法。刨削是刨刀和工件之间往复直线运动进行切削，其和木工推刨子切削木头的加工过程相似。

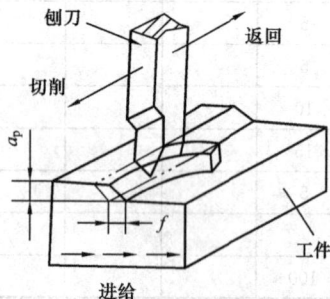

图 3-42　刨削运动

刨削的主运动是刀具的直线往复运动，进给运动是工作台带动工件的间歇进给运动，如图 3-42 所示。

刨削加工的特点如下：

（1）切削速度较低。因为刨削运动是往复运动，换向时要克服较大的惯性力；另一方面，刀具在切入与切出时会产生冲击和振动，从而限制了切削速度的提高。

（2）工作效率较低。由于刨刀在返回行程时不进行切削，这就增加了加工的辅助时间。另外，刨刀又属于单刃刀具，那么加工一个表面往往需要多次行程才能完成，故其基本工艺时间又相对较长。故刨削的生产效率一般低于铣削的。

（3）结构简单，操作容易。刨床的结构比较简单，调整和操作简便，加工成本较低。在一些小型加工企业较受欢迎。

刨削使用的设备是刨床，它分为两大类：牛头刨床和龙门刨床。牛头刨床主要用于单件或小批量生产的中小型零件加工；龙门刨床主要用于加工大型或同时加工多个中型零件。

二、牛头刨床

1. 牛头刨床的加工范围

刨削主要适应于加工狭长的平面，如水平面、垂直面和斜面；还可以加工各种槽类零件，如直槽、T形槽、燕尾槽等，如图3-43所示。

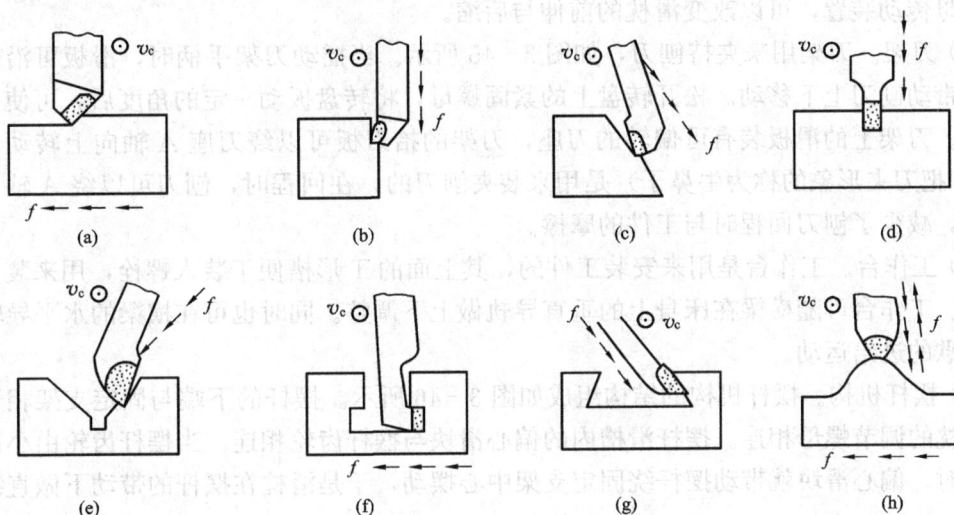

图 3-43　刨削的加工范围

（a）刨水平面；（b）刨垂直面；（c）刨斜面；（d）刨直槽；（e）刨 V 形槽；（f）刨 T 形槽；（g）刨燕尾槽；（h）刨成形面

2. 牛头刨床的构成及作用

牛头刨床主要由床身、滑枕、刀架、工作台、横梁、摆杆机构、进给机构等部分组成，B6065 型牛头刨床如图 3-44 所示。

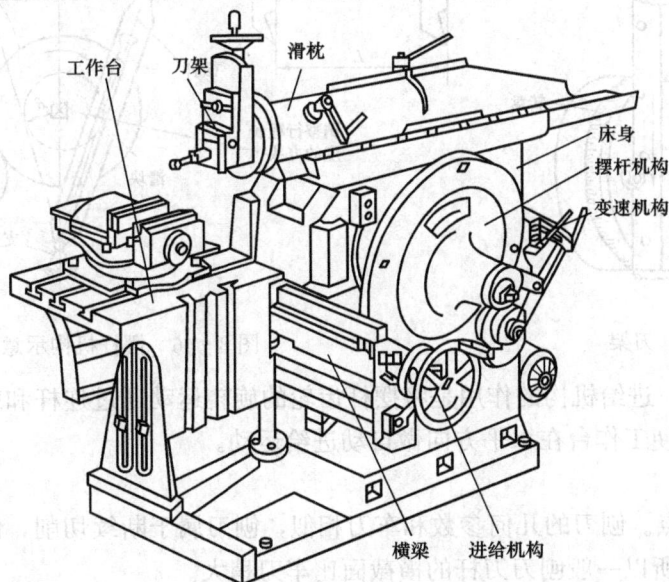

图 3-44　B6065 型牛头刨床

（1）床身。床身是刨床各部分的基础部分，用来支承和连接刨床的各个部件。其顶部的导轨供滑枕做往复运动；其前面的导轨供工作台升降；床身内部装有齿轮变速机构和摆杆机构，以改变滑枕的往复运动速度和行程长度。

（2）滑枕。滑枕主要用来带动刨刀做直线往复运动。滑枕的前端装有刀架，其内部装有丝杠螺母传动装置，可以改变滑枕的前伸与后缩。

（3）刀架。刀架用来夹持刨刀，如图 3-45 所示。当摇动刀架手柄时，滑板可沿转盘上的导轨带动刨刀上下移动。松开转盘上的紧固螺母，将转盘扳动一定的角度后，可使刀架斜向进给。刀架上的滑板装有可偏转的刀座，刀架的抬刀板可以绕刀座 A 轴向上转动。刀夹（在工厂把刀夹形象的称为牛鼻子）是用来装夹刨刀的，在回程时，刨刀可以绕 A 轴自由偏转上抬，减少了刨刀回程时与工件的摩擦。

（4）工作台。工作台是用来安装工件的，其上面的 T 形槽便于装入螺栓，用来装夹工件和夹具。工作台可随横梁在床身上的垂直导轨做上下调整。同时也可在横梁的水平导轨上移动或间歇的进给运动。

（5）摆杆机构。摆杆机构的结构组成如图 3-46 所示。摆杆的下端与固定支架相连，上端与滑枕的调节螺母相连。摆杆滑槽内的偏心滑块与摆杆齿轮相连。当摆杆齿轮由小齿轮带动旋转时，偏心滑块就带动摆杆绕固定支架中心摆动，于是滑枕在摆杆的带动下做直线往复运动。

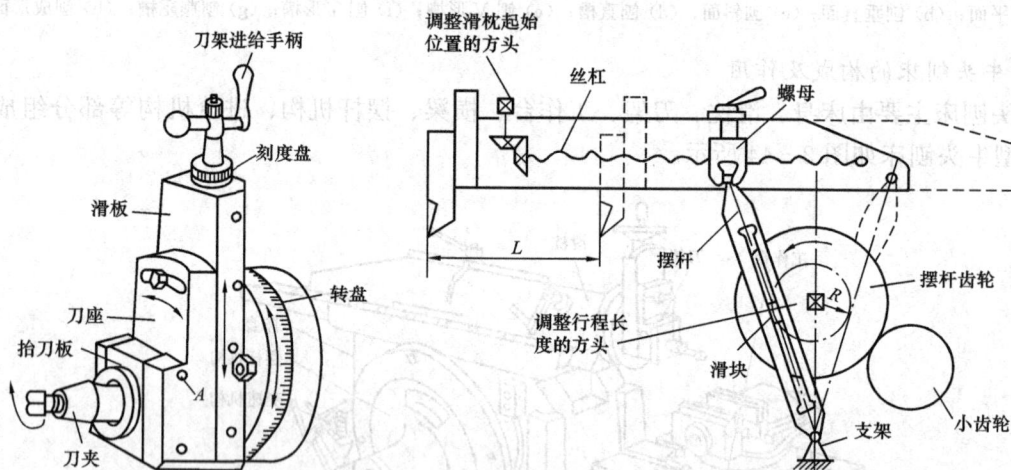

图 3-45　刀架

图 3-46　摆杆机构示意

（6）进给机构。进给机构的作用是将摆杆齿轮的旋转运动通过连杆和棘轮传递给横梁内的水平进给丝杠，使工作台在水平方向做自动进给运动。

3. 刨刀

（1）刨刀的特点。刨刀的几何参数和车刀相似，刨刀属于断续切削，刨刀切入时，会受到较大的冲击力，所以一般刨刀刀杆的横截面比车刀稍大。

（2）刨刀的种类及用途。刨刀的种类很多，按其用途不同可分为平面刨刀、偏刀、角度偏刀、切刀、成形刨刀等。平面刨刀用来加工水平面，偏刀用来加工垂直面或斜面，角度偏刀用来加工具有一定角度的表面，切刀用来加工各种沟槽或切断，常见刨刀的种类及用途如图 3 - 47 所示。

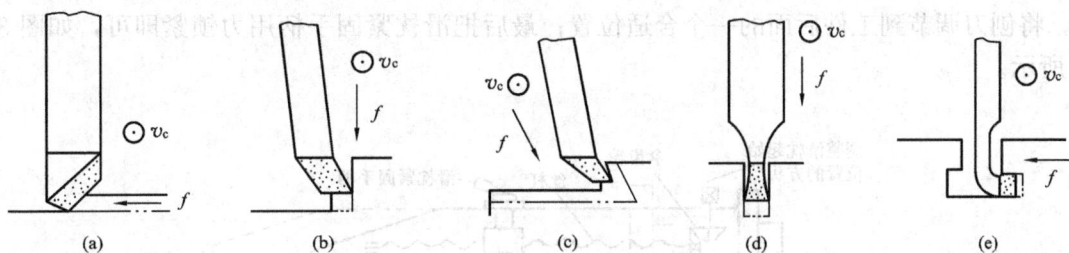

图 3 - 47 刨刀的种类及用途

(a) 平面刨刀；(b) 偏刀；(c) 角度偏刀；(d) 切刀；(e) 弯切刀

（3）刨刀的安装。在安装加工水平面的刨刀时，首先检查转盘角度是否对准零线，以便刨刀垂直进给时尺寸准确；然后转动刀架进给手柄，使刀架下端面和转盘底面基本相齐，以减少刀杆的伸出长度，增加刀杆的刚度；最后将刨刀插入刀夹内，控制其刀杆在满足加工的情况下伸出长度尽量短，拧紧刀夹螺钉将刨刀固定即可。另外，如果需要调整刀座偏转角度，可松开刀座螺钉，转动刀座，如图 3 - 48 所示。

4. 刨床的操作

（1）刨床各部分用棉纱擦拭干净，把各运动部分充分润滑。

（2）速度调整，根据刨床速度调整表选择合适的速度，建议初学者为了安全选择较低的速度。

（3）调整滑枕的行程长度，应使其行程长度略大于工件加工面的长度。调整的方法是用手柄转动调节滑枕行程的方榫，就可以调节摆杆内滑块的偏心距，如图 3 - 49 所示。偏心距越大，则滑枕行程越长。调整时顺时针转动方榫，行程增大；反之，行程减小。调整完成后要把锁紧螺母紧固。

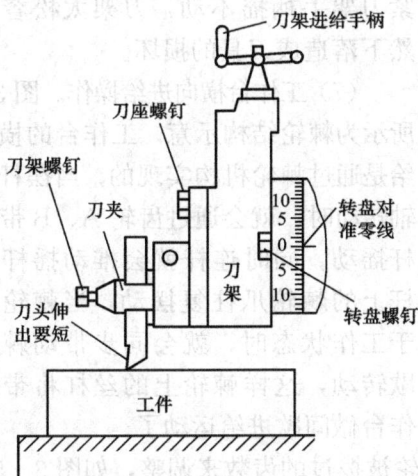

图 3 - 48 刨刀的安装

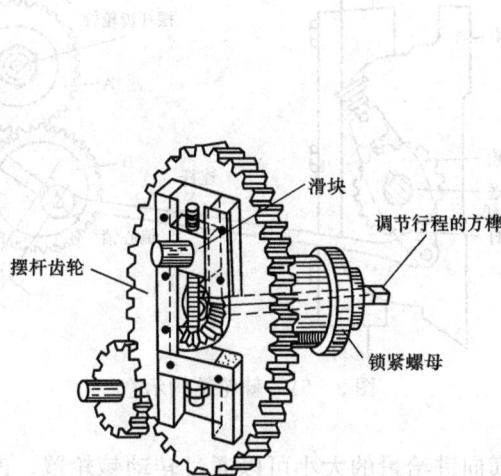

图 3 - 49 改变滑块偏心位置

（4）调整滑枕的行程位置。滑枕的行程位置也就是刨刀起点和终点的位置，要根据工件的位置来调整。其调整方法：首先调整滑枕，使摆杆停留在最后端（如图 3-50 所示的虚线位置）；然后松开滑枕上面的紧固手柄，摇动滑枕前端的调节手柄带动滑枕内伞齿轮使丝杠旋转，将刨刀调节到工件后面的一个合适位置；最后把滑枕紧固手柄用力锁紧即可，如图 3-50 所示。

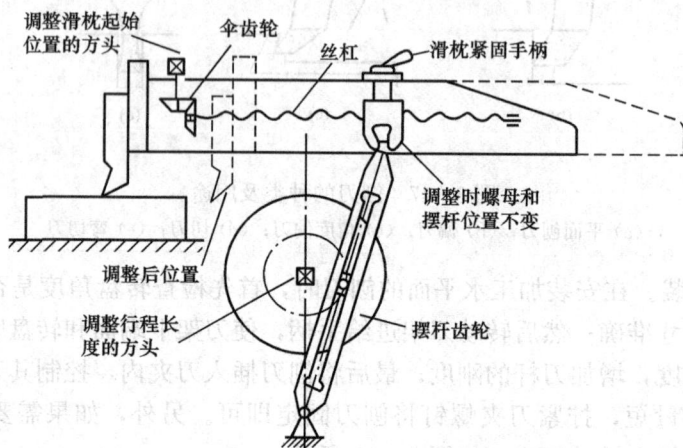

图 3-50　改变滑枕行程位置

（5）工作台的调整操作。调整工作台的升降要用扳手转动横梁一端的方榫，调整好以后，再把工作台前面支架上的螺母紧固。摇动横梁上进给机构的手轮，即可手动控制工作台的横向进给。

（6）小刀架的调整操作。转动刀架进给手柄，即可通过丝杠螺母的传动带动小刀架上下移动。牛头刨床小刀架丝杠螺距为 5mm，小刀架刻度盘上分布着 50 个小格，即手柄每转过一小格，则小刀架移动 0.1mm。在调整刀架时，注意要把位于刀架侧面，用于控制刀架下滑摩擦力的螺钉调整到松紧合适，太紧刀架手柄摇不动，刀架太松容易突然下落造成刀具的损坏。

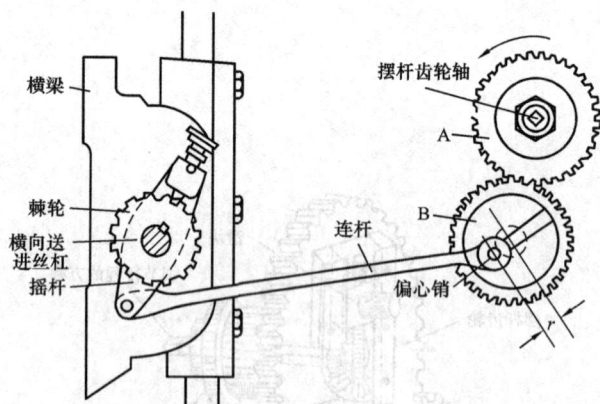

图 3-51　棘轮结构示意

（7）工作台横向进给操作。图 3-51 所示为棘轮结构示意。工作台的横向进给是通过棘轮机构实现的，当摆杆齿轮轴转动时，就会通过齿轮 A、B 带动连杆摇动。同时连杆就会推动摇杆及摇杆上的棘轮爪往复摆动，当棘轮爪处于工作状态时，就会同步带动棘轮间歇转动，这样棘轮上的丝杠将带动工作台做间歇进给运动了。

横向进给量的大小可以通过转动棘轮罩，改变棘轮被拨过的齿数来调整，如图 3-52 所示。通过调节棘轮外圈的挡环位置，就可以改变棘轮爪每次有效的拨动齿数。

棘爪的方向还可以旋转180°，这样可以实现反向自动进给；如果将棘爪提起旋转90°，则棘爪与棘轮分离，可以实现手动控制工作台做横向移动或手动进给。

5. 刨削平面方法

（1）选择合适的刨刀，并装夹正确。

（2）工件的装夹一般有两种方法，尺寸较大的工件一般用螺栓和压板来固定，如图3-53所示；小型的工件大多是用平口虎钳来装夹固定。在加工中为了保证工件的加工面和底面平行，还要在虎钳上准备一块或两块儿厚度一样的垫铁，以便于工件找正。

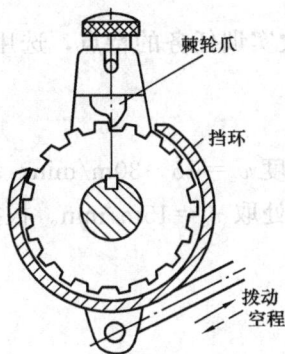

图 3-52　棘轮进给量调整　　　　图 3-53　用螺栓和压板固定工件

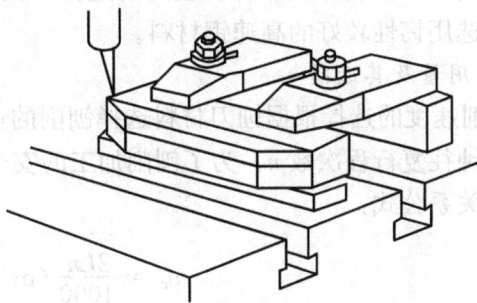

（3）工件装夹完成后，把刨床各部分调整好，就可以启动刨床；然后手动控制工作台，让工件移动到刨刀的下面，在摇动刀架上面的手柄，让刨刀和工件轻轻接触，完成对刀；对刀完成后，刨刀不动，摇动工作台手柄，让工件水平后退离开刨刀；最后停车，摇动刀架手柄，让刨刀下移一个深度，这个尺寸就是工件要刨削下去的加工量，也就是刨刀的吃刀深度。

（4）做好上述调整工作后，继续开动刨床，让工作台慢慢的接近工件，然后用自动进给或手动进给来刨削平面。

6. 刨床安全操作规程

（1）使用前检查工作场地和刨床各部件的情况，确认安全可靠后方能操作。

（2）操作者要穿好工作服、戴好工作帽、扎紧衣袖、系好衣扣，严禁戴手套操作。

（3）工件夹紧后，机床开动前，适当调整滑枕的行程长度和初始位置；检查台面上有无工具和其他物品。

（4）刨刀应牢固地夹在刀架上，刀杆不得伸出太长，吃刀不可太深，以防损坏刨刀；当遇到吃刀困难时应立即停车。

（5）开动刨床后，不要站在滑枕的前方，不要随意拨动机件；调整切削用量、变速及上刀时必须停车。

（6）刨床工作时，不要用手触摸刨刀和工件。

（7）观察工件时，不准离切削的地方太近，严禁正对冲头操作。

（8）搬动刀架角度后，必须紧固好螺钉；长行程工作时，刀具缩入冲头导轨，要检查刀具是否碰导轨。

（9）测量工件尺寸时必须停车，工件上的切屑应用毛刷清扫。

（10）工作完毕，应将工作台移至中心，切断电源，做好清洁及保养工作。

【任务准备】

（1）材料：45钢，尺寸为23mm×23mm×115mm的四方体一段（由铣削任务转来）。

（2）工具：平面刨刀、直角尺、0.02mm/150mm的游标卡尺。

（3）检查：检查刨床各运动部件是否运转灵活，安全防护设施是否齐全，导轨面的润滑是否良好等。

【任务实施】

1. 刨床与刨刀的选用

刨床选用B6065型牛头刨床；刨刀的选择，根据本次实训任务的特点，选用平面刨刀，刨刀的材质选用韧性较好的高速钢材料。

2. 切削用量及其选择

（1）切削速度的选择根据刨刀材料选择刨削的切削速度 $v_c = 15 \sim 30$ m/min，以此来确定滑枕的每分钟往复行程次数 n，为了刨削加工的安全，此处取 $v_c = 15$ m/min。根据切削速度和行程次数关系公式：

$$v_c = \frac{2Ln}{1000} \text{ (m/min)}$$

即

$$n = \frac{1000 v_c}{2L}$$

因加工四方体的长度为115mm，故选择行程长度 L 为150mm，带入上式计算得行程次数 n 为50行程/min。根据牛头刨床的速度调节铭牌，选择每分钟行程次数与50最接近的即可。

（2）切削深度 a_p 的选择。由任务描述可知工件毛坯截面尺寸为23mm×23mm，刨削加工后截面尺寸为21.6mm×21.6mm，每面的加工余量为1.4mm。可分为两次加工，第一次切削深度 a_p 为1mm，第二次走刀选择 a_p 为0.4mm。

（3）进给量的选择。选择进给量 f 为0.33mm/行程（即每次行程摆动棘轮爪拨动棘轮转过一齿），第一次进给也可以手动控制刨刀进给来刨削平面。

3. 刨床的调整与准备

刨床的切削过程是往复运动，因此要给刨削预留一定的切入量和切出量。因此滑枕的行程长度要大于四方体工件的长度，一般切入量取20～25mm，切出量取10～15mm。四方体的长度是115mm，所以把滑枕的行程长度调整为150mm左右即可。把工件装夹完成后，再调整滑枕的行程位置。

4. 刨削第一面（C）

把四方体毛坯料装夹在平口虎钳上。夹紧前先要在工件的下面垫上一块两面平行，厚度合适的垫铁，以保证刨出的平面和底面平行。

装夹工件的方法如图3-54所示。首先选择已经加工过的 B 面靠紧固定钳口；然后在 D 面和活动钳口之间放上一个合适的小圆钢（夹一个小圆钢的目的是为了保证加工后的 C 面和 B 面垂直）；最后用适当力度夹紧，同时用锤子轻轻敲击要加工的 C 面，使 A 面和下面的垫铁紧密接触，以保证两面的平行度。

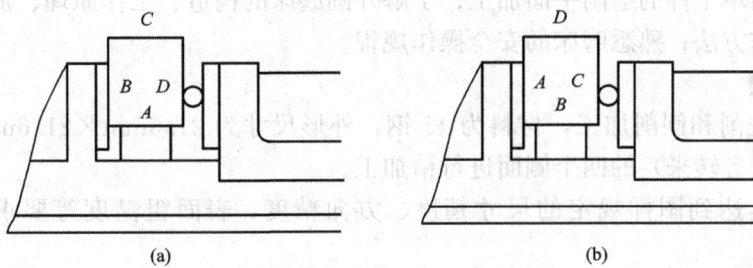

图 3 - 54　刨削四方体加工示意

(a) 加工 C 面；(b) 加工 D 面

工件装夹完成后，按照刨削平面的方法刨削 C 面至尺寸精度、方向精度及表面粗糙度等要求即可。

5. 刨削第二面（D）

刨削第二面（D）的装夹方法和第一面时的相似，如图 3 - 54（b）所示。在加工前要把工件上的毛刺去除干净，以免影响工件的定位精度。第二面的加工方法和要求与第一面相同。

【任务考核】

刨削四方体任务的考核内容见表 3 - 7。

表 3 - 7　　　　　　　　刨削四方体任务的考核评分表

序号	考核项目	考核要求	考核标准	配分	学生自查	教师检查	得分
1	尺寸	21.6±0.1（2 处）	超差不得分	20			
2	平行度	// 0.04 A	超差不得分	10			
3	垂直度	⊥ 0.04 A	超差不得分	10			
4	表面粗糙度	Ra3.2μm（2 处）	超差不得分	10			
5		工件装夹方法正确	按现场考核	10			
6		姿势正确、动作协调	按现场考核	5			
7		刨刀选择、安装正确	按现场考核	5			
8	操作过程	刨削用量选择正确	按现场考核	5			
9		对刀方法正确	按现场考核	10			
10		刨削平面操作步骤正确	按现场考核	10			
11		工具定位摆放整齐	按现场考核	5			
12		安全文明操作	违章酌情扣总分				
13	合计			100			

任务四　磨　　削

【教学目标】

了解磨削概念及应用；了解平面磨床的构造、工作原理、加工范围；能对平面磨床进行基本的操作和简单工件的磨削平面加工；了解外圆磨床的构造、工作原理、加工范围；了解磨削外圆的操作方法；熟悉磨床的安全操作规程。

😀【任务描述】

对已完成铣削和刨削加工，材料为 45 钢，外形尺寸为 21.6mm×21.6mm×115mm 四方体（由刨削任务转来）的四个侧面进行精加工。

要求：使其达到图样规定的尺寸精度、方向精度、表面粗糙度等要求，如图 3 - 55 所示。

知识学习、技能训练、工件加工等，共 2 课时。

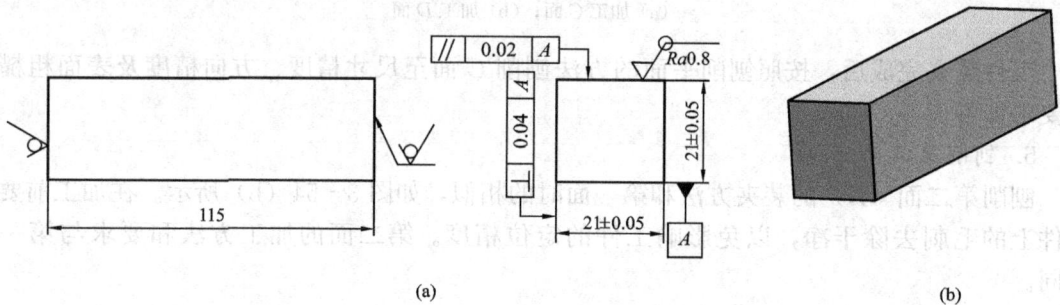

图 3 - 55 四方体

(a) 工件图；(b) 实物图

🖊️【任务分析】

要完成图 3 - 55 所示为已铣削和刨削过四个侧面，需再进行精加工四个侧面的任务，并达到图样规定的尺寸精度、方向精度及表面粗糙度等要求。根据其加工内容和结构特点，宜选用机械加工中的磨削方法。

📖【相关知识】

一、磨削概述

1. 磨削的概念

磨削是用磨具以较高的线速度对工件表面进行加工的方法。

磨削是机械制造中常用的加工方法之一。由于磨削是用砂轮作为切削工具进行加工，所以能使工件获得很小的表面粗糙度值。由于磨削中每次能磨掉的金属层很薄，因此仅适用于车削、铣削和刨削等加工之后的精加工。磨削不仅能加工一般的钢件和铸铁件，而且还可以加工硬度很高的工件，如淬火后的钢件、硬质合金件等。

2. 磨削的特点

（1）能获得高的加工精度和小的表面粗糙度值。磨削时砂轮上的每一个小磨粒都相当于一个刃口很小的切削刃，砂轮的表面有很多密集的小磨粒，所以加工出工件的表面粗糙度比较小，几乎看不到刀刃加工的痕迹。经过普通磨削加工的工件，一般尺寸公差等级可达 IT7～IT5 级，表面粗糙度 Ra 值可达 0.8～0.2μm。

（2）能加工硬度很高的材料。由于磨粒的硬度很高，磨削不但可以加工钢件和铸铁等常用金属材料，还可以加工经过热处理后的淬火钢工件。但砂轮不适合加工有色金属材料（如铜、铝等），因为磨削这些材料时，砂轮容易被堵塞，使砂轮失去切削能力。

（3）磨削加工时温度高。磨削加工时，砂轮的线速度非常高，所以加工中会产生大量的切削热。在砂轮和工件接触处，瞬时温度可达 1000℃，同时剧烈的切削热会使磨屑产生火花。这样高的磨削温度会烧伤工件的表面，使工件的硬度下降，严重时还会在工件表面产生裂纹，使工件的表面质量降低，使用寿命缩短。因此，为了减小摩擦和改善散热条件，降低切削温度，保证工件的表面质量，在磨削时应使用大量的切削液。这样既起到除尘作用，还起到冷却和润滑的作用。

3. 磨削加工的应用范围

磨削主要用于零件的内外圆、内外圆锥面、平面及成形面（如花键、螺纹、齿轮等）的精加工，以获得较高的尺寸精度和较小的表面粗糙度，其常见的几种加工类型如图 3-56 所示。

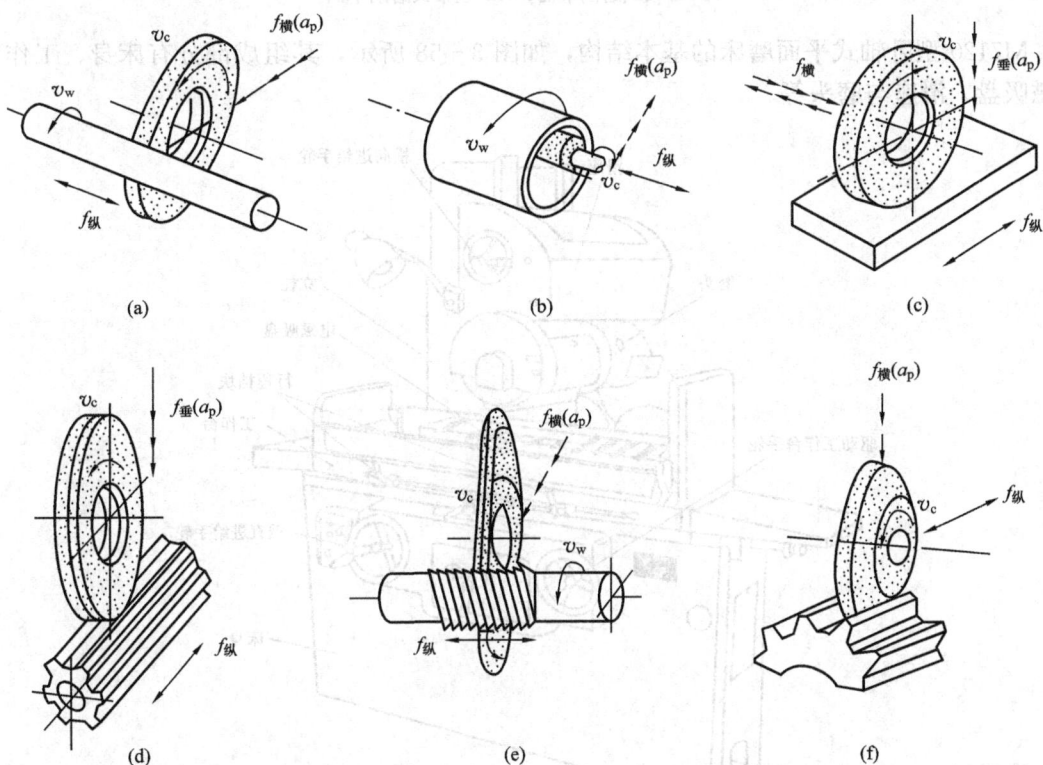

图 3-56 常见的磨削加工类型
(a) 磨外圆；(b) 磨内圆；(c) 磨平面；(d) 磨花键；(e) 磨螺纹；(f) 磨齿轮齿面

二、磨床

磨削使用的设备是磨床。磨床的种类很多，有平面磨床、外圆磨床、内圆磨床、螺纹磨床、齿轮磨床、工具磨床等，这里简要介绍平面磨床和万能外圆磨床。

1. 平面磨床

平面磨床可分为卧轴式和立轴式两类。卧轴式平面磨床用砂轮的圆周面进行磨削平面，立轴式平面磨床用砂轮的端面磨削平面，它们的磨削方式如图 3-57 所示。

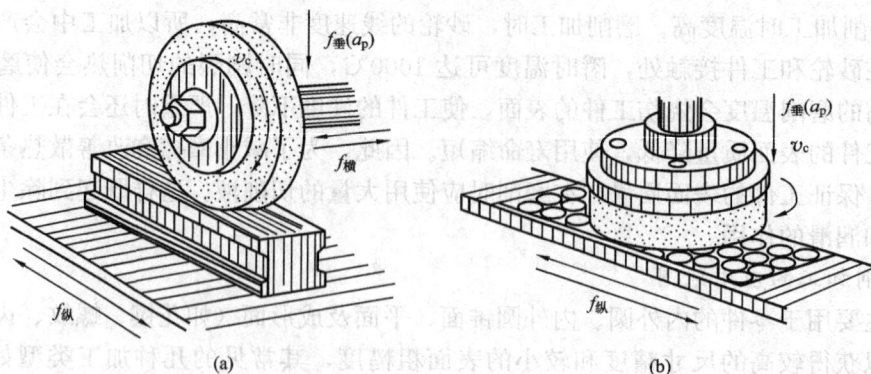

图 3 - 57　平面磨床的加工形式
(a) 卧轴式磨削平面；(b) 立轴式磨削平面

M7120 型卧轴式平面磨床的基本结构，如图 3 - 58 所示，其组成部分有床身、工作台、电磁吸盘、滑座与磨头等。

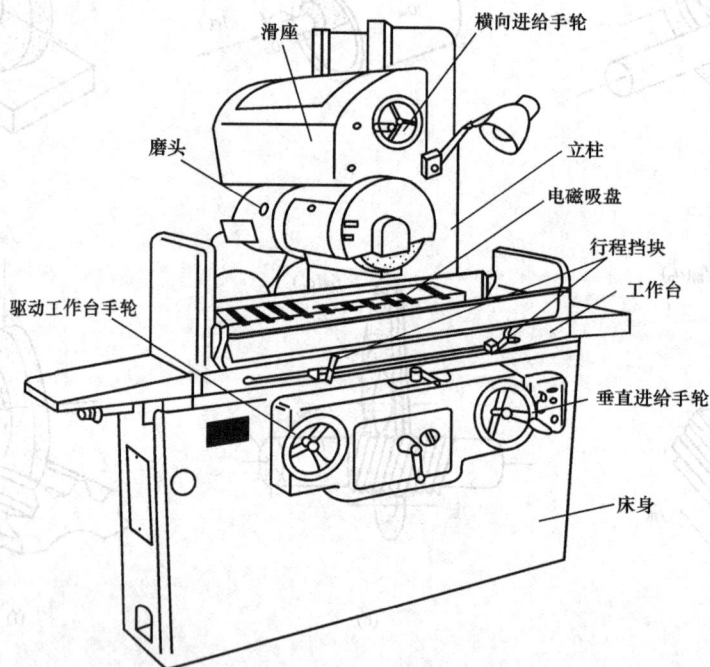

图 3 - 58　M7120 型平面磨床结构

（1）床身。床身用来支承磨床的各个部件。床身上有供工作台纵向滑动的导轨，床身的内部装有液压传动结构；床身上还固定有立柱，立柱上有供磨头、滑座垂直上下滑动的导轨。

（2）工作台。工作台由液压传动，可沿床身上的纵向导轨做直线往复运动，使工件实现纵向进给，在工作台的上面还装有电磁吸盘。

（3）电磁吸盘。在平面磨床上，大多采用电磁吸盘来固定工件，可以很方便地实现工件装夹，而且容易保证磨出的工件两面平行。电磁吸盘的工作原理如图 3 - 59 所示。

（4）滑座与磨头。滑座通过导轨可以在立柱上垂直的上下滑动，从而实现磨削时的垂直进给。在立柱导轨中间有丝杠，摇动磨床操作面板上的垂直进给手轮，可以控制滑座的上下移动，从而实现工件尺寸的精确调整。滑座的下部有横向燕尾槽导轨，供磨头做横向进给。磨头的横向进给可以用液压控制自动往返间歇进给，也可以摇动滑座上的进给手轮来控制磨头横向进给。磨头是由电动机直接带动的砂轮构成，砂轮的轴承采用静压轴承，承载力大，运转平稳。

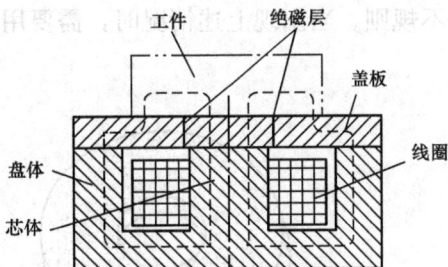

图 3-59 电磁吸盘的工作原理

2. 万能外圆磨床

万能外圆磨床可以磨削外圆柱面和外圆锥面，也可以磨削内圆柱面和内圆锥面。

万能外圆磨床主要由床身、工作台、头架、尾座、砂轮架、内圆磨头、砂轮等部分组成，其结构如图 3-60 所示。

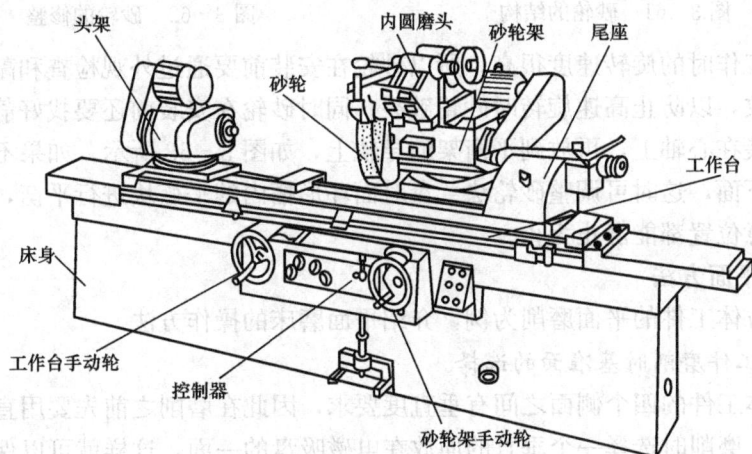

图 3-60 M1432 型万能外圆磨床的结构

头架内装有主轴，可用顶尖或卡盘夹持工件并带动其旋转，外圆磨床的尾座可以安装顶尖，和头架配合使用，可以很方便的装夹轴类零件并对其进行外圆及台阶的磨削。

砂轮装在砂轮架的主轴上，由单独的电动机经由 V 带直接带动旋转。砂轮架可沿床身后部的横向导轨前后移动，其移动的方法有自动周期进给、快速引进或退出、手动三种，其中前两种是以液压传动方式实现。

工作台有两层，上层的工作台可以相对下层工作台在水平面内偏转一定的角度，以便磨削圆锥面。工作台通过液压装置带动，在床身导轨上做直线往复运动，从而实现工件的纵向进给。

三、砂轮

砂轮是磨削的切削工具，它是由许多细小而又坚硬的磨粒用结合剂黏结而成，是一种多孔体，它的细微结构如图 3-61 所示。

砂轮作为切削刀具，具有很高的硬度、耐热性及一定的韧性。常用的砂轮材料有氧化铝和碳化硅两种，氧化铝砂轮用于磨削普通钢；碳化硅比氧化铝砂轮的硬度高，因此适用于磨削硬质合金类的硬材料。砂粒较粗的砂轮用于粗磨，砂粒较细的砂轮用于精磨。

在磨削工程中，砂粒会逐渐变钝，砂轮的空隙会被金属屑堵塞，同时砂轮的形状也会变得不规则。当出现上述情况时，需要用金刚石来修复砂轮的表面，如图 3-62 所示。

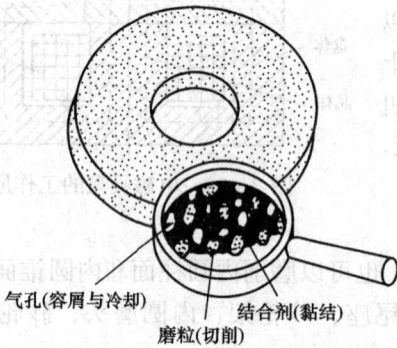

气孔(容屑与冷却)　结合剂(黏结)
磨粒(切削)

图 3-61　砂轮的结构

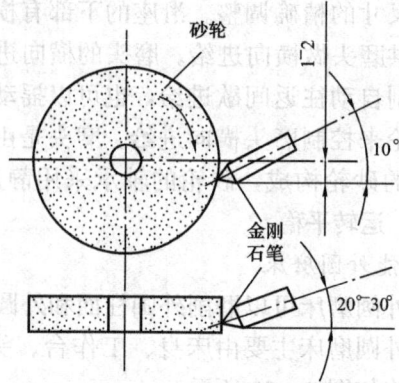

砂轮
金刚石笔

图 3-62　砂轮的修整

因为砂轮工作时的旋转速度很高，所以砂轮在安装前要通过外观检查和敲击声响来判断砂轮是否有裂纹，以防止高速旋转时砂轮破裂。同时砂轮在安装前还要找好静平衡。找静平衡是先将砂轮装在心轴上，再放到平衡架的导轨上，如图 3-63 所示。如果不平衡，总是较重的部分转在下面，这时可调整砂轮法兰盘对面环形槽内的平衡块进行平衡，直到砂轮可以在导轨上的任意位置都能静止为止。

四、磨削平面方法

下面以四方体工件的平面磨削为例，介绍平面磨床的操作方法。

1. 四方体工件磨削时基准面的选择

由于四方体工件的四个侧面之间有垂直度要求，因此在磨削之前先要用直角尺检测工件的垂直度情况。磨削时选择一个垂直的面放在电磁吸盘的一面，这样就可以保证磨出的这个面和基准面平行，从而也能保证和另一个面的垂直度要求。

如图 3-64 所示，磨削前先用直角尺检查工件。如果 A 面和 B 面的垂直度合格，那么选择 A 面为基准。将 A 面和电磁吸盘吸合在一起，磨削 C 面。C 面磨削完成以后，再以 C 面为基准磨削 A 面。这样可以节省磨床的对刀和调整时间。在磨削 A 面时要注意控制工件

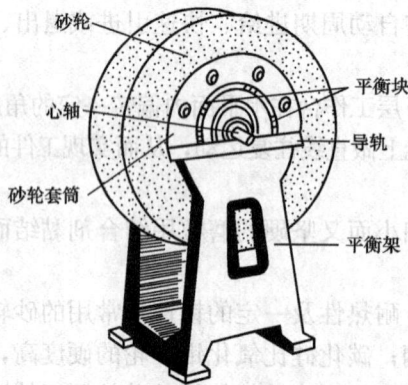

砂轮
心轴
平衡块
导轨
砂轮套筒
平衡架

图 3-63　砂轮的静平衡

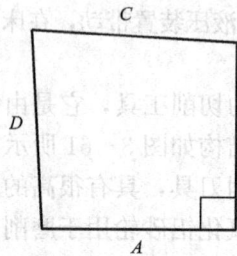

图 3-64　四方体

的尺寸精度。C面和A面磨削完成以后，必须要以B面为基准磨削D面，切不可弄反。下来的磨削工艺步骤和上步一样，直到把工件磨削到尺寸要求。

2. 工件装夹

平面磨床大都用电磁吸盘来固定装夹工件，但是若工件的表面有毛刺或不平，就会吸合的不牢固。因此，在吸附前要把四方体工件上的毛刺用锉刀去除干净，防止和电磁吸盘之间有间隙造成工件吸不牢而飞出。

3. 开车对刀

磨削加工和铣床、刨床加工一样，工件装夹好后，第一步就是对刀，让砂轮和工件轻轻接触。

首先开启电源，让电磁吸盘通电吸牢工件。在启动砂轮和工作台的运动前，要注意观察工件和砂轮之间要有安全距离，切不可让工件突然冲击砂轮，这样容易把砂轮撞坏飞出；观察确认一切正常后，再开启砂轮开关，让砂轮转动起来后，手动控制工作台手轮，使工件移动到砂轮的轴心线下；然后在手动摇动滑座的横向进给手轮，把砂轮调整到四方体工件的上方；最后摇动砂轮架的手动轮，让滑座慢慢下降，使砂轮和工件轻轻地接触，之后再轻轻地摇动工作台手轮，让工件在砂轮的下面水平往复几次，以防止工件表面不平，造成砂轮突然的切削深度过大。如果在工件的移动中，感觉工件不平，有的地方切削深度过大，要重新对刀，把砂轮往上稍稍移动。

4. 磨削平面

工件对刀完成后，开启工作台的纵向自动进给机构，工作台就可以自动往复进给磨削。工作台往复行程的长短可以根据工件的长短来调整，在工作台上有两个和换向阀接触的定位块，调整这两个定位块的位置，就可以调节工作台行程的大小和换向位置。

在磨削中，如果工件的宽度超过了砂轮的厚度。那么，砂轮还可以实现横向自动往复间歇进给。滑座上有液压控制装置，控制磨头实现横向自动往复间歇进给。

当砂轮和工件磨削的火花很小时，调整床身上的垂直进给手轮，控制手轮上的刻度盘每次进给1～2格（0.01～0.02mm）。一般粗磨时，可以让砂轮的切削深度大一些，精磨时小一些。一般到最后一刀时，不再垂直进给，让砂轮在工件上面多磨削几次，直至没有了火花为止。

五、磨床安全操作规程

（1）砂轮是易碎品，在使用前应经目测检查有无破裂和损伤。安装砂轮前必须核对砂轮主轴的转速，不准超过砂轮允许的最高工作速度。

（2）直径大于或等于200mm的砂轮，装上砂轮卡盘后应先进行静平衡试验。砂轮经过第一次整形修整后或在工作中发现不平衡时，应重复进行静平衡试验。

（3）安装的砂轮应以工作速度先进行空转一定的时间，再进行磨削。空运转时操作者应站在安全位置，即砂轮的侧面，不应站在砂轮的前面或切线方向。

（4）磨削前必须仔细检查工件是否装夹正确、紧固，是否牢靠，磁性吸盘是否失灵，用磁性吸盘吸高而窄的工件时，在工件前后应放置挡块，以防工件飞出。

（5）操作时进给量不能过大；开车时不准测量工件；严禁在砂轮旋转和砂轮架横向进给的工作范围内放置杂物。

（6）用圆周表面做工作面的砂轮不宜使用侧面进行磨削，以免砂轮破碎。

（7）采用切削液时，不允许砂轮局部浸入磨削液中。当磨削工作停止时应先停止加磨削液，砂轮继续旋转至磨削液甩净为止。

（8）工作结束或工间休息时，应将磨床的有关操纵手柄放在空挡位置上。

【任务准备】

（1）材料：45 钢，尺寸为 21.6mm×21.6mm×115mm 的四方体一段（由刨削任务转来）。

（2）工具：直角尺、0~25mm 的外径千分尺，并对千分尺进行 0 位校验。

（3）设备：平面磨床。提前检查砂轮，运转要平稳；切削液要充分；轨道润滑要良好；电源开关及按钮动作要灵活等。

【任务实施】

1. 砂轮的选用与安装

根据工件的结构和材料特性，选用平形砂轮。砂轮的材料可以选用 46♯~60♯粒度棕刚玉或者白刚玉砂轮。砂轮在安装前一定要检查砂轮是否有裂纹，将砂轮吊起用木锤轻轻敲击听其声音，声音清脆者是没有裂纹的，声音嘶哑说明有裂纹，应停止使用。

2. 磨削用量的选择

平面磨床的磨削用量，一般为 $v_c=35mm/s$，$a_p=0.01$，因四方体工件的每面磨削余量为 0.25mm，故要分多次走刀加工完成。

3. 磨床的调整

调整平面磨床工作台上的行程挡块，使工作台的往返行程稍大于四方体的长度 115mm。由于工件比较窄，平面磨床的横向进给不需调整，只需在磨削加工中手动调整即可。

4. 工件的装夹

平面磨床上因为采用电磁铁固定工件，因此工件的装夹比较简单方便，只需把工件放置在工作台往返行程的中间位置即可。

5. 磨削工艺步骤

（1）按照如图 3-64 所示的方法，确定四方体工件的第一个定位基准面 A，然后把这个基准面放置在电磁铁吸盘上。

（2）放置好工件，打开电磁吸盘开关把工件吸牢，检查砂轮处于安全位置。开动砂轮，磨削第一面，每次垂直进给量 0.01mm，第一面的加工余量约为 0.25mm。

（3）磨削第二面也就是定位基准面 A，控制尺寸 21±0.05。

（4）磨削第三面，把基准面 B 放置在电磁吸盘上，磨削要求与第一面相同。

（5）磨削第四面也就是定位基准面 B，控制尺寸 21±0.05。

【任务考核】

磨削四方体任务的考核内容见表 3-8。

表 3-8　　　　磨削四方体任务的考核评分表

序号	考核项目	考核要求	考核标准	配分	学生自查	教师检查	得分
1	尺寸	21±0.05（2处）	超差不得分	20			
2	平行度	// 0.02 A	超差不得分	10			

续表

序号	考核项目	考核要求	考核标准	配分	学生自查	教师检查	得分
3	垂直度	⊥ 0.04 A	超差不得分	10			
4	表面粗糙度	$Ra0.8\mu m$（4处）	超差不得分	10			
5		工件装夹方法正确	按现场考核	10			
6		姿势正确、动作协调	按现场考核	5			
7		砂轮选择安装正确	按现场考核	5			
8		磨削用量选择正确	按现场考核	5			
9	操作过程	磨床调整方法正确	按现场考核	5			
10		对刀方法正确	按现场考核	5			
11		磨削操作步骤正确	按现场考核	10			
12		工具定位摆放整齐	按现场考核	5			
13		安全文明操作	违章酌情扣总分				
14	合计			100			

✎ 【项目总结】

本项目以定位小轴和四方体的加工过程为任务载体，进行了知识学习、技能训练与工件制作等过程，初步了解与掌握了车削、铣削、刨削、磨削等机械加工的基本知识与操作技能；了解了车床、铣床、刨床和磨床的基本结构及加工内容，并进行了简单零件的加工操作；再结合对机床的安全使用与维护，了解与熟悉了机床的安全操作规程；同时在执行 6S 管理，积极思考，分析和解决问题，团结协作等方面，培养与锻炼学生养成良好的文明生产习惯与职业素养。

复 习 思 考

1. 车削能加工哪些类型的零件？根据你在工作和生活中的观察，有哪些零件可以在车床上加工出来？
2. 车削运动的加工特点是什么？
3. 车削加工中的三个切削用量分别是什么？其单位是什么？
4. 车削外圆时，横向进给调整时，中拖板的手柄摇过头后应该怎样纠正？
5. 简述车外圆时试切的方法和步骤。
6. 简述普通车床由哪几部分组成，各有什么功能。
7. 铣床的加工内容都有哪些？
8. 观察周围的机械零件还有哪些零件可以在铣床上来加工。
9. 万能分度头有哪些作用？
10. 用万能分度头铣削一个六方体，如何分度？
11. 仔细分析铣床可否加工圆柱体，可否加工螺纹。
12. 刨床的加工内容都有哪些？
13. 观察周围的设备或零件，仔细分析有哪些零件可以用刨床来加工。

14. 铣床加工是不是可以完全替代刨削加工?

15. 牛头刨床主要由哪几部分组成? 其作用是什么?

16. 为什么牛头刨床的滑枕在工作行程时速度慢,回程时速度快?

17. 磨床的加工内容有哪些?

18. 淬火的工件还能磨削吗? 磨床上能磨削铜或铝质材料的工件吗?

19. 常用的平面磨削方法有哪几种?

项目四

焊接基本技能实训

【项目描述】

　　本项目主要学习和掌握焊条电弧焊、气焊与气割等焊接基本知识与操作技能，并以两块 Q235 钢板进行焊条电弧焊之平焊为任务载体的知识学习与技能训练，熟悉与掌握焊条电弧焊之平焊的基本知识和操作技能；再以两块 Q235 薄钢板水平对接之气焊和 Q235 厚钢板坯料之气割为任务载体的知识学习与技能训练，初步掌握气焊与气割的基本知识和操作技能；又通过对焊条电弧焊气焊与气割的安全操作规程及 6S 管理知识的学习与体会，熟悉焊接安全文明操作的基本知识。

【教学目标】

　　知识目标：熟悉焊条电弧焊、气焊与气割等焊接基本知识。熟悉焊接实训的合理组织与 6S 管理知识，养成良好的文明生产习惯和职业素养。

　　能力目标：初步掌握焊条电弧焊、气焊与气割等焊接基本操作技能；会利用焊接常用设备和工具，按照质量要求与考核标准，进行实训任务的各项操作；能够按照焊接实训的合理组织、6S 管理及安全文明实训要求等，进行焊接常用设备、工具、材料等实训物品的定位摆放，做到安全文明实训。

　　态度目标：能主动学习、勤于思考，及时发现问题、分析问题和解决问题；能与同学和老师积极协作、互相交流、密切配合完成实训任务。

任务一　焊条电弧焊

◁》【教学目标】

　　知识目标：熟悉焊接及焊条电弧焊的概念、应用、基本操作技能；熟悉焊条电弧焊常用设备和工具的名称、种类及用途，知道在焊条电弧焊操作中可能出现的问题及原因。

　　能力目标：能使用交流弧焊机对工件进行对接平焊的基本操作，了解焊条电弧焊实训的合理组织与 6S 管理，熟悉焊条电弧焊的安全操作规程。

◎【任务描述】

　　利用焊接方法，将如图 4-1 所示的材料为 Q235，尺寸为 100mm×60mm×6mm 的两

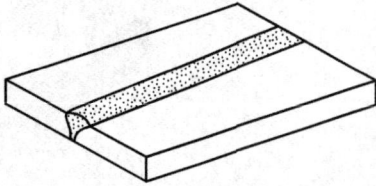

图 4-1　焊接工件

块钢板进行永久性连接。

要求：焊接完成后，工件连接牢固、焊缝位置正确、焊缝平直、无夹渣等。

知识学习、技能训练、焊接操作等，共 6 课时。

【任务分析】

要利用焊接方法，将如图 4-1 所示的材料为 Q235，尺寸为 100mm×60mm×6mm 的两块钢板进行永久性连接，且达到连接牢固、焊缝位置正确、焊缝平直、无夹渣等要求。可选择焊接方法中简便易行的焊条电弧焊之平焊的方法进行。

【相关知识】

一、焊接概念及分类

1. 焊接

焊接是通过加热或加压或两者并用，并且可用或不用填充材料，使工件达到结合的一种方法。焊接是金属加工的一种重要工艺，广泛应用于机械制造、石油化工、电力电子、汽车制造、航天航空、建筑、桥梁等许多领域。

2. 焊接分类

根据焊接过程中加热程度和工艺特点的不同，焊接方法可以分为熔焊、压焊和钎焊三大类。

（1）熔焊：是将待焊处的母材金属熔化以形成焊缝的焊接方法。常见的有焊条电弧焊、气焊、电渣焊、激光焊等。

（2）压焊：是焊接过程中，必须对焊件施加压力（加热或不加热），以完成焊接的方法。常见的有电阻焊、摩擦焊、冷压焊、爆炸焊等。

（3）钎焊：是采用比母材熔点低的金属材料作钎料，将焊件和钎料加热到高于钎料熔点，低于母材熔化温度，利用液态钎料润湿母材，填充接头间隙并与母材相互扩散实现连接焊件的方法。钎焊是硬钎焊和软钎焊的总称，常见的有烙铁钎焊（锡焊）、火焰钎焊等。

二、焊条电弧焊

焊条电弧焊是用手工操纵焊条进行焊接的电弧焊方法，如图 4-2 所示。

焊条电弧焊具有设备简单、操作灵活、成本低等优点，且焊接性能好，对焊接接头的装配尺寸无特殊要求，可在各种条件下进行各种位置的焊接，是生产中应用最广泛的焊接方法。适合焊接碳素钢、低合金结构钢、不锈钢、耐热钢及铸铁的补焊等，适宜焊接的板厚为 3～20mm。

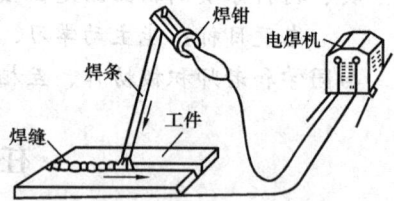

图 4-2　焊条电弧焊示意图

1. 焊接电弧

焊接电弧是由焊接电源供给，具有一定电压的两电极间或电极与母材间，在气体介质中产生的强烈而持久的放电现象。

焊接电弧是用来熔化金属的热源。焊接时，焊接材料和母材依靠电弧加热熔化，才能形成焊缝。

电弧是一种气体放电现象。在一定条件下，位于阴极和阳极之间的气体发光发热，构成一个导电回路，在两个电极之间产生电弧。

电弧不是一个均匀的导体，它分为阴极区、阳极区和弧柱区三部分。靠近阴极和阳极的区域分别称为阴极区和阳极区，中间的区域称为弧柱区，如图 4-3 所示。

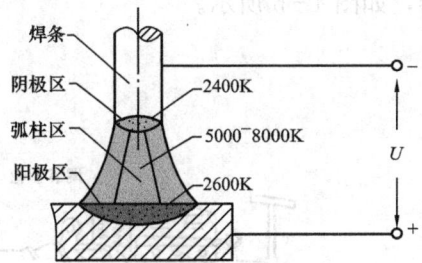

图 4-3　焊接电弧

2. 焊条电弧焊常用设备

焊条电弧焊的焊接电源就是在焊接电路中为焊接电弧提供电能的设备。焊条电弧焊的电源分为交流弧焊电源（又称交流弧焊机）和直流弧焊电源（又称直流弧焊机）两大类，采用直流电源时，电弧稳定性好，但价格较高、维修困难，所以一般采用交流电源，除非是焊接产品要求采用直流电源。交、直流弧焊机的性能比较见表 4-1。

表 4-1　　　　　　　　　　　交、直流弧焊机性能比较

名称	交流弧焊机	直流弧焊机
电弧特性	电弧稳定性较差，磁偏吹小	电弧稳定性较好，容易发生磁偏吹现象
适用性	一般焊接构件，用酸性焊条施焊	较重要的焊接结构，用碱性焊条施焊
价格	低	高
维修	简单	较复杂
效率	高	较高

（1）交流弧焊机。交流弧焊机为焊接电弧输送交流电，是一种特殊的降压变压器，通过增大主回路电感量来获得下降特性。具有结构简单、噪声小、成本低等优点，但电弧稳定性较差，如图 4-4 所示。

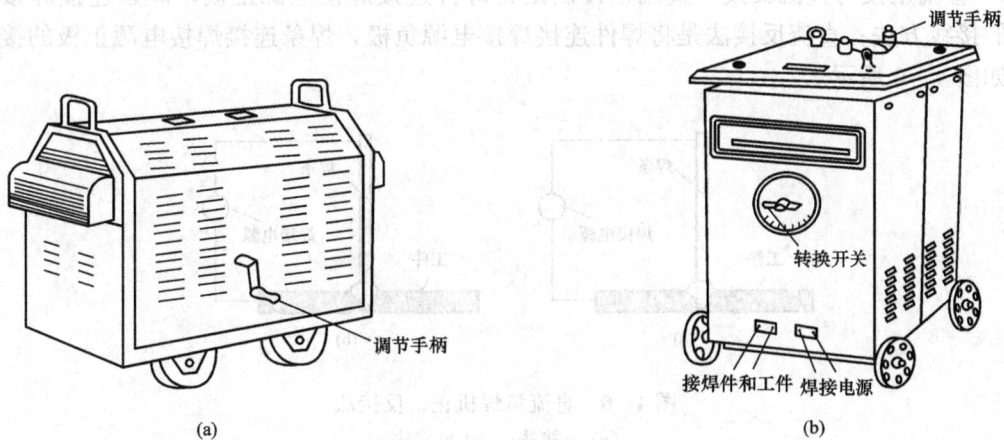

图 4-4　交流弧焊机
(a) BX1-330 型；(b) BX3-300 型

（2）直流弧焊机。直流弧焊机为焊接电弧输送直流电，又分为弧焊发电机和弧焊整流

器，如图 4-5 所示。

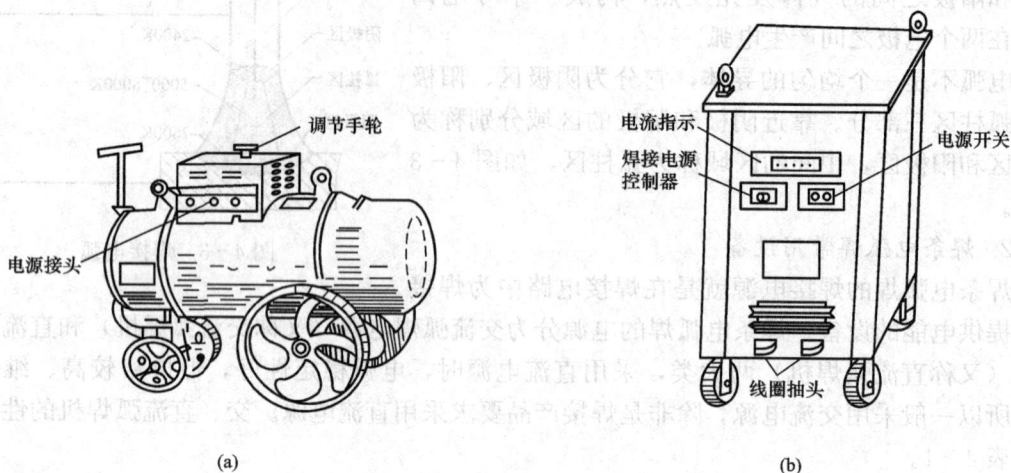

图 4-5 直流弧焊机

(a) 弧焊发电机；(b) 弧焊整流器

弧焊发电机是由一台三相感应电动机和一台直流弧焊发电机组成，因其结构复杂、价格较贵、运转时噪声大、维修困难等缺点，目前已被淘汰。

弧焊整流器是一种将交流电变成直流电的弧焊电源，弧焊整流器的结构相当于在交流弧焊机上添加整流器，从而把交流电变成直流电，弥补了交流弧焊机电弧不稳定的缺点。与直流弧焊发电机相比，具有节能效果好、材料消耗少、重量轻、噪声小、维修方便、制造简单等优点。

用直流电进行焊接时，由于正极与负极上的热量不同，所以有正接和反接两种接线方法。

1) 直流正接与直流反接。直流正接法是将焊件连接焊接电源正极，焊条连接焊接电源负极的接线方法；直流反接法是将焊件连接焊接电源负极，焊条连接焊接电源正极的接线方法，如图 4-6 所示。

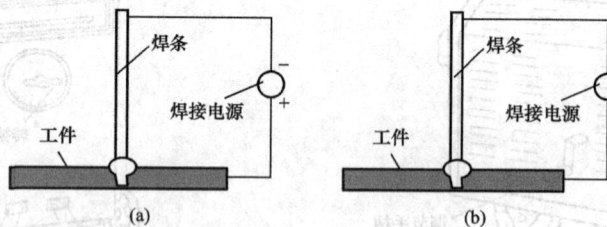

图 4-6 直流弧焊机正、反接法

(a) 正接法；(b) 反接法

采用交流弧焊机进行焊接时，没有正、反接法。因为交流弧焊机的正、负极性是交替变化的。

2) 直流正、反接的应用。电弧焊时，直流电焊机正极部分放出的热量较负极部分高。

因此，若焊件需要的热量高，就选用直流正接法；若焊件不需要较高的热量，而需要焊条熔化快些，就选用直流反接法。

选择焊接极性时，还要考虑焊条的性质。因为有的焊条规定了使用极性，如 E4315（J427）、E5015（J507）等焊条必须用直流反接法进行焊接。

3）电焊机极性的判别。如果电焊机比较陈旧，标注的焊机极性看不清时，可用试焊法来判别，即可利用 E4315（J427）、E5015（J507）等焊条进行试焊。如果在焊接过程中电弧稳定，燃烧正常，飞溅小，则与焊条相连接端，为电源正极。反之，则为电源负极。

3. 焊条电弧焊常用工具

（1）焊钳。焊钳是用以夹持焊条（或碳棒）并传导电流以进行焊接的工具，其主要由钳口、弯臂、弹簧、直柄等部分组成。焊钳的结构如图 4-7 所示。

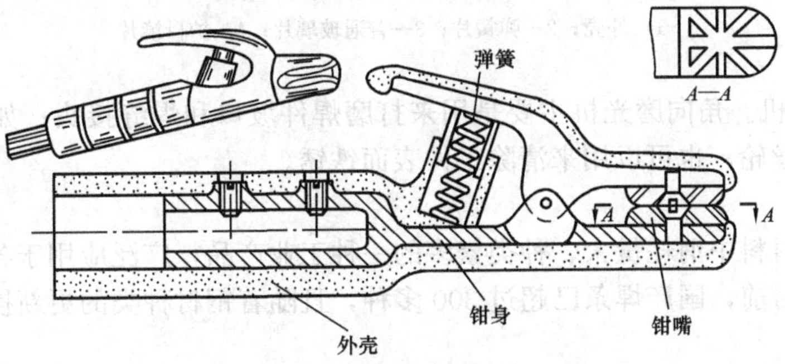

图 4-7　焊钳结构

焊钳应具有导电良好、不容易发热、重量轻、夹持焊条牢固及更换焊条方便等性能。

常用的焊钳一般分为两种：一种是可以夹持 $\phi2\sim\phi5$ 的焊条，安全电流为 300A；另一种是可以夹持 $\phi4\sim\phi8$ 的焊条，安全电流为 500A。

焊接操作前要检查焊接电缆与焊钳的连接是否紧固，焊钳绝缘部分是否良好；使用过程中如出现焊钳温度较高、烫手现象，应立即关闭电焊机电源，停止使用；焊钳使用完毕后，不允许将焊钳置于焊接工作台表面，以免造成短路烧毁电焊机。

（2）电焊面罩。电焊面罩是用来保护操作者面部、眼睛及颈部，避免受强烈弧光及金属飞溅物灼伤的防护用具。

常用的电焊面罩根据用途可分为头戴式（盔式）、手持式（盾式）、光控面罩及有机玻璃面罩等。头戴式可用于氩弧焊接使用，手持式可用于焊条电弧焊使用，有机玻璃面罩可用于装配清渣使用，光控面罩属于新型的焊接面罩，光控滤光玻璃根据光线强弱自动调节颜色深浅，彻底解决了盲焊问题，提高了焊接质量和工作效率。

手持式电焊面罩结构如图 4-8 所示。使用前应检查电焊面罩是否漏光，护目镜片颜色深浅是否适合。选用时可根据自己的视力而定，通常以能看清楚太阳或点燃的 $60\sim100W$ 白炽灯灯丝为宜。电焊面罩在使用过程中，要注意轻拿轻放，避免护目镜片破碎而影响使用。

（3）辅助工具。

1）清渣锤和钢丝刷。清渣锤用来清除焊缝熔渣和矫正较小工件；钢丝刷用来清除焊接表面的锈污、氧化物等。

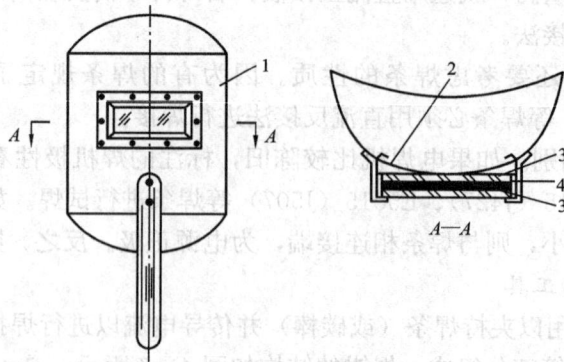

图 4-8　手持式电焊面罩结构
1—外壳；2—弹簧片；3—普通玻璃片；4—护目镜片

2）角向磨光机。角向磨光机主要是用来打磨焊件坡口和焊缝接头；如果将角向磨光机的砂轮片换成钢丝轮，也可以用来清除工件表面铁锈。

4．焊条

焊条是焊接材料中消耗量大、种类繁多的一种工业产品，广泛应用于各种工业领域的焊接结构的制造。目前，国产焊条已超过 300 多种，且随着钢材种类的更新换代，焊条品种还将不断增多。

（1）焊条的组成及作用。焊条是涂有药皮供手弧焊用的熔化电极。焊条由焊芯和药皮两部分组成，如图 4-9 所示。

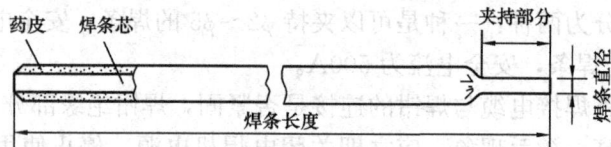

图 4-9　焊条结构

焊芯是焊条中被药皮包裹的金属芯。焊芯的作用：一是作为电极传导电流，产生电弧；二是作为焊缝中的填充金属，熔化后填入焊缝间隙保证焊缝成形。焊芯的直径则代表焊条的直径。

药皮是压涂在焊芯表面上的涂料层。涂料是在焊条制造过程中，由各种粉料、黏结剂，按一定比例配制，再进行压涂的原料。

药皮的作用：一是保护作用，焊条药皮熔化分解后会产生大量的保护气体和熔渣，隔绝空气，防止高温金属被氧化；二是去除有害杂质，增加有益合金元素，获得合适的焊缝化学成分；三是保证电弧容易引燃和稳定燃烧，减少飞溅，提高焊缝成形质量的作用。

（2）焊条的种类。焊条电弧焊用焊条的分类方法很多。按我国统一的焊条牌号，共分为十大类，如结构钢焊条、耐热钢焊条、不锈钢焊条、铸铁焊条、铜及铜合金焊条、特殊用途焊条等。其中，应用最广的是结构钢焊条。

结构钢焊条按熔渣的性质不同又可分为酸性焊条和碱性焊条两大类。如果熔渣中的酸性氧化物比碱性氧化物多，就称为酸性焊条；反之，就称为碱性焊条。

典型的酸性焊条牌号有 E4303（J422）等，碱性焊条牌号有 E5015（J507）等。

5. 焊条电弧焊的工艺规范

焊条电弧焊的工艺规范主要包括焊接接头形式、坡口形式、焊缝的空间位置、焊接规范等。

（1）接头形式：在焊接前，应根据焊接部位的形状、尺寸、受力的不同，选择合适的接头形式。常见的接头形式有对接接头、搭接接头、角接接头、T形接头等，如图 4-10 所示。

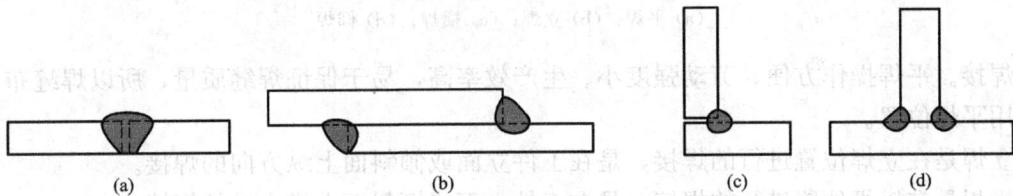

图 4-10 接头形式

(a) 对接接头；(b) 搭接接头；(c) 角接接头；(d) T形接头

（2）坡口形式：倒坡口的目的是保证电弧能深入接头根部，使接头根部能焊透，提高焊缝质量。一般板厚大于 6mm 的钢板，焊前都需要倒坡口。常见的坡口形式有 V 形坡口、X 形坡口、U 形坡口等，如图 4-11 所示。

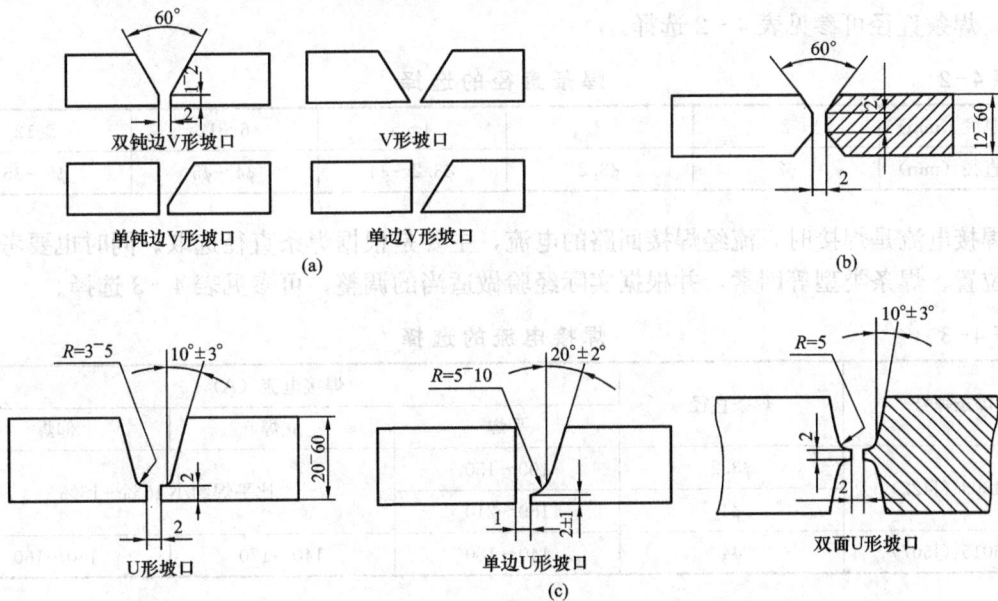

双钝边V形坡口　　　　V形坡口

单钝边V形坡口　　　　单边V形坡口

(a)

(b)

U形坡口　　　　单边U形坡口　　　　双面U形坡口

(c)

图 4-11 坡口形式

(a) V形坡口；(b) X形坡口；(c) U形坡口

（3）焊接位置：熔焊时，焊件接缝处的空间位置可用焊缝倾角和焊缝转角来表示，分为平焊、立焊、横焊和仰焊，如图 4-12 所示。

平焊是在平焊位置进行的焊接，是将工件放在水平位置或与水平面倾斜角度不大的位置

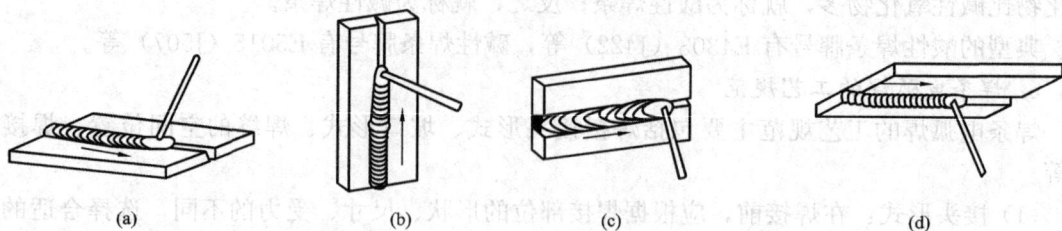

图 4 - 12　焊接位置

（a) 平焊；（b) 立焊；（c) 横焊；（d) 仰焊

进行焊接。平焊操作方便、劳动强度小、生产效率高，易于保证焊缝质量，所以焊缝布置尽量采用平焊位置。

立焊是在立焊位置进行的焊接，是在工件立面或倾斜面上纵方向的焊接。

横焊是在横焊位置进行的焊接，是在工件立面或倾斜面上横方向的焊接。

仰焊是在仰焊位置进行的焊接，是焊条位于工件下方，焊工仰视工件进行的焊接。

立焊、横焊和仰焊时，由于重力作用，被熔化的金属容易向下滴落而造成施焊困难，生产效率低、劳动强度大，焊缝质量不易保证，故应尽量避免。

（4）焊接规范。焊接规范主要就是选择合适的焊条直径、焊接电流、焊接速度和电弧长度，是影响焊接质量和生产效率的重要因素。

焊条直径的大小取决于被焊工件的厚度，工件越厚则应选择直径较大的焊条。平焊低碳钢时，焊条直径可参见表 4 - 2 选择。

表 4 - 2　　　　　　　　　　　　　　焊 条 直 径 的 选 择

焊件厚度（mm）	2	3	4～5	6～12	＞12
焊条直径（mm）	$\phi2$	$\phi3.2$	$\phi3.2\sim\phi4$	$\phi4\sim\phi5$	$\phi5\sim\phi6$

焊接电流是焊接时，流经焊接回路的电流，主要是根据焊条直径选取。同时也要考虑到焊接位置、焊条类型等因素，并根据实际经验做适当的调整，可参见表 4 - 3 选择。

表 4 - 3　　　　　　　　　　　　　焊 接 电 流 的 选 择

焊条牌号	焊条直径	焊接电流（A）		
		平焊	立焊	仰焊
E4303（J422）	$\phi3.2$	100～150	比平焊约小 10%～15%	
	$\phi4$	160～210		
E5015（J507）	$\phi4$	140～180	140～170	140～160

焊接电流的大小也可由经验公式计算选择：

$$I = kd$$

式中　I——焊接电流，A；

　　　k——经验系数；

　　　d——焊条直径，mm。

经验系数 k 与焊条直径 d 的关系见表 4 - 4。

表 4 - 4	经验系数与焊条直径的关系		
焊条直径 d （mm）	1～2	2～4	4～6
经验系数 k （A/mm）	25～30	30～40	40～60

焊接电流的大小对焊接质量有较大的影响。焊接电流过小时，不仅引弧困难，而且电弧也不稳定，会造成未焊透和夹渣等缺陷；还会造成焊条的熔滴堆积在焊缝表面，使焊缝成形不美观；增大焊接电流可以提高焊接效率，但焊接电流过大，又会使得熔深较大，容易产生烧穿和咬边等缺陷；还会因合金元素烧损过多，影响焊缝力学性能。

焊接速度是指焊条沿焊接方向移动的速度。焊条电弧焊时，焊接速度的大小主要是依靠焊工操作技术水平的高低，以及工作经验来掌握。

电弧长度是指焊芯端部与熔池之间的距离，若电弧过长，会使燃烧不稳定，使电弧热量发散，容易产生焊接缺陷。因此焊接操作时应采用短弧，一般要求电弧长度不超过焊条直径。

6. 焊条电弧焊的基本操作技术

焊条电弧焊基本操作有引弧、运条和收弧。

（1）引弧。引弧是进行电弧焊时引燃焊接电弧的过程。引弧是依靠焊条的熔化端与被焊工件表面接触，从而形成短路来实现的。引弧的方法主要有划擦法和敲击法，如图 4 - 13 所示。

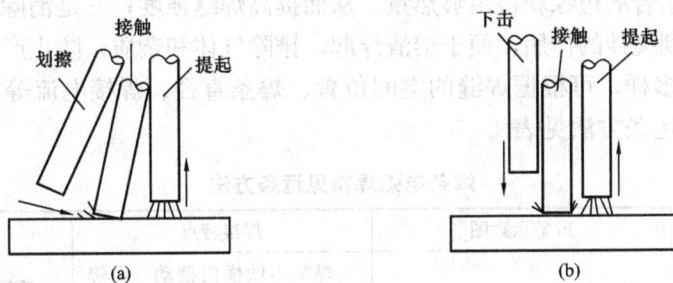

图 4 - 13 引弧方法
（a）划擦法；（b）敲击法

1）划擦法。划擦法类似划火柴，是将焊条末端在工件（或试件）表面划动，形成短路后迅速提起而产生电弧，再将电弧长度调整到短弧要求距离的引弧方法。

对于初学者来说，划擦法比较容易掌握，但如果控制不好，也会出现损坏工件表面，造成被焊工件表面的电弧划伤。

2）敲击法。敲击法是将焊条末端对准工件待焊处后垂直落下，轻敲工件发生短路，并迅速提起焊条产生电弧，再将电弧长度调整到短弧要求距离的引弧方法。

利用敲击法进行引弧，引弧点就是焊缝的起点，可很好的避免划擦法被焊工件表面出现划伤的不足。但此法对初学者较难掌握，难点在于焊条提起的动作太快或距离太高时，都会造成电弧熄灭；而动作太慢时，又会使焊条黏在被焊工件上，而形成短路。

若出现焊条黏在被焊工件上形成短路的情况，应迅速采用左右摇摆焊条，松开焊钳上的焊条或提起焊条与工件等措施，消除短路现象，以防止短路时间过长而损坏焊机。

引弧技术要求：当焊条末端与被焊工件接触时，焊条提起时间要适当。太快，气体未被电离，电弧无法引燃；太慢，焊条与被焊工件黏合在一起，同样无法引燃电弧。

　　引弧位置要合理选择，开始引弧或因焊接中断需要重新引弧时，一般在距离起始点后面10～20mm 处开始引弧，然后移至起始点，待熔池熔透后才可以移动焊条，以消除可能产生的引弧缺陷。

　　（2）运条。电弧引燃后，焊条需要不断的运动才能形成焊缝，焊条的动作过程称为运条。

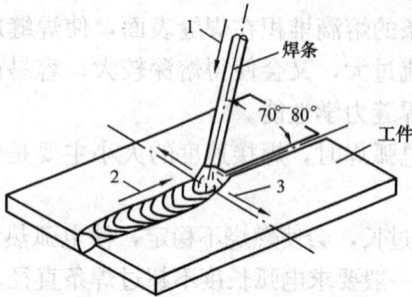

图 4 - 14　焊条动作及角度
1—送进运动；2—前移运动；3—横向摆动

　　在施焊过程中，焊条除始终保持与工件间呈75°左右的夹角外，还要有三个方向的基本运动：焊条朝熔池方向逐渐送进、焊条沿焊接方向逐渐移动、焊条横向摆动，如图 4 - 14 所示。

　　运条技术能够体现一名焊工操作水平的高低，焊缝质量的好坏，以及焊缝成形的良好程度等都与运条有直接的关系。

　　运条主要有以下作用：一是保证焊缝宽度。通过焊条的左右摆动，可使焊缝获得一定的宽度；如果焊条只沿焊缝直线移动，则焊缝的宽度仅为焊条直径的 2～2.5 倍，若进行焊条的左右摆动，则焊缝宽度可达到焊条直径的 3～5 倍；二是增加焊缝强度。施焊时，焊条进行左右摆动，还可以使焊缝与被焊工件结合的边缘获得足够热量，从而提高焊缝强度；三是消除焊接缺陷。运条时焊条可以对熔池起到搅拌的作用，便于熔渣浮起，排除气体和杂质，防止产生气孔和夹渣。

　　运条方法多种多样，可根据焊缝的空间位置、焊条直径、焊接电流等方面来选用合适的运条方法。常见的运条方法见表 4 - 5。

表 4 - 5　　　　　　　　　　　焊条电弧焊常见运条方法

运条方法	运条示意图	焊接特点	适用场合
直线运条		焊条不做横向摆动，沿焊接方向直线运动。熔深较大，焊缝宽度较窄。在正常焊接速度下，焊缝波纹饱满平整	适用于板厚 3～5mm 不开坡口的对接平焊，多层焊的打底焊及多层多道焊
直线往返运条		焊条末端沿焊缝纵向做来回直线形摆动，焊接速度快，焊缝窄，散热快	适用于接头间隙较大多层焊的第一层焊缝和薄板的焊接
锯齿形运条		焊条末端做锯齿形连续摆动并向前移动，运动到边缘稍停，可以防止咬边。通过摆动可以控制液体金属的流动和焊缝宽度，改善焊缝成形	运条手法操作容易，应用较广。适用于中、厚钢板的平焊、立焊、仰焊的对接接头和立焊的角接接头
月牙形运条		焊条末端沿着焊接方向做月牙形左右摆动，并在两边的适当位置做片刻停留，使焊缝边缘有足够的熔深，防止产生咬边缺陷。其优点是金属熔化良好且有较长的保温时间，熔池中的气体和熔渣易上浮到焊缝表面	适用于仰焊、立焊、平焊位置，以及需要比较饱满焊缝的地方

续表

运条方法	运条示意图	焊接特点	适用场合
三角形运条		焊条末端做连续的三角形运动，并不断的向前移动。通过焊条的摆动控制熔化金属，促使焊缝成形良好，一次能焊出较厚的焊缝端面，有利于提高生产率	适用于开坡口的对接接头和 T 形接头的立焊
圆圈形运条		焊条末端连续做圆圈运动并不断前进，能使熔化金属有足够高的温度，可防止焊缝产生气孔	适用于开坡口的厚件和不等厚度工件的对接焊

运条时电弧的长度主要靠焊条的送进运动来维持。因为电弧热量将焊条的尾端熔化，如果不及时送进焊条，电弧就会逐渐变长，并且会有熄灭的倾向。要保持电弧的持续燃烧，必须将焊条朝焊缝方向送进，直至一根焊条用完为止。为保证一定的电弧长度，焊条的送进速度应当与焊条的熔化速度相等，否则会引起电弧长度的变化，进而影响焊缝的熔宽和熔深。

运条时，焊条要沿着焊缝方向平稳地移动，移动速度的快慢，将影响焊缝的熔宽和熔深。

（3）收弧。一根焊条或者一条焊缝结束时，如果直接将电弧熄灭，就会在焊缝收尾处产生弧坑。凹陷的弧坑不仅会降低焊接接头的强度，而且还容易产生弧坑裂纹、气孔等缺陷。为了防止这些缺陷的产生，应当采用合理的收弧技术，以填满焊缝收尾处的弧坑。常见的收弧方法有划圈收弧法和断续收弧法两种。

1）划圈收弧法。当焊条移至焊缝终点时，利用手腕的动作，使焊条沿弧坑做圆圈运动，直到填满弧坑再熄灭电弧，如图 4-15 所示。这种方法适用于厚板的焊接收弧，若用于薄板焊接收弧，则易烧穿工件。

2）反复断弧法。当焊条移至焊缝终点时，在弧坑处快速且反复多次熄灭和引燃电弧，直到填满弧坑为止，如图 4-16 所示。这种方法适合于薄板及大电流焊接时的收弧。

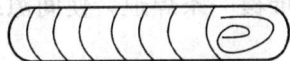

图 4-15　划圈收弧法

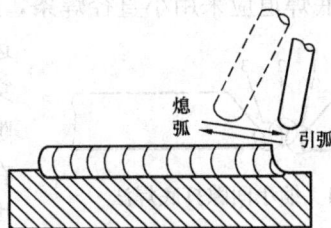

图 4-16　反复断弧法

7. 焊条电弧焊平焊操作技术

平焊是在水平面上进行焊接的操作方式，具有以下特点：焊接时金属熔滴靠电弧吹力和自身重力落入熔池，熔渣和熔化金属不易流散，焊缝成形容易控制，可采用较大的电流和较粗的焊条进行焊接，生产效率高，操作容易。

对接平焊一般分为不开坡口和开坡口两种，当板厚小于 6mm 时，不开坡口，接缝间隙随板厚调整，钢板厚度增大时，接缝间隙相应增大；当焊件厚度大于等于 6mm 时，应开坡口。

（1）不开坡口对接平焊。

1）焊条角度。焊接正面焊缝时宜用 $\phi3.2\sim\phi4$ 焊条进行短弧焊接，使熔深达到焊件厚度的 2/3 左右，焊缝宽度为 5～8mm，余高小于 1.5mm，如图 4-17 所示。反面焊缝用 $\phi3.2$ 焊条，可用稍大的电流焊接。对于重要焊缝，在焊反面焊缝前，必须铲除焊根，直线运条，速度稍快。不开坡口对接平焊时，焊条的角度如图 4-18 所示。

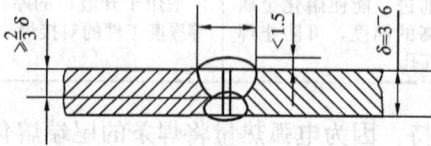

图 4-17　不开坡口对接焊缝尺寸　　　　图 4-18　不开坡口对接平焊焊条角度

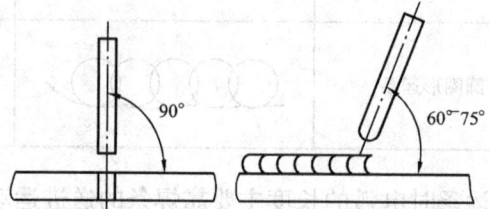

2）运条方法。不开坡口对接平焊时，正反面均可选用直线运条法。但反面的焊接电流应比焊接正面焊缝时稍大些，运条速度要快。焊接操作中，如果发现熔渣与铁水混合不清，可把电弧稍拉长一些，同时将焊条向焊接方向倾斜，并向熔池后面推送熔渣，使熔渣被电弧吹到熔池后面，可避免焊缝产生夹渣缺陷，如图 4-19 所示。

（2）开破口对接平焊。开破口的对接平焊，坡口有 V 形、X 形、U 形、双面 U 形等形式，易采用多层焊法和多层多道焊法。

1）开 V 形坡口，采用多层焊，焊道排布顺序如图 4-20 所示。

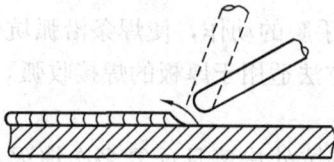

图 4-19　推送熔渣方法示意　　　　图 4-20　开坡口多层焊

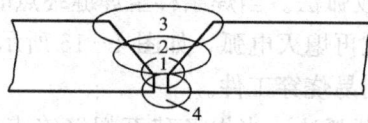

第一层打底焊道应采用小直径焊条，运条方法根据间隙的大小而定。间隙小时可用直线运条法；间隙大时应用直线往复式运条法，以防烧穿；当间隙太大而无法一次焊成时，则可用缩小间隙法来完成打底层的焊接，如图 4-21 所示，即先在坡口两侧各堆覆一条焊道，使间隙缩小，然后再焊中间焊道。

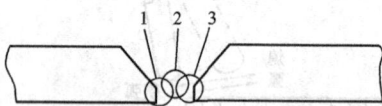

图 4-21　缩小间隙打底焊法

第二层焊道，可用直径较大的焊条，采用直线形或小锯齿形运条法，进行短弧焊。

以后各层均可用锯齿形运条法，而且摆动范围要逐渐加宽，摆动到坡口两边时，应稍作停留，防止出现熔合不良、夹渣等缺陷。

多层焊时，应注意每层焊缝不能过厚，否则会使焊渣流向熔池前面造成焊接困难。各层之间的焊接方向应相反，其接头也应相互错开，每焊完一层焊缝，要把表面熔渣和飞溅等物清除干净后才能焊下一层，以保证焊缝质量和减小变形。

2）开 V 形和 X 形坡口，采用多层多道焊，焊道排布的顺序如图 4-22 所示。

板厚超过 10mm 时，先大致确定层数和每层的道数，每层焊缝不宜过厚。第一层用小直径焊条,直线运条施焊,焊后清渣。

焊第二层时与多层焊相似,用较大直径焊条和较大电流施焊,但同一层用多道焊缝并列,用直线运条。

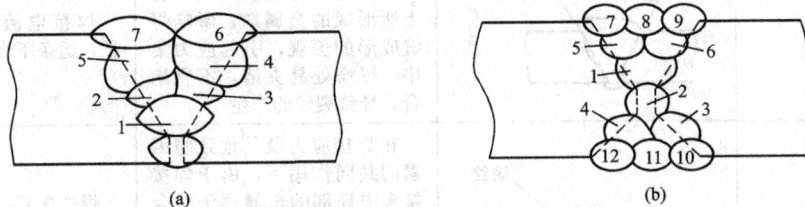

图 4-22 开坡口多层多道焊

(a) V形坡口多层多道焊;(b) X形坡口多层多道焊

对 X 形或 U 形坡口,为了减小角变形,正反面焊缝可以对称交错焊,可按如图 4-22 所示的顺序施焊。

8. 常见焊接缺陷的形式及产生原因

焊接过程中,由于种种因素的影响,在焊缝中会产生一些影响焊接质量的缺陷。焊接质量缺陷的存在,将缩短焊接产品的使用寿命,甚至造成灾难性事故。及时发现焊接缺陷,才可能保证焊接质量。因此,了解焊接缺陷的种类、特征及产生原因,掌握检验缺陷的方法等是焊接技术的一个重要方面。

(1) 常见焊接缺陷及产生原因见表 4-6。其中,裂纹、未焊透、夹渣等缺陷会严重降低焊缝的承载能力,重要的工件必须通过焊后检验来发现和消除这些缺陷。

表 4-6　　　　　　　　　　　　常见焊接缺陷及产生原因

缺陷名称	图例	特征及危害性	产生原因
未焊透		焊接时接头根部未完全焊透。由于减小了焊缝金属的有效面积,形成应力集中,易引起裂纹,导致结构破坏	焊接速度太快,电流过小,坡口角度太小,装配间隙过窄
夹渣		焊后残留在焊缝中的熔渣。由于减小了焊缝金属的有效面积,导致裂纹的产生	焊件不洁,电流过小,焊速太快,多层焊时各层熔渣未清除干净
气孔		焊接时,熔池中的气泡在凝固时未能逸出而残留下来形成了空穴。由于减小了焊缝的有效工作截面,破坏了焊缝的致密性,产生应力集中,导致结构破坏	焊件不洁,焊条潮湿,电弧过长,焊速太快,电流过小
咬边		沿焊趾的母材部位产生的沟槽或凹陷。其危害性与未焊透的危害性相同	电流太大,焊条角度不对,运条方法不正确,电弧过长

续表

缺陷名称	图例	特征及危害性	产生原因
焊瘤		焊接过程中，熔化金属流淌到焊缝之外凝固，在母材上所形成的金属瘤，影响焊缝成形的美观，引起应力集中，焊瘤处易夹渣，不宜熔合，导致裂纹的产生	焊接电流太大，电弧过长，运条不当，焊速太慢
裂纹		在焊接应力及其他致脆因素的共同作用下，由于焊接接头中局部的金属原子结合力遭到破坏，形成的新界面而产生的缝隙。往往在使用中开裂，酿成重大事故的发生	焊件含 C、S、P 过高，焊缝冷速太快，焊接顺序不正确，焊接应力过大

　　(2) 焊接变形。焊接时，工件局部受热，温度分布极不均匀，焊缝及其附近的金属被加热到很高的温度。由于受热部位周围温度较低部分的金属所限制，工件不能自由膨胀，在其冷却后就会发生纵向（沿焊缝长度方向）和横向（垂直焊缝方向）的收缩，从而引起整个工件的变形。焊接变形的主要形式有纵向变形、横向变形、角变形、弯曲变形、翘曲变形等，如图 4-23 所示。

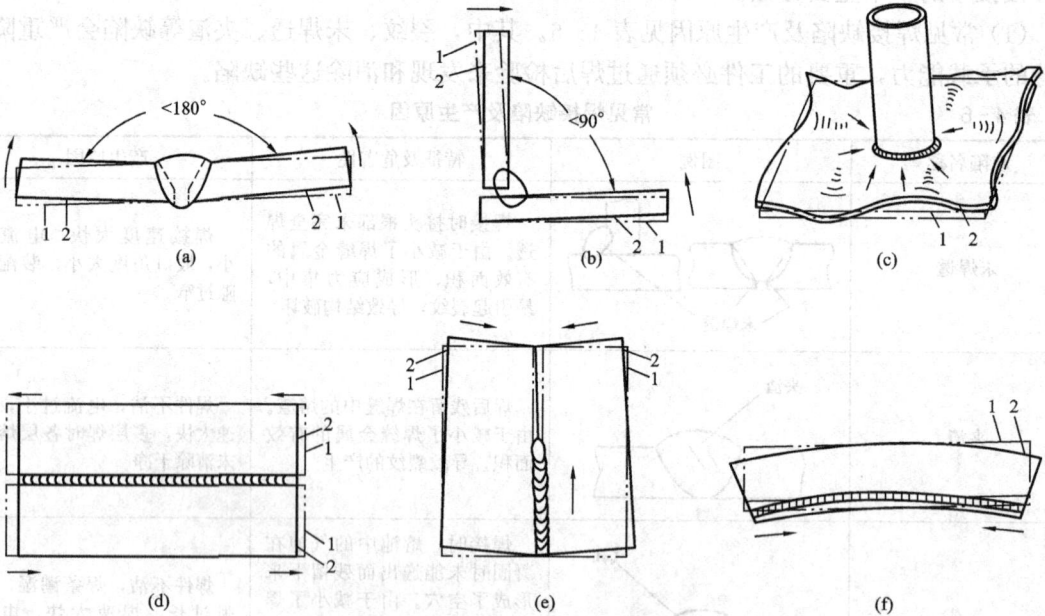

图 4-23　焊接变形的主要形式

(a) 纵向变形；(b) 横向变形；(c) 弯曲变形；
(d) 对接的角变形；(e) 角接的角变形；(f) 翘曲变形
1—焊接前；2—焊接后

9. 焊条电弧焊安全操作规程

(1) 焊接操作前，应先检查电焊机及工具是否安全，不允许未经安全检查就开始操作。

特别是应检查电焊机外壳的接地、接零是否安全可靠。

（2）操作前要认真检查焊接电缆是否完好，有无破损、裸露，无问题才能使用，如发现电缆线损坏，应立即进行修理或更换。

（3）操作者进行操作时，应穿戴不易燃的工作服，戴焊工手套，工作服要扣好纽扣。必须使用合格的焊接防护面罩，并配有合适的护目镜片。

（4）焊接工作场地应设有遮光板，避免其他人员受到弧光伤害。

（5）焊接作业场所必须有良好的通风条件和设施。

（6）焊钳应有可靠的绝缘，中断工作时，焊钳要放在安全的地方，防止焊钳发生短路烧坏电焊机。

（7）焊接区 10m 内不得堆放易燃易爆物品，注意红热焊条头的安全存放。

（8）工作完毕后，应仔细清理和检查现场，消除火种，防止留下事故隐患。

【任务准备】

（1）工件：尺寸为 100mm×60mm×6mm 的 Q235 扁钢 2 块。

（2）工具：E4303 型号 ∅3.2 的酸性焊条、焊钳、手持式电焊面罩、敲渣锤、钢丝刷等。

（3）设备：交流（或直流）弧焊机、焊接工作台，并检查设备与电源线的连接是否完好，工作环境周边是否有易燃易爆物品堆积，如在室内进行操作，还要检查通风排烟状况是否良好。

（4）调试电流：根据所使用的焊条直径来确定焊接电流，并将焊机电流调整到所需要的电流大小。

（5）试焊：在废弃工件上试焊，检查电流大小是否合适。

【任务实施】

（1）熟悉场所及设备、工具，即熟悉工作环境并检查完成任务所用到的设备及工具。

（2）根据学生人数及操作间数量情况，将学生分成若干小组，每个操作间 3～5 人为宜。

（3）根据焊接实训的合理组织、6S 管理及安全文明实训的实施方案，组织学生进行设备及物品区域划分的了解，工具的定位摆放训练，以及安全实训知识及设备安全操作规程等内容的学习。

（4）安全措施。每组任命一名组长，负责监督检查汇报各类异常情况，教师不定时巡查操作情况。

（5）操作训练。先进行划擦法、敲击法引弧方法的训练；再进行运条及收弧的综合训练。

（6）施焊步骤。

1）先将被焊工件待焊处用辅助工具清理干净，用锉刀去掉边角毛刺。

2）将清理后的被焊工件水平摆放在焊接工作台上。

3）对被焊工件进行两点固定焊接，防止因为持续加热导致焊缝变宽，影响焊缝质量。可根据焊缝长度分别在工件两端 30mm 处进行焊前点焊固定，如图 4-24 所示。

4）按照规定的引弧、运条及收弧的操作方法完成工

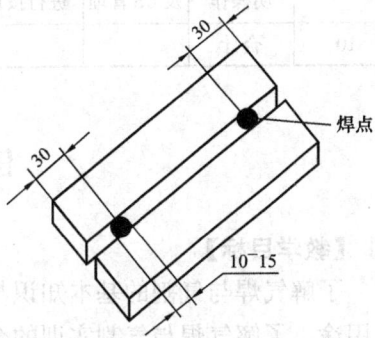

图 4-24 焊前点固

件的焊接训练任务。

　　5）待工件冷却后，用敲渣锤清理覆盖在焊缝表面上的渣壳，检查焊缝质量。

　　6）清理工作场所，工具定位摆放整齐，关掉焊机电源。

【任务考核】

　　焊条电弧焊之平焊任务的考核内容见表4－7。

表4－7　　　　　　　　　　　　　焊条电弧焊之平焊任务考核评分表

序号	项目	考核内容	考核标准	配分	学生自查	教师检查	得分
1		工具使用	焊钳、电焊面罩及清渣锤的使用方法正确，按现场考核得分	2			
2		操作姿势	操作姿势正确、动作自然协调，按现场考核得分	3			
3	操作过程	引弧	在焊缝起点处引弧，失败1次不扣分，失败2次扣5分，失败3次及动作不规范不得分	10			
4		收弧	在焊缝终点处收尾，弧坑未填满扣3分；弧坑未进行收尾或动作不规范不得分	10			
5		电弧弧长	电弧弧长为0.5～1倍的焊条直径。在焊接过程中电弧弧长超过规定范围扣3分，电弧忽长忽短扣5分	15			
6		运条	采用直线或直线往复运条法，焊条倾角为70°～80°左右，速度均匀。运条速度忽快忽慢扣3分；焊条倾角过大、过小扣5分；焊条走动不均匀扣5分；运条动作不规范不得分	20			
7	焊缝质量	焊缝外形	焊缝表面宽度差和余高≤2mm，表面纹路均匀。超出宽度差范围扣3分，超出余高差范围扣3分，表面纹路不均匀扣5分，没焊在焊缝位置不得分	20			
8		夹渣性	焊缝表面无夹渣，每处扣3分	10			
9	安全文明操作	平时表现及6S管理	依据6S管理及安全文明实训要求进行按现场考核，酌情得分	10			
10	合计			100			

任务二　气　焊　与　气　割

【教学目标】

　　了解气焊与气割的基本知识与操作技能；熟悉气焊与气割常用设备和工具的名称、种类及用途。了解气焊与气割实训的合理组织与6S管理；了解气焊与气割的安全操作规程；能进行简单工件的气焊与气割操作。

💬【任务描述】

（1）采用焊接方法，将如图 4 - 25 所示 Q235 材料，尺寸为 100mm×50mm×3mm 的 2 块钢板进行永久性连接。

要求：焊缝平直、无裂纹、无未熔合、无气孔、无烧穿等现象，一次焊完。

知识学习、技能训练与焊接操作等，共 4 课时。

（2）利用切割方法，将如图 4 - 26 所示 Q235 材料，尺寸为 100mm×60mm×6mm 的钢板，沿长度方向的中心线位置进行切割分离。

要求：切割位置正确、切割面平整、一次完成。

知识学习、技能训练、切割操作等，共 2 课时。

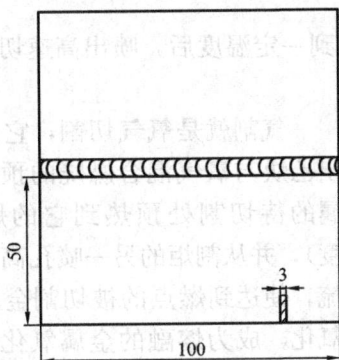

图 4 - 25　气焊工件

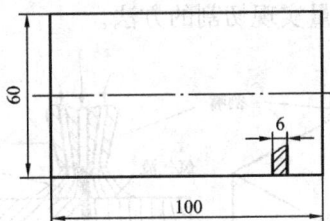

图 4 - 26　气割工件

✏️【任务分析】

（1）要完成对如图 4 - 25 所示 Q235 材料，尺寸为 100mm×50mm×3mm 的 2 块钢板进行永久性连接，且要求焊缝平直、无裂纹、无未熔合、无气孔、无烧穿等现象的焊接任务，由于钢板厚度较小，可选用气焊方法进行。

（2）要完成如图 4 - 26 所示 Q235 材料，尺寸为 100mm×60mm×6mm 的钢板，沿长度方向的中心线位置进行切割分离，且要求切割位置准确、切割面平整的切割任务，可选用气割方法进行。

📖【相关知识】

一、气焊与气割概念

1. 气焊工作原理及应用特点

（1）气焊工作原理。气焊是利用气体火焰做热源的焊接法。气焊最常用的是氧—乙炔焊，是将乙炔和氧气在焊炬中混合均匀后从焊嘴喷出燃烧火焰，将被焊工件和焊丝熔化后形成熔池，待冷却凝固后形成焊缝，如图 4 - 27 所示。

气焊所用的可燃气体很多，如乙炔、液化气、煤气、丙烷燃气等，而最常用的就是乙炔气。乙炔气的发热量大，燃烧温度高，制造方便，使用安全，焊接时火焰对金属的影响最小，火焰温度高达 3100～3300℃。氧气作为助燃气体，其纯度越高，

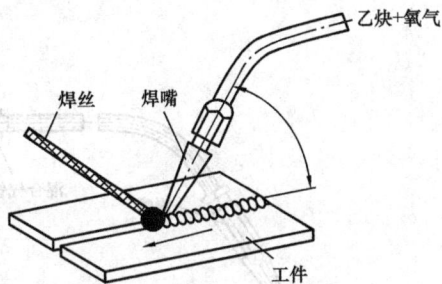

图 4 - 27　气焊

耗气越少。因此，气焊也称为氧—乙炔焊。

（2）气焊应用特点。

1）火焰对熔池的压力及对被焊工件的热输入量调节方便，所以熔池温度、焊缝形状和尺寸等容易控制。

2）设备简单、移动方便、操作易掌握，但设备所占生产面积较大。

3）焊炬尺寸小、使用灵活。但因为气焊热源温度较低，所以加热缓慢、生产率低、热量分散、热影响区大、被焊工件有较大的变形，以及接头质量不高。

4）气焊适用于各种位置的焊接，适用于焊接 3mm 以下的低碳钢、高碳钢薄板，铸铁焊补，以及铜、铝等有色金属的焊接。

2. 气割工作原理及应用特点

气割是利用气体火焰的热能将工件切割处预热到一定温度后，喷出高速切割氧流，使其燃烧并放出热量实现切割的方法。

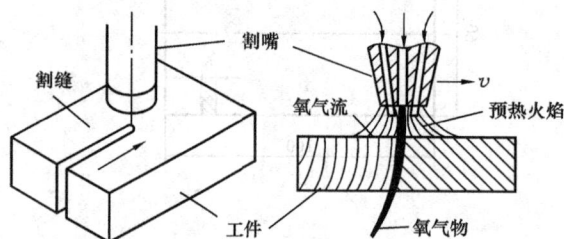

图 4-28　气割

气割就是氧气切割，它是利用割炬喷出乙炔与氧气混合燃烧的预热火焰，将金属的待切割处预热到它的燃点（红热程度），并从割炬的另一喷孔高速喷出纯氧气流，使达到燃点的被切割金属发生剧烈的氧化，成为熔融的金属氧化物，同时被高压氧气流吹走，从而形成一条狭小整齐的割缝，使金属被割开。因此，气割包括预热、燃烧、吹渣三个过程，如图 4-28 所示。

气割原理与气焊原理在本质上是完全不同的，气焊是熔化金属，而气割是金属在纯氧中的燃烧（剧烈的氧化），所以气割的实质是氧化而不是熔化。由于气割所用设备与气焊基本相同，而操作也有近似之处，因此常把气割与气焊在使用和场地上都放在一起。

二、气焊与气割设备及工具

1. 焊炬

焊炬是气焊时用于控制火焰进行焊接的工具。焊炬有射吸式和等压式两种，常用的是射吸式焊炬，它是由手柄、焊嘴、乙炔调节阀、氧气调节阀、乙炔管接头、氧气管接头等组成，如图 4-29 所示。

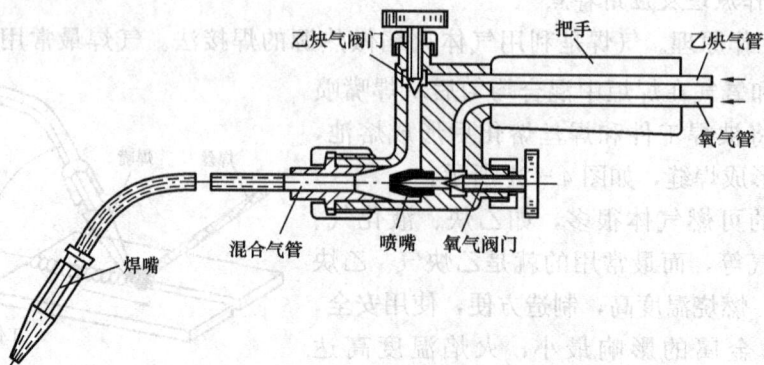

图 4-29　焊炬结构

焊炬的工作原理是打开氧气调节阀，氧气经喷射管从喷射孔射出，并在喷射孔外围形成真空而造成负压（吸力）；再打开乙炔调节阀，乙炔即聚集在喷射孔外围，由于氧射流负压的作用，乙炔很快被氧气吸入混合室和混合气体通道，并从喷嘴喷出，形成焊接火焰。

2．割炬

割炬是气割的主要工具，可以安装和更换割嘴，来调节预热火焰气体流量和控制切割氧流量。割炬是在射吸式焊炬的基础上增加了一个高压氧气管。高压氧通过高压氧气喷嘴形成高速气流，从混合气的火焰中心喷出，将待切割处经过火焰预热的金属氧化并吹除，随着割炬的移动形成割缝，其结构如图 4-30 所示。

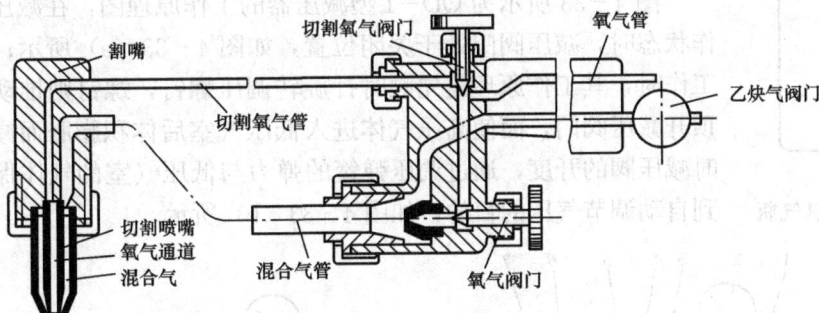

图 4-30　割炬结构

3．乙炔瓶

乙炔瓶是储存溶解乙炔的钢瓶，如图 4-31 所示。在瓶的顶部装有瓶阀，供开关气瓶和安装减压器用。在瓶阀外面套有瓶帽保护，在瓶内装有浸满丙酮的多孔性填充物。丙酮对乙炔有良好的溶解能力，可使乙炔安全的储存于气瓶内。当使用时，溶解在丙酮内的乙炔分离出来，通过瓶阀输出，而丙酮仍留在瓶内，以便溶解再次灌入瓶中的乙炔。

乙炔瓶的外壳漆成白色，用红色写明"乙炔"字样。乙炔瓶的工作压力为 1.5MPa，但供给焊炬的乙炔压力很小，所以乙炔瓶必须配备减压器，同时还必须配备回火安全阀。

注意事项：乙炔瓶一定要竖立放稳，以免丙酮流出；乙炔瓶要远离火源，防止因乙炔瓶受热，而使瓶内乙炔压力急剧增高，甚至发生爆炸；乙炔瓶在搬运、装卸、存放和使用时，要防止遭受剧烈的振荡和撞击，以免气瓶内的多孔性填料下沉而形成空洞，从而影响乙炔的储存。

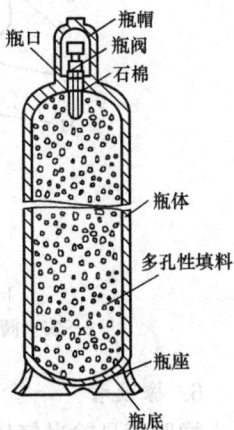

图 4-31　乙炔气瓶

4．氧气瓶

氧气瓶是储存氧气的一种高压容器钢瓶，如图 4-32 所示。由于氧气瓶要经受搬运、滚动，甚至还要经受振动、冲击等，因此材质要求很高，产品质量要求十分严格，出厂前要经过严格检验，以确保氧气瓶的安全可靠。

氧气瓶瓶体上端有瓶口，瓶口内壁和外壁均有螺纹，用来装配瓶阀和瓶帽；氧气瓶外表漆成天蓝色，用黑漆标明"氧气"字样。氧气瓶在运输过程中，在瓶体外上、下部位，需加装 2 个防振橡胶圈。

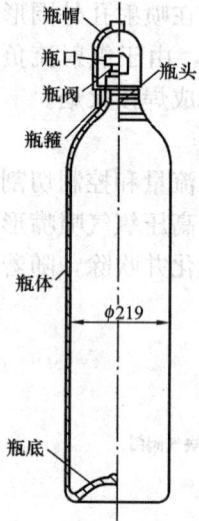

图 4-32 氧气瓶

氧气瓶的容积为 40L，储存最大压力为 15MPa，但提供给焊炬的氧气压力很小，因此氧气瓶必须配备减压器。

5. 减压器

减压器是将高压气体降为低压气体的调节装置。因此减压器的作用是减压、调压、量压和稳压。气焊时所需要气体的工作压力一般都比较低，如氧气压力通常为 0.2～0.4MPa，乙炔压力最高不超过 0.15MPa。因此必须将氧气瓶和乙炔瓶输出的气体经减压器减压后才能使用。

图 4-33 所示为 QD—1 型减压器的工作原理图，在减压器处于非工作状态时，减压阀门处于关闭位置，如图 4-33（a）所示；当减压器在工作时，其工作原理是先顺时针旋转调压螺钉，螺钉则推动调压弹簧并顶开减压阀门，而使高压气体进入低压气室后体积膨胀而减压。在工作时减压阀的开度，通过调压弹簧的弹力与低压气室的气体保持平衡而达到自动调节气压的目的，如图 4-33（b）所示。

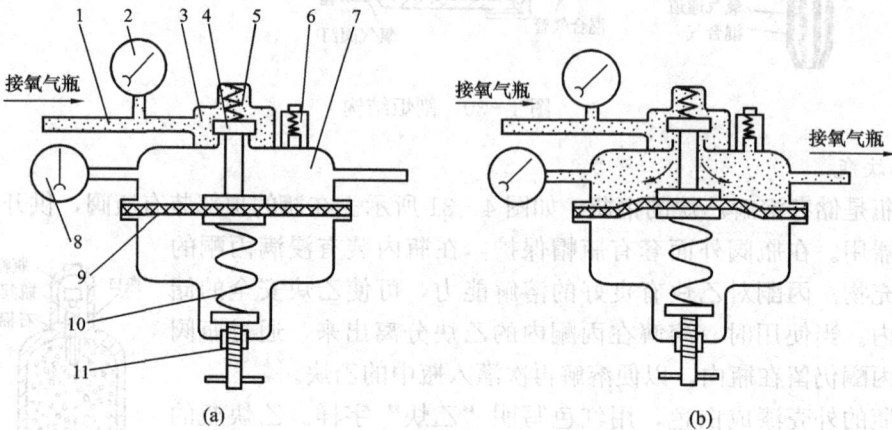

图 4-33 QD—1 型减压器工作原理
（a）非工作状态；（b）工作状态

1—进气管；2—高压表；3—高压气室；4—减压阀门；5—回位弹簧
6—安全阀；7—低压气室；8—低压表；9—橡皮薄膜；10—调压弹簧；11—调压螺钉

6. 橡胶管

橡胶管是输送气体的管道，分氧气橡胶管和乙炔橡胶管，两者不能混用。国家标准规定：氧气橡胶管是黑色，乙炔橡胶管是红色；氧气橡胶管的内径是 8mm，工作压力为 1.5MPa，乙炔橡胶管的内径是 10mm，工作压力为 0.5MPa 或 1.0MPa；橡胶管长度一般为 10～15m。

7. 气焊火焰

气焊火焰是乙炔和氧气混合后燃烧所形成的火焰，称氧乙炔焰。根据氧气与乙炔混合比的不同，氧乙炔焰可分为中性焰、氧化焰和碳化焰三种，其构造和形状如图 4-34 所示。

（1）中性焰。中性焰是在一次燃烧区内既无过量氧又无游离碳的火焰，又称为正常焰。正常焰由焰芯、内焰和外焰三部分组成。焰芯靠近喷嘴孔呈尖锥形，色白而明亮；内焰呈蓝白色，轮廓不清，它与外焰无明显界限；外焰由里向外逐渐由淡蓝色变为橙黄色，最高温

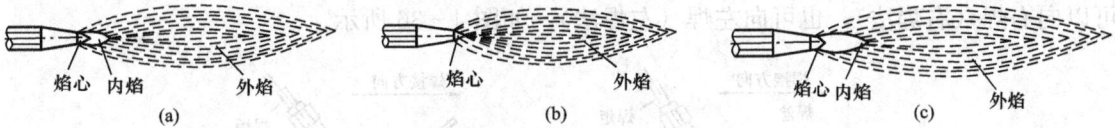

图 4-34 气焊火焰

(a) 中性焰；(b) 氧化焰；(c) 碳化焰

度 3050～3150℃。

中性焰主要用于低碳钢、低合金钢、中碳钢、不锈钢等材料的焊接。

（2）氧化焰。氧化焰中有过剩的氧，整个火焰具有氧化作用，所以称为氧化焰。氧化焰是火焰中含有过量的氧，在尖形焰心外面形成一个有氧化性的富氧区火焰。氧化焰的整个火焰和焰芯长度都明显缩短，内焰几乎消失，只能看到焰芯和外焰两部分。氧化焰最高温度可以达到 3100～3300℃。氧化焰在焊接中一般很少采用，仅适合烧割工件和焊接黄铜类。

（3）碳化焰。碳化焰是火焰中含有游离碳，具有较强的还原作用，也有一定渗碳作用的火焰。碳化焰的整个火焰比中性焰长，它也是由焰芯、内焰和外焰组成，而且这三部分的界限均很明显。焰芯呈灰白色，内焰呈淡白色，外焰呈橙黄色，碳化焰最高温度为 2700～3000℃。因为火焰中存在过剩的碳微粒和氢，焊接时碳会渗入熔池金属，使焊缝含碳量增高，所以称为碳化焰。碳化焰适用于焊接高速钢、高碳钢、铸铁焊补、硬质合金堆焊等。

8. 焊丝

焊丝是焊接时作为填充金属的金属丝，就是气焊时选用的金属焊条。其牌号选择应根据工件材料的机械性能和化学成分，选用相应性能和成分的焊丝。在选用焊丝直径时，应根据工件的厚度确定，板厚在 5mm 以下时，焊丝直径要与板厚相近，一般选用 $\phi1～\phi3$ 的焊丝。

9. 焊剂

焊剂是焊接时能够熔化形成熔渣和气体，对熔化金属起保护和冶金处理作用的一种物质。气焊用焊剂不是压涂在焊丝表面，而是在焊接时用焊丝蘸着焊剂使用。

气焊焊剂的选择要根据工件的成分及性质而定，一般碳素结构钢气焊时不需要焊剂；而不锈钢，耐热钢，铸铁，铜及铜合金，铝及铝合金等材料气焊时，就需要焊剂。

三、气焊基本操作

（1）点火。点火前，要先把氧气瓶和乙炔瓶的总阀打开，然后转动减压器上的调压手柄，将氧气和乙炔调节到工作压力，再打开焊炬上的乙炔调节阀，此时可以把氧气调节阀少开一点。如果氧气开得大，点火时就会因为气流太大而出现啪啪的响声，并且不容易点着。如果不开氧气的话，虽然也能点燃，但是产生的黑烟比较大。点火时，手应该在焊嘴的侧面，不能对着焊嘴，以免点着火焰后烧伤手臂。

（2）调节火焰。刚点着的火焰是碳化焰，然后逐渐开大氧气阀门，改变氧气和乙炔的比例，根据被焊材料的性质及薄厚，调节到所需要的火焰。需要大火焰时，应先把乙炔调节阀开大，再调大氧气调节阀；需要小火焰时，应先把氧气调节阀关小，再调小乙炔调节阀。

（3）焊丝及焊炬的倾角。在气焊时焊丝与工件表面的倾角一般为 30°～40°，与焊炬中心线间的夹角为 90°～100°，如图 4-35 所示。

（4）焊接方向。气焊操作是右手握焊炬，左手拿焊丝，

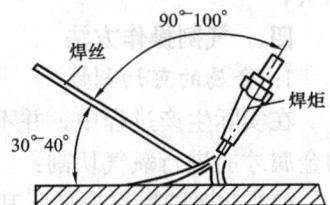

图 4-35 焊丝及焊炬的倾角

可以向右焊（右焊法），也可向左焊（左焊法），如图 4 - 36 所示。

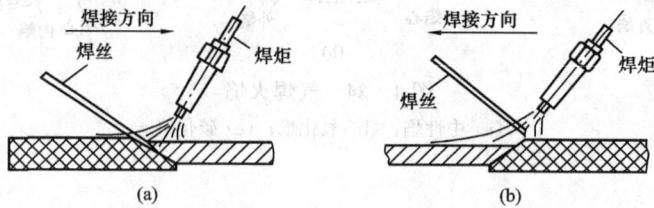

图 4 - 36　气焊的焊接方向
(a) 右向焊法；(b) 左向焊法

右焊法是焊炬在前，焊丝在后。这种方法使焊接火焰指向已经焊好的焊缝，加热集中，火焰对焊缝有保护作用，容易避免气孔和夹渣，但较难掌握。此种方法适用于较厚工件的焊接，而一般厚度较大的工件均采用电弧焊，因此右焊法很少使用。

左焊法是焊丝在前，焊炬在后。这种方法使焊接火焰指向未焊金属，有预热作用，焊接速度快、操作方便，适于焊接薄板，因此左焊法在气焊中被普遍采用。

（5）施焊方法。施焊时要使焊嘴轴线的投影与焊缝重合，同时要掌握好焊炬与工件的倾角；工件越厚，倾角越大；金属熔点越高，导热性越大，倾角就越大。在开始焊接时，工件温度尚低，为了较快地加热工件和迅速形成熔池；焊接倾角应该大些（80°～90°），喷嘴与工件近于垂直，使火焰的热量集中，尽快使工件表面熔化；正常焊接时，一般保持焊接倾角为 30°～50°；焊接将要结束时，焊接倾角可减至 20°，并使焊炬上下摆动，以便对焊丝和熔池加热，这样能更好填满焊缝和避免烧穿。

焊接时，还应该注意焊丝送进的方法。焊接开始时，焊丝端部应放在焰芯附近预热，待形成熔池后，才把焊丝端部浸入熔池；焊丝熔化一定数量之后，应退出熔池，焊炬随即向前移动，形成新的熔池。注意焊丝不能经常处在火焰前面，以免阻碍工件受热。焊接时火焰焰芯的尖端距离熔池表面 2～4mm。

（6）熄火。焊接结束后应熄火。熄火前一般应先把氧气调节阀关小，再将乙炔调节阀关闭，最后再关闭氧气调节阀，火焰熄灭。如果将氧气全部关闭后再关闭乙炔，就会有余火窝在焊嘴里，不容易熄火，是很不安全的，另外这样的熄火产生的黑烟也比较大；如果不调小氧气而直接关闭乙炔，熄火时就会产生很响的爆裂声。

（7）回火处理。在气焊操作过程中有时焊嘴会出现爆响声，随着火焰自动熄灭，焊炬中会有吱吱响声，这种现象叫做回火。发生回火，若不及时消除，不仅会使焊炬和皮管烧坏，而且会使乙炔瓶发生爆炸。所以当遇到回火时，不要紧张，应迅速关闭焊炬上的乙炔调节阀，同时关闭氧气调节阀。等回火熄灭后，再打开氧气调节阀，吹除焊炬内的余焰和烟灰。

四、气割操作方法

1. 金属的可切割性

在实际生产过程中，并不是所有的金属都能用气割的方法进行切割，只有满足以下条件的金属才能进行氧气切割：

（1）金属的燃点应低于其熔点，否则切割前金属先熔化而不能产生燃烧，会使切口凹凸不平。

(2) 金属氧化物应易熔化且流动性好，以便于熔化后吹除。

(3) 金属在燃烧时应放出足够的热量，以利于切割不断地进行。

(4) 金属的导热性不应该太高，否则热量散失大，不利于预热。

在金属材料中，只有低碳钢、中碳钢、普通低合金钢具备上述条件，可以采用气割。含碳量大于 1%～2% 的钢，铸铁、不锈钢、铜、铝及其合金等，均不具备上述条件，故一般不能采用气割方法，而采用等离子切割方法。

气割的最大优点是设备操作灵活、方便、适应性强，它可以在任何位置，任何方向切割任意形状和任意厚度的工件，生产效率高，切口质量也很好。气割在造船工业中的使用最普遍，特别适用稍大的工件和特形材料。气割的最大缺点是对金属材料的适用范围有一定的限制，但由于低碳钢和低合金钢是应用最广泛的材料，所以气割的应用也非常普遍。

2. 气割过程

氧气切割过程包括三个阶段，即预热、燃烧、吹渣过程。

(1) 预热：气割开始时，利用预热火焰将切割开始处的金属预热到燃烧温度（燃点）。

(2) 燃烧：向被加热到燃点的金属喷射切割氧（高压氧），使金属剧烈的燃烧。

(3) 吹渣：金属燃烧氧化后生成熔渣并产生反应热，熔渣被高压氧气流吹除，所产生的热量和预热火焰的热量会将下层金属加热到燃点，这样继续下去将金属逐渐割穿。随着割炬的移动，就切割出所需的形状和尺寸。

3. 气割基本操作技术

(1) 气割前，应根据工件厚度选择好氧气的工作压力和割嘴的大小，并将工件割缝处的铁锈和油污清理干净。

(2) 在开始气割时，应先将工件的切割开始处预热至略红，然后慢慢开启切割氧阀门。

(3) 被切割的工件一定要在割穿后，方可沿着切割线移动割炬，不断连续切割。

(4) 切割较厚的工件，起割时割嘴应略微向切割方向倾斜；全部割透后，割嘴可垂直于切割面，接近终点时，应降低割嘴的移动速度，并将割嘴反方向倾斜，如图 4-37 所示。

(5) 若在切割过程中遇到回火现象，应迅速关闭预热氧气和切割氧气阀门，同时关闭乙炔调节阀。

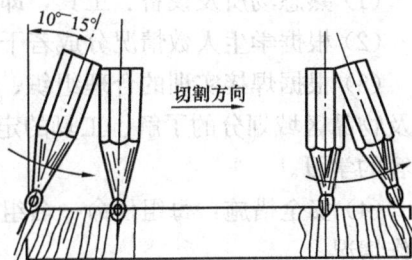

图 4-37 割嘴移动示意

五、 气焊与气割安全操作规程

(1) 使用前须检查乙炔瓶、氧气瓶，以及软管、阀、仪表是否齐全有效、连接可靠。

(2) 乙炔瓶必须竖立，不允许横卧，内部气体不允许用尽，它的余压必须大于 0.15MPa；乙炔瓶必须装有专门的乙炔气压表；氧气瓶、乙炔瓶应分开放置，间距不得小于 5m，距离明火不得少于 10m。

(3) 氧气瓶不许曝晒及靠近热源；禁止和可燃气体、油类容器存放在一起，搬运时要轻拿轻放。

(4) 氧气瓶、气焊、气割工具严禁沾染油脂，以防引起燃烧和爆炸。

(5) 操作者穿好工作服、戴好工作帽、扎紧衣袖、系好衣扣。

（6）气割作业时，应先开乙炔瓶开关，再开氧气瓶开关。焊（割）炬点火前，应用氧气吹风，检查有无风压、堵塞、漏气现象，当焊（割）炬由于高温发生炸鸣时，必须立即关闭乙炔供气阀。

（7）熄灭气焊火焰时，先灭乙炔，后关氧气，以免回火。

（8）乙炔软管、氧气软管不得错装，使用过程中若氧气软管着火时，应迅速关闭氧气阀门，停止供氧；若乙炔软管着火时，应先关熄炬火，然后采取折弯前面一段软管的办法熄火。

（9）作业结束后，应卸下减压器，拧上气瓶安全帽，将软管卷起盘好，做好场地清洁。

【任务准备】

（1）工件：尺寸为 100mm×50mm×3mm 的 Q235 扁钢 2 块和 100mm×60mm×6mm 的 Q235 扁钢 1 块。

（2）工具：焊炬、割炬、焊丝、钢丝刷、气焊眼镜等。

（3）设备：乙炔瓶，氧气瓶，减压器，乙炔气和氧气橡胶管，气焊操作平台等，检查设备各部件的连接是否完好，工作环境周边是否有易燃易爆物品堆积，如在室内进行操作还要检查通风排烟状况是否良好等。

（4）调节减压器：按照正确的操作方法分别打开氧气瓶和乙炔瓶，并调节减压器到合适的工作压力状态，一般情况下乙炔减压器的工作压力调节为 0.03～0.05MPa，氧气减压器工作压力调节到 0.3～0.5MPa，调节时可以根据焊接的实际情况来灵活调整。

（5）焊接实训的合理组织、6S 管理及安全文明实训的实施方案。

【任务实施】

（1）熟悉场所及设备、工具，即熟悉工作环境并检查完成任务所用到的设备及工具。

（2）根据学生人数情况分成若干小组，每组 4～6 人为宜。

（3）根据焊接实训的合理组织、6S 管理及安全文明实训的实施方案，组织学生进行设备及物品区域划分的了解、工具的定位摆放训练，以及安全实训知识、设备安全操作规程等内容的学习。

（4）安全措施：每组任命一名组长，负责监督检查汇报各类异常情况，教师不定时巡查操作情况。

（5）操作训练：各组先进行点火、调节火焰及熄灭火焰的训练，在熟练上述步骤后进行气焊与气割的操作训练。

（6）操作步骤。

1）气焊操作：

a. 先将气焊工件待焊处的锈蚀及脏物清理干净，去除毛刺、飞边，露出金属光泽。

b. 将清理后的被焊工件水平放在焊接操作平台上。

c. 打开乙炔瓶和氧气瓶，并调节到要求的工作压力。

d. 按照正确的方法进行点火，并将火焰调节到氧化焰。

e. 对被焊工件进行两点固定焊接，防止因为持续加热而导致焊缝变宽，影响焊接质量，可根据焊缝长度分别在 1/3 处和 2/3 处进行点焊固定。

f. 按照正确的施焊方法完成工件的气焊操作任务。

2）气割操作：

a. 先将气割工件表面的锈蚀及脏物清理干净，去除毛刺、飞边等。

b. 将清理后的工件放置于工作台的适当位置或支架上，使工件底部的切割部位处于悬空状态。

c. 打开乙炔瓶和氧气瓶，并调节到要求的工作压力。

d. 按照正确的方法进行点火，并进行火焰调节。

e. 按照正确的切割方法完成工件的气割操作任务。

【任务考核】

水平对接气焊任务的考核内容见表4-8。

表4-8　　　　　　　　　　水平对接气焊任务考核评分表

序号	项目	考核内容	考核标准	配分	学生自查	教师检查	得分
1		工件使用	焊炬、焊丝的使用方法正确，按现场考核得分	2			
2		操作姿势	操作姿势正确，动作自然协调，按现场考核得分	3			
3		点火	焊接前点火操作，因氧气、乙炔气体分配比例不当导致点火失败，第一次不扣分，失败两次扣5分，失败三次扣10分，动作不规范不得分	10			
4	操作过程	调节火焰	根据氧气、乙炔气体分配比例控制火焰，调节到规定火焰。因操作不当导致火焰在调节过程中熄灭一次扣5分，熄灭三次不得分，没有调节到规定火焰就进行焊接操作不得分	15			
5		灭火	焊接操作结束后要将火焰熄灭。熄灭过程中不允许发出爆鸣声响及冒黑烟现象，出现这种情况扣10分，不按要求进行灭火操作不得分	10			
6		焊接操作	按照正确的施焊方法进行操作，焊炬与焊丝送进配合不熟练导致铁水连接不均匀扣5分，火焰熄灭扣4分，焊炬倾角不够扣5分，焊缝起始位置未预热直接开始送丝操作扣5分，违规动作不得分	20			
7	焊缝质量	焊缝外形	要求焊缝表面宽度差和余高不能大于2mm，表面纹路均匀。若超出宽度差范围扣3分，超出余高差范围扣3分，表面纹路不均匀扣5分，没有焊在焊缝位置处不得分	20			
8		焊缝连续性	要求铁水连接均匀，焊缝断开一处扣5分，出现一处穿孔扣5分，焊缝断开、工件烧穿累计三次不得分	10			
9	安全文明操作	平时表现	依据6S管理规范及安全生产要求进行考评	10			
10	合计			100			

✏️ **【项目总结】**

本项目以两块 Q235 钢板进行焊条电弧焊之平焊为任务载体的知识学习与技能训练，初步学习和掌握了焊条电弧焊之平焊的基本知识和操作技能；再以两块 Q235 薄钢板水平对接之气焊和一块 Q235 厚钢板之气割为任务载体的知识学习与技能训练，初步掌握了气焊与气割的基本知识和操作技能；又通过对焊条电弧焊安全操作规程，气焊与气割安全操作规程，以及 6S 管理知识的学习与体会，熟悉了焊接安全操作的基本知识，同时也在执行 6S 管理，积极思考、分析和解决问题，团结协作等方面，培养与锻炼了良好的文明生产习惯与职业素养。

复 习 思 考

1. 焊条电弧焊中运条时焊条的三个基本动作各起什么作用？
2. 焊条的焊芯和药皮在焊接中各起什么作用？
3. 焊条电弧焊中如何正确选择焊接电流？
4. 简述焊条电弧焊的安全操作规程。
5. 焊接变形的主要形式有哪些？
6. 简述减压器的作用。
7. 简述气焊操作过程。
8. 简述气割操作过程。
9. 简述气焊与气割中三种火焰的区别。
10. 简述气焊与气割的安全操作规程。

参 考 文 献

[1] 赵长祥，吴畏. 金工操作技能训练. 北京：中国电力出版社，2006.

[2] 范军. 金工实习. 北京：中国劳动社会保障出版社，2009.

[3] 李滨，夏洪亮，田京军. 金工实习. 北京：中国电力出版社，2009.

[4] 闻健萍. 钳工技能训练. 北京：高等教育出版社，2008.

[5] 张瑞东，牛建国. 金工技能实训. 北京：中国电力出版社. 2009.

[6] 温上樵，杨冰. 钳工基本技能项目教程. 北京：机械工业出版社，2008.

参 考 文 献

[1] ……